排水管道机器人智能视觉探测原理及应用

李　策　彭苏萍　杨　峰
乔　旭　闫　睿　著

哈爾濱工業大學出版社

内容简介

智能视觉探测是计算机视觉的一个重要问题，涉及模式识别与智能系统、图像处理、统计学、机器学习等多个领域内容。本书结合了作者团队长期的科研经验，首先介绍排水管道行业现状、病害类别、探测需求，以及排水管道探测技术现状等相关基础知识，然后具体阐述排水管道图像去雾技术、图像修复技术、病害视觉检测技术、病害智能检测与可视化系统等典型实例，并将排水管道机器人智能视觉探测与识别领域的新技术和新成果贯穿于全书的描述之中。

本书适合具有一定数学基础、学习或从事计算机信息与智能控制专业，并对机器学习和视觉感知方向感兴趣并深入钻研的读者。

图书在版编目(CIP)数据

排水管道机器人智能视觉探测原理及应用/李策等著. —哈尔滨：哈尔滨工业大学出版社，2024.5

ISBN 978−7−5767−1442−5

Ⅰ.①排… Ⅱ.①李… Ⅲ.①排水管道—工业机器人—计算机视觉—研究 Ⅳ.①TP242.2

中国国家版本馆 CIP 数据核字(2024)第 102246 号

策划编辑 杨秀华
责任编辑 杨秀华
封面设计 刘 乐
出版发行 哈尔滨工业大学出版社
社 址 哈尔滨市南岗区复华四道街 10 号 邮编 150006
传 真 0451−86414749
网 址 http://hitpress.hit.edu.cn
印 刷 哈尔滨市工大节能印刷厂
开 本 787 mm×1 092 mm 1/16 印张 12.75 字数 302 千字
版 次 2024 年 5 月第 1 版 2024 年 5 月第 1 次印刷
书 号 ISBN 978−7−5767−1442−5
定 价 78.00 元

前　言

地下管网是城市重要的生命线工程。我国城镇地下排水管网规模巨大，总长度已突破120万千米。近年来，由于地下排水管网老化失修导致破裂、渗漏、腐蚀淤积等病害普遍存在，城市道路塌陷、黑臭水体、城市内涝、污水处理效率低下等问题逐渐凸显。频发的管道灾变导致的事故引起了各级政府的高度重视，多个部门相继出台文件，要求排除地下管网安全隐患。

我国城市道路塌陷多发、频发，城市安全运行面临严峻挑战。城市道路塌陷成因复杂，受多变地质、水文条件以及市政管网等耦联影响，据统计60%以上塌陷由道路下方其他管线最底层超期服役的排水管道病害造成的管周水土流失和管体结构失效导致。排水管道病害引发道路下方空洞，早期隐蔽性强，现有地面探测技术难以发现，且病害孕育成熟后诱发塌陷极具突发性，是诱发道路灾害的重要"根"源，因此，排水管道病害检测是保障城市道路地下空间安全的关键。

地下排水管道病害检测难度较大，目前主要依靠人工观察、潜望镜检测、超声波检测、闭路电视(CCTV)检测等方法，并由专业技术人员对采集的数据进行分析和处理，工作量大，效率低。现有的基于机器视觉的视频检测方法虽然能够提高管道病害检测效率，但需要人工提取特征，检测精度难以满足实际工程需求。本书结合了作者团队长期的科研经验，将深度学习、机器视觉技术与传统管道病害检测方法相结合，形成排水管道机器人智能视觉探测方法，解决地下排水管道病害检测领域的难题，突破关键技术，从而实现对地下排水管道病害的智能化检测与可视化。

本书介绍了作者团队在排水管道机器人智能视觉探测与识别领域的新技术和新成果，共分7章。第1章介绍了排水管道行业现状、病害类别、探测需求，强调了排水管道病害检测的必要性。第2章总结了现有人工、声呐、电法、雷达、视频检测技术和管道机器人技术的原理和方法。第3章研究排水管道图像去雾技术，介绍了排水管道图像去雾的主要问题、算法基础、算法模型、网络结构设计、数据集构建和实验验证等。第4章研究排水管道图像修复技术，介绍了排水管道图像修复的主要问题、算法基础、遮挡分割算法和修复算法的网络结构设计、损失函数设计、数据集构建和实验验证等。第5章研究排水管道病害视觉检测技术，介绍了排水管道病害检测的主要问题、基于特征提取的病害识别算法、基于深度学习的病害识别算法、算法框架设计、模型改进、数据集构建和实验结果分析等。第 6 章研究排水管道病害智能检测与可视化系统，介绍了排水管道病害智能检测和三维可视化原型系统的开发环境、系统设计、信息表示、功能实现。第 7 章总结全书内容，同时提出未来研究方向。

本书由中国矿业大学（北京）牵头，北京城市排水集团有限责任公司、中矿华安能源科技（北京）有限公司共同撰写。李策负责统稿。参与本书统稿、校稿的人员除作者外，还有尚新宇、何坦、柳明村、王银玲、王亭然、唐峥岩、李硕、秦同臻、韩秦、陈铮、李鑫、段心怡、郭栩利、赵凯攀。对他们为本书出版所做的贡献表示感谢，并向为本研究提供管道视频和病害数据的合作单位、向编写过程中参考的文献作者表示感谢。由于作者学识有限，鉴于目前研究的程度，本书难免存在不足之处，敬请专家和学者批评指正。

作　者

2024 年 1 月

目　录

第1章　概　　述

1.1　排水管道行业现状

1.1.1　国内排水管道现状

公元前 6 世纪左右，欧洲的伊达拉里亚人使用岩石砌成渠道系统，废水通过它排入台伯河，其主干宽度超过 4.8 m，渠道系统中最大一条的截面为 3.3 m×4 m，而后又被罗马人扩建，这就是世界上第一条下水道——马克西马排水沟(Cloaca Maxima)，早期建设的排水系统只是一些简单水沟(渠)构成的网络，将废水引入附近的水系。随着城市人口规模增大，这些水沟无法满足排水以及环境要求，需要对原排水沟(渠)加盖或铺设人造管道。

以巴黎为例，排水管渠均处在巴黎市地面以下 50 m，前后共花 126 年的时间修建，巴黎有 26 000 个检查井，其中 18 000 个可以进人，共有 1 300 名维护工为其服务。今天的巴黎排水管道总长 2 347 km，主干管渠像河一样可以行船，昼夜灯火通明，是旅游的好去处。从 1867 年世界博览会开始，陆续有世界各国元首前往巴黎参观排水管道，现在每年接待 10 多万游客。这是一个完全能够与巴黎美丽市景相媲美且充满文化的地下世界。

在中国，古人很早就知道排水对居住环境卫生、日常生活及人们生命安全的重要性。我们的祖先在城市建设中早已创建了排水系统(图 1.1)。在我国贵州省澧县石家河文化的城址(以城头山最为著名)中，距今已有 6 000 至 7 000 年的历史，护城河被挖掘并配有水门，形成了优越的城内排水系统，这被认为是全球最早的城市排水系统之一。在河南登封王城岗古城(距今 5 000 年)和河南淮阳平粮台古城(距今 4 000 年)，我们还发现了陶制地下排水管道的使用，这标志着最早期的城市地下排水设施的出现。

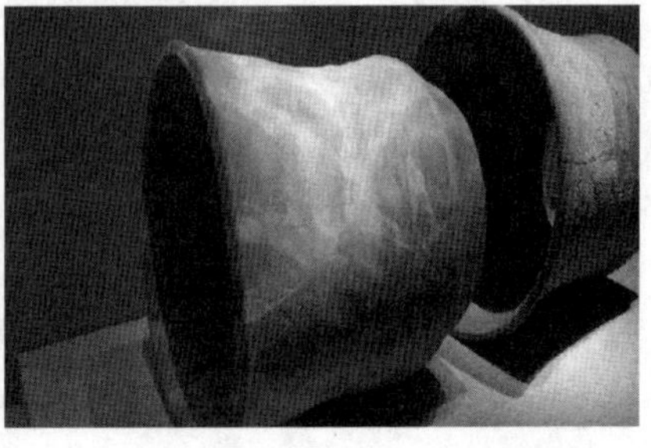

图 1.1　故宫“钱眼”排水孔(左)和平粮台古城遗址陶制地下排水管道(右)

上海的排水系统拥有百年历史，根据史料记载，在开埠前，上海城区建有传统的排水沟渠，雨污水就近排入河道。在开埠之初，租界在辟路的同时，在路边挖明沟或暗渠。自

1862 年起，英租界开始在当时的中区（即今黄浦区东部）进行雨水管道的规划和建设。而南市、闸北等地也在 20 世纪初开始进行排水管道的改建工程。1949 年前，全国 33 个城市建有排水设施，管线总长 6 034.8 km，全国只有上海、南京建有城市污水处理厂，日处理能力为 4 万 m^3。1949 年至改革开放以前，由于我国城市化进程一直比较缓慢，各城市的排水管道和处理设施建设相应滞后。改革开放后，特别是进入 20 世纪 90 年代以来，我国的城市排水管道总里程发生了显著的变化。根据住房和城乡建设部发布的信息，我国城市排水管道的总长度在 2007 年只有 29.2 万 km，而至 2016 年末达到了 57.7 万 km，2007—2016 年，每年都以 8% 以上的增幅增长，近 10 年全国城市排水管道总长度几乎翻了一番。

随着人类社会的进步，管道行业也获得了长足的发展（图 1.2）。城市排水系统在城市雨水排放、水污染控制以及水生态环境保护体系中扮演着关键的角色。作为保障城市生存和持续发展的重要基础设施，它不仅是城市“吐故纳新”的生命支柱，更是确保城市可持续运行的重要组成部分。城镇排水管渠是城市的生命线，其肩负着雨水、污水的排放功能，同时也承担城市排涝、防洪的重要作用，是市政管道的重要组成部分。城市的污水、废水以及雨水等通过城市排水管道输送到指定点进行处理，直接影响着城市居民的生活环境水平。城镇排水管道系统在城市经济发展中发挥着先导性的作用，成为衡量城市现代化程度的重要标志。

图 1.2　伦敦某处地下管道（左）和维多利亚时期的伯明翰排水管道（右）

城市地下排水管道的类型和规模的增多使其功能更加复杂。然而，地下管线资料不完整、不准确的问题逐渐显现，严重制约了城市的发展。为解决这一问题，电磁法探测技术逐步被引入城市地下管线普查工作，成为其中的主要技术手段之一。图形化操作系统、地理信息系统和数据库技术的发展为城市地下管线数据库建立和地下管线信息的应用奠定了良好的技术基础。

为了规范城市地下管线探查、测量、图件编绘和信息系统建设，及时、准确地为城市规划、设计、施工、建设和管理提供各种地下管线现状资料，保证探测成果的质量，满足现代化城市建设发展的需要，住房和城乡建设部组织有关单位编制了中华人民共和国行业标准《城市地下管线探测技术规程》（CJJ 61—94），并于 1994 年 12 月 5 日批准发布，1995 年 7 月 1 日起施行，使城市地下管线探测技术逐步走向规范化。

最早的排水管道只是为了防涝，管道的功能只是将大部分雨水排入就近的水体。随着城市的发展和人口数量的增长，污水要收集起来集中处理，地上地下构筑物密度增大，排水管道的重要性越来越显现。它除了要保证不间断运行外，还要保证在运行过程中对城市其他公共设施不构成破坏以及对人民生命财产不构成威胁，这就为新建管道或使用中的管道提出了检测的要求，特别是污水管道，作为生活和工业废水收集处理的重要组成部分，其结构的严密性至关重要。管体足够的强度，管材抗疲劳、抗腐蚀的耐久力，施工质量的把控，都是保证管道严密性的因素。

排水系统是收集、输送、处理和排放城市污水和雨水的工程设施系统，是城市基础设施的重要组成部分。排水管网系统负责收集、输送城市污水和雨水的任务，按其输送介质不同，可分为城市污水管网、工业废水管网和雨水管网；按排水体制主要分为合流制和分流制两种类型。我国正处在快速城市化阶段，城市规模不断扩大，城市污水排放量逐年增加。城市污水系统作为主要的市政基础设施，承担着城市污水的收集和输送职能，其运行状况直接影响城市的生产和生活环境。

1.1.2 排水管道现存问题

1.1.2.1 路面塌陷

城市道路作为城市重要的基础设施之一，关系着广大人民的生命财产安全，但近年来城市路面塌陷，造成吞噬行人或车辆的事件并不少见。地面塌陷灾害是指由于地下溶洞、煤矿开采、过度抽取地下水、沉降性土壤或其他原因导致地下空洞或土层失稳而引发的地表下沉或坍塌现象。这类灾害可能对地表建筑、交通、水利工程等基础设施造成严重破坏，威胁居民安全。城市路面塌陷灾害虽然规模不及采矿区地面塌陷，但因其发生在人口集中的城市地区，严重威胁了城市建设、经济发展和人民安全，所以造成的社会影响和经济损失往往更大(图1.3)。

图1.3 路面塌陷事故现场

导致路面塌陷的因素有很多，如路面载荷过大、周边施工扰动、地下管道渗漏等，其中路基土体的流失往往是城市路面局部塌陷的主要原因。在土体的流失中，水是诱因，土是“当事人”，路基是硬质的，水把路基底下冲空了就造成了塌陷。水冲路基土体主要是因为排水管道接口密封性不好，或者管体破损，造成长期向外渗漏或向内渗漏，在水力的作用下，管道四周和接口四周路基的土层都被洗空了，形成空洞，造成塌陷。与此同时，塌陷亦会对排水管道周围的其他管线或构筑物造成破坏，上水管的破裂所形成的强水流会加快空洞形成的速度。地下燃气管支撑土体的流失会使管体爆裂，遇火极易产生爆炸。地铁或建筑物等周边土体流失，会失去应力平衡，易造成沉降、倾斜或变形。

1.1.2.2 城市内涝

城市内涝是指由强降水或连续性降水超过城市排水能力，或因排水系统设施不完善、管理不完善，致使城市内产生积水灾害的现象。造成内涝的客观原因是降雨强度大、范围集中，降雨特别急的地方可能形成积水，降雨强度比较大、时间比较长也有可能形成积水。主观原因主要是国内一些城市排水管网规划标准比较低，排水设施不健全，建设质量不高。对于正在运行的管道，不少已进入老化衰退期，得不到有效的修复，水流长期淤塞不畅，疏通养护不及时。另外，城市大量的硬质铺装，如柏油路、水泥路面，降雨时水渗透性不好，不容易入渗，也容易形成路面积水。自 2000 年以来，我国大中城市平均每年发生 200 多起不同程度的城市内涝灾害，不仅严重影响了城市的正常生活秩序，也造成了较大的生命财产损失(图 1.4)。

图 1.4 城市内涝现场

除上述原因导致城市内涝外，从排水设施上来讲，其日常管理和维护不到位也极易造成内涝。主要有以下几方面：

(1) 雨水管道修理不及时。如坍塌、错口、变形等结构性问题没有得到及时的修理，完全阻碍或部分阻碍雨水排放。

(2) 雨水管道疏通养护不到位。如堵塞、淤积、树根、残留坝墙等病害致使排水能力消失或不能充分有效地发挥。

(3) 污水和外来水占据雨水系统空间。在分流制地区，由于雨污混接，雨水系统流入了污水，使雨水过水能力下降。在高地下水位地区，因管道破损，地下水入渗排水管道，加之河水倒灌，造成清水充满排水管道。

(4) 雨水收集口遮盖。路面树叶等垃圾遮蔽雨水箅子，地面径流不能进入雨水收集系统。

1.1.2.3 黑臭水体

城市水体是城市范围内与城市功能紧密相关的水体，包括流经城市的河段、河流沟渠、湖泊和其他景观水体，是城市生态系统的重要组成部分。城市水体黑臭问题主要由水体中藻类和细菌的新陈代谢以及人类排放污染物过多引起。随着我国城市经济迅速发展，城市规模不断扩大，环境基础设施短缺，城市污水排放不断增加，导致水体中化学需氧量、氮、磷等浓度超标，严重污染河流水体，导致水体季节性或终年黑臭(图 1.5)。

图 1.5 污水直排(左)和黑臭河道(右)

城市黑臭水体给群众带来了极差的感官体验,成为目前较为突出的水环境问题,也严重影响着我国城市的良好发展。2015 年国务院发布的《水污染防治行动计划》(简称“水十条”)对黑臭水体问题提出明确要求,到 2020 年,我国地级及以上城市建成区黑臭水体均控制在 10% 以内,到 2030 年,城市建成区黑臭水体总体得到消除。“黑臭在水里,根源在岸上,关键在排口,核心在管网”,水污染物主要源于沿水体的各类污水排水口、合流污水排水口和雨水排水口异常排放与溢流。因此,城市水体黑臭问题的根本原因在于城市建成区的水体污染物排放量超过了水环境的容量。城市黑臭水体整治的关键在于治理各类排水口,而其核心在于建立完善和健康的排水管网。检测并查明排水管道及检查井存在的各种问题和雨污混接情况是治理过程中的基础工作。

由于地下水污染隐蔽难以监测,具有发现难和治理难等特点,发现时往往已造成严重的后果,处理成本极高。为了减少和消除这一现象,必须要清晰地了解管道的运行状况以及管道损坏状况,对管道损毁的种类以及产生的后果进行必要的了解以便更好地分析管道病害,预测管道可能出现的问题以及选择合适的修复方法。

1.1.2.4 污水浓度异常

我国多数城市居民小区污水化学需氧量(CODCr) 排放浓度超过 400 mg/L,可是很多污水处理厂进水 CODCr 浓度却不足 200 mg/L,有的甚至不足 100 mg/L。外来水占总处理水量的一半以上,稀释作用巨大。外来水(extraneous water) 包括通过排水管道及检查井破损、脱节接口等结构性病害入渗排水系统的地下水、泉水、水体侧向补给水、漏失的自来水等,通过排水口倒灌排水管道的河(湖) 水等,通过检查井盖孔隙流入排水管道的地面径流雨(雪) 水等。CODCr 浓度过低直接导致污水处理技术受限、处理量和成本上升。地下水入渗、雨污混接和水体倒灌是 CODCr 浓度降低的三大主要原因。《城市黑臭水体整治 —— 排水口、管道及检查井治理技术指南》中明确提出:“排水管道铺设在地下水位以下的地区,城市污水处理厂旱天进水 CODCr 浓度不低于 260 mg/L,或在现有水质浓度基础上每年提高 20%;排水管道铺设在地下水位以上的地区,污水处理厂年均进水 CODCr 不低于 350 mg/L。”

1.2 排水管道病害类别

1.2.1 排水管道结构性病害

结构性病害(structural defect) 是指管道或检查井等结构本体遭受损伤,影响强度、刚度和使用寿命。结构性病害一般只有通过替换新管或修理旧管等工程措施予以消除。管道结构性病害主要根据声呐检测图像，对比拟定的地下管道轮廓形状，从而判断其差异性，进一步判定属于哪种病害类型。结构性检查主要是检查管道构造的完好程度。管道结构性病害主要分为破裂、变形、腐蚀、错口、起伏、脱节、接口材料脱落、支管暗接、异物穿入、渗漏 10 种类型。各病害类别及代码表示可按照《城镇排水管道检测与评估技术规程》(CJJ 181—2012) 规定表示。如表 1.1 展示了地下排水管道结构性病害的名称、代码、等级划分及分值。

表 1.1　地下排水管道结构性病害的名称、代码、等级划分及分值

病害名称	病害代码	定义	等级	病害描述	分值
破裂	PL	管道的外部压力超过自身的承受力致使管子发生破裂。其形式有纵向、环向和复合 3 种	1	裂痕 —— 当下列一种或多种情况存在时： ① 在管壁上可见细裂痕； ② 在管壁的细裂缝处冒出少量沉积物； ③ 轻度剥落	0.5
			2	裂口 —— 破裂处已形成明显间隙，但管道的形状未受影响且破裂无脱落	2
			3	破碎 —— 管壁破裂或脱落处所剩碎片的环向覆盖范围不大于弧长 60°	5
			4	坍塌 —— 当下列一种或多种情况存在时： ① 管道材料裂痕、裂口或破碎处边缘环向覆盖范围大于弧长 60°； ② 管壁材料发生脱落的环向范围大于弧长 60°	10
变形	BX	管道受外力挤压造成形状变异	1	变形不大于管道直径的 5%	1
			2	变形为管道直径的 5% ～ 15%	2
			3	变形为管道直径的 15% ～ 25%	5
			4	变形大于管道直径的 25%	10
腐蚀	FS	管道内壁受侵蚀而流失或剥落，出现麻面或露出钢筋	1	轻度腐蚀 —— 表面轻微剥落，管壁出现凹凸面	0.5
			2	中度腐蚀 —— 表面剥落显露粗骨料或钢筋	2
			3	重度腐蚀 —— 粗骨料或钢筋完全显露	5

续表1.1

病害名称	病害代码	定义	等级	病害描述	分值
错口	CK	同一接口的两个管口产生横向偏差，未处于管道的正确位置	1	轻度错口 —— 相接的两个管口偏差不大于管壁厚度的 1/2	0.5
			2	中度错口 —— 相接的两个管口偏差为管壁厚度的 1/2 ～ 1 倍	2
			3	重度错口 —— 相接的两个管口偏差为管壁厚度的 1 ～ 2 倍	5
			4	严重错口 —— 相接的两个管口偏差为管壁厚度的 2 倍以上	10
起伏	QF	接口位置偏移，管道竖向位置发生变化，在低处形成洼水	1	起伏高 / 管径 ⩽ 20%	0.5
			2	20% ＜ 起伏高 / 管径 ⩽ 35%	2
			3	35% ＜ 起伏高 / 管径 ⩽ 50%	5
			4	起伏高 / 管径 ＞ 50%	10
脱节	TJ	两根管道的端部未充分接合或接口脱离	1	轻度脱节 —— 管道端部有少量泥土挤入	1
			2	中度脱节 —— 脱节距离不大于 20 mm	3
			3	重度脱节 —— 脱节距离为 20 ～ 50 mm	5
			4	严重脱节 —— 脱节距离为 50 mm 以上	10
接口材料脱落	TL	橡胶圈、沥青、水泥等类似的接口材料进入管道	1	接口材料在管道内水平方向中心线上部可见	1
			2	接口材料在管道内水平方向中心线下部可见	3
支管暗接	AJ	支管未通过检查井直接侧向接入主管	1	支管进入主管内的长度不大于主管直径的 10%	0.5
			2	支管进入主管内的长度为主管直径的 10% ～ 20%	2
			3	支管进入主管内的长度大于主管直径的 20%	5
异物穿入	CR	非管道系统附属设施的物体穿透管壁进入管内	1	异物在管道内且占用过水断面面积不大于 10%	0.5
			2	异物在管道内且占用过水断面面积为 10% ～ 30%	2
			3	异物在管道内且占用过水断面面积大于 30%	5

续表1.1

病害名称	病害代码	定义	等级	病害描述	分值
渗漏	SL	管外的水流入管道	1	滴漏——水持续从病害点滴出，沿管壁流动	0.5
			2	线漏——水持续从病害点流出，并脱离管壁流动	2
			3	涌漏——水从病害点涌出，涌漏水面的面积不大于管道断面的1/3	5
			4	喷漏——水从病害点大量涌出或喷出，涌漏水面的面积大于管道断面的1/3	10

管段结构性病害参数计算方法如下：

当 $S_{\max} \geqslant S$ 时

$$F = S_{\max} \tag{1.1}$$

当 $S_{\max} < S$ 时

$$F = S \tag{1.2}$$

式中，F 表示管段结构性病害参数；$S_{\max}$ 表示管段损坏状况参数，管段结构性病害中损坏最严重处的分值；S 表示管段损坏状况参数，按病害点数计算的平均分值。

管段损坏状况参数 S 计算方法为

$$S = \frac{1}{n}\left(\sum_{i_1=1}^{n_1} P_{i1} + a\sum_{i_2=1}^{n_2} P_{i2}\right) \tag{1.3}$$

$$S_{\max} = \max\{P_i\} \tag{1.4}$$

$$n = n_1 + n_2 \tag{1.5}$$

式中，n 表示管段的结构性病害数量；n_1 表示纵向净距大于 1.5 m 的病害数量；n_2 表示纵向净距大于 1.0 m 且不大于 1.5 m 的病害数量；P_{i1} 表示纵向净距大于 1.5 m 的病害分值，按表 1.1 取值；P_{i2} 表示纵向净距大于 1.0 m 且不大于 1.5 m 的病害分值，按表 1.1 取值；a 表示结构性病害影响系数，与病害间距有关，当病害的纵向净距大于 1.0 m 且不大于 1.5 m 时，$a=1.1$。

当管段存在结构性病害时，结构性病害密度计算方法为

$$S_M = \frac{1}{SL}\left(\sum_{i_1=1}^{n_1} P_{i1}L_{i1} + a\sum_{i_2=1}^{n_2} P_{i2}L_{i2}\right) \tag{1.6}$$

式中，S_M 表示管段结构性病害密度；L 表示管段长度，m；L_{i1} 表示纵向净间距大于 1.5 m 的结构性病害长度，m；L_{i2} 表示纵向净间距大于 1.5 m 的结构性病害长度，m。

表 1.2 和表 1.3 分别为管段结构性病害等级评定对照表和类型评估参考表。

表1.2　管段结构性病害等级评定对照表

等级	病害参数 F	损坏状况描述
Ⅰ	$F \leqslant 1$	无或有轻微病害，结构状况基本不受影响，但具有潜在变坏的可能
Ⅱ	$1 < F \leqslant 3$	管段病害明显超过一级，具有变坏的趋势
Ⅲ	$3 < F \leqslant 6$	管段病害严重，结构状况受到影响
Ⅳ	$F > 6$	管段存在重大病害，损坏严重或即将导致破坏

表1.3　管段结构性病害类型评估参考表

管段结构性病害密度 S_M	< 0.1	$0.1 \sim 0.5$	> 0.5
管段结构性病害类型	局部病害	部分或整体病害	整体病害

地下管道结构状况评估方法为

$$RI = 0.7 \times F + 0.1 \times K + 0.05 \times E + 0.15 \times T \tag{1.7}$$

式中，RI 表示管道结构状况评估指数；F 表示结构性病害参数；K 表示地区重要性参数；E 表示管道重要性参数；T 表示土质影响参数。

根据 RI 的值评估排水管道结构状况，划分不同的结构状况等级，如表1.4所示。

表1.4　排水管道修复等级划分

等级	修复指数 RI	修复建议及说明
Ⅰ	$RI \leqslant 1$	结构条件基本完好，不修复
Ⅱ	$1 < RI \leqslant 4$	结构在短期内不会发生破坏现象，但应做修复计划
Ⅲ	$4 < RI \leqslant 7$	结构在短期内可能会发生破坏，应尽快修复
Ⅳ	$RI > 7$	结构已经发生或即将发生破坏，应立即修复

1.2.2　排水管道功能性病害

排水管道功能性病害(functional defect)是指管道非结构病害引起的过水断面发生变化，削弱畅通能力且满足不了规范要求。通水后的管道不可能像新管一样，具有百分之百的过水能力，存在一定的沉积和结垢等现象是必然的，特别是污水或合流管道。这也是允许的，不可称之为存在病害。只有当过水能力减少量超过一定限度时，才被认为存在病害。消除这类病害一般采用疏通清洗养护的办法。功能性病害主要分为沉积，结垢，障碍物，残墙、坝根，树根以及浮渣等六类。根据《城镇排水管道检测与评估技术规程》(CJJ 181—2012)规定，如表1.5展示了地下排水管道功能性病害的名称、代码、等级划分及分值。

表 1.5 地下排水管道功能性病害的名称、代码、等级划分及分值

病害名称	病害代码	定义	等级	病害描述	分值
沉积	CJ	杂质在管道底部沉淀淤积	1	沉积物厚度为管径的 20% ～ 30%	0.5
			2	沉积物厚度为管径的 30% ～ 40%	2
			3	沉积物厚度为管径的 40% ～ 50%	5
			4	沉积物厚度大于管径的 50%	10
结垢	JG	管道内壁上的附着物	1	硬质结垢造成的过水断面损失不大于 15% 软质结垢造成的过水断面损失为15% ～25%	0.5
			2	硬质结垢造成的过水断面损失为15% ～25% 软质结垢造成的过水断面损失为25% ～50%	2
			3	硬质结垢造成的过水断面损失为25% ～50% 软质结垢造成的过水断面损失为50% ～80%	5
			4	硬质结垢造成的过水断面损失大于 50% 软质结垢造成的过水断面损失大于 80%	10
障碍物	ZW	管道内影响过流的阻挡物	1	过水断面损失不大于 15%	0.1
			2	过水断面损失为 15% ～ 25%	2
			3	过水断面损失为 25% ～ 50%	5
			4	过水断面损失大于 50%	10
残墙、坝根	CQ	管道闭水试验时砌筑的临时砖墙封堵，试验后未拆除或拆除不彻底的遗留物	1	过水断面损失不大于 15%	1
			2	过水断面损失为 15% ～ 25%	3
			3	过水断面损失为 25% ～ 50%	5
			4	过水断面损失大于 50%	10
树根	SG	单根树根或树根群自然生长进入管道	1	过水断面损失不大于 15%	0.5
			2	过水断面损失为 15% ～ 25%	2
			3	过水断面损失为 25% ～ 50%	5
			4	过水断面损失大于 50%	10

续表1.5

病害名称	病害代码	定义	等级	病害描述	分值
浮渣	FZ	管道内水面上的漂浮物(该病害需计入检测记录表,不参与计算)	1	零星的漂浮物,漂浮物占水面面积不大于30%	—
			2	较多的漂浮物,漂浮物占水面面积为30%～60%	—
			3	大量的漂浮物,漂浮物占水面面积大于60%	—

地下管道功能状况评估方法为

$$MI=0.8\times G+0.15\times K+0.05\times E \tag{1.8}$$

式中,MI 表示管道功能状况评估指数;G 表示功能性病害参数;K 表示地区重要性参数;E 表示管道重要性参数。

根据 MI 的值评估排水管道功能状况,划分不同的功能状况等级,如表1.6所示。

表1.6　排水管道养护等级划分

养护等级	养护指数 MI	养护建议及说明
Ⅰ	$MI\leqslant 1$	没有明显需要处理的病害
Ⅱ	$1<MI\leqslant 4$	没有立即进行处理的必要,但宜安排处理计划
Ⅲ	$4<MI\leqslant 7$	根据基础数据进行全面的考虑,应尽快处理
Ⅳ	$MI>7$	输水功能受到严重影响,应立即进行处理

管段功能性病害参数计算方法如下:

当 $Y_{max}\geqslant Y$ 时

$$G=Y_{max} \tag{1.9}$$

当 $Y_{max}<Y$ 时

$$G=Y \tag{1.10}$$

式中,G 表示管段功能性病害参数;Y_{max} 表示管段运行状况参数,功能性病害中最严重处的分值;Y 表示管段运行状况参数,按病害点数计算的功能性病害平均分值。

管段运行状况参数计算方法为

$$Y=\frac{1}{m}\left(\sum_{j_1=1}^{m_1}P_{j_1}+\beta\sum_{j_2=1}^{m_2}P_{j_2}\right) \tag{1.11}$$

$$Y_{max}=\max\{P_j\} \tag{1.12}$$

$$m=m_1+m_2 \tag{1.13}$$

式中,m 表示管段的功能性病害数量;m_1 表示纵向净距大于1.5 m的病害数量;m_2 表示纵向净距大于1.0 m且不大于1.5 m的病害数量;P_{j1} 表示纵向净距大于1.5 m的病害分值,按表1.5取值;P_{j2} 表示纵向净距大于1.0 m且不大于1.5 m的病害分值,按表1.5取值;β表示功能性病害影响系数,与病害间距有关,当病害的纵向净距大于1.0 m且不大于

1.5 m时，$\beta=1.1$。

当管段存在功能性病害时，功能性病害密度计算方法为

$$Y_M=\frac{1}{YL}\left(\sum_{j_1=1}^{m_1}P_{j1}L_{j1}+\beta\sum_{j_2=1}^{m_2}P_{j2}L_{j2}\right) \tag{1.14}$$

式中，Y_M 表示管段功能性病害密度；L 表示管段长度；L_{j1} 表示纵向净距大于1.5 m的功能性病害长度；L_{j2} 表示纵向净距大于1.0 m且不大于1.5 m的功能性病害长度。

管段功能性病害等级评定、管段功能性病害类型评估可按表1.7和表1.8确定。

表1.7　功能性病害等级评定

等级	病害参数	运行状况说明
Ⅰ	$G\leqslant 1$	无或有轻微影响，管道运行基本不受影响
Ⅱ	$1<G\leqslant 3$	管道过流有一定的受阻，运行受影响不大
Ⅲ	$3<G\leqslant 6$	管道过流受阻比较严重，运行受到明显影响
Ⅳ	$G>6$	管道过流受阻很严重，即将或已经导致运行瘫痪

表1.8　管段功能性病害类型评估

病害密度 Y_M	<0.1	$0.1\sim0.5$	>0.5
管段功能性病害类型	局部病害	部分或整体病害	整体病害

管段修复指数计算方法为

$$RI=0.7\times F+0.1\times K+0.05\times E+0.15\times T \tag{1.15}$$

式中，RI 表示管段修复指数；F 表示结构性病害参数；K 表示地区重要性参数，可按表1.9确定；E 表示管道重要性参数，可按表1.10确定；T 表示土质影响参数，可按表1.11确定。

表1.9　地区重要性参数 K

地区类别	K 值
中心商业、附近具有甲类民用建筑工程的区域	10
交通干道、附近具有乙类民用建筑工程的区域	6
其他行车道路、附近具有丙类民用建筑工程的区域	3
所有其他区域或 $F<4$ 时	0

表1.10　管道重要性参数 E

管径 D	E 值
$D>1\,500$ mm	10
1 000 mm $<D\leqslant 1\,500$ mm	6
600 mm $<D\leqslant 1\,000$ mm	3
$D\leqslant 600$ mm或 $F<4$	0

表 1.11 土质影响参数 T

土质	一般土层或 $F=0$	粉砂层	湿陷性黄土			膨胀土			淤泥类土		红黏土
			4级	3级	1、2级	强	中	弱	淤泥	淤泥质土	
T 值	0	10	10	8	6	10	8	6	10	8	8

管段修复等级应按照表 1.12 划分。

表 1.12 管段修复等级划分

等级	修复指数 RI	修复建议及说明
Ⅰ	$RI \leqslant 1$	结构条件基本完好,不修复
Ⅱ	$1 < RI \leqslant 4$	结构在短期内不会发生破坏现象,但应做修复计划
Ⅲ	$4 < RI \leqslant 7$	结构在短期内可能会发生破坏,应尽快修复
Ⅳ	$RI > 7$	结构已经发生或即将发生破坏,应立即修复

管段养护指数计算方法如下:

$$MI = 0.8 \times G + 0.15 \times K + 0.05 \times E \tag{1.16}$$

式中,MI 表示管段养护指数;K 表示地区重要性参数可按表 1.9 确定;E 表示管道重要性参数,可按表 1.10 确定。

管段养护等级应按照表 1.13 划分。

表 1.13 管段养护等级划分

养护等级	养护指数 MI	养护建议及说明
Ⅰ	$MI \leqslant 1$	没有明显需要处理的病害
Ⅱ	$1 < MI \leqslant 4$	没有立即进行处理的必要,但宜安排处理计划
Ⅲ	$4 < MI \leqslant 7$	根据基础数据进行全面的考虑,应尽快处理
Ⅳ	$MI > 7$	输水功能受到严重影响,应立即处理

1.3 排水管道探测需求

1.3.1 管道问题及危害

排水管道是对污水、雨水以及废水进行收集与排放的管道及相关设施所组成的系统。城市排水管道的类型有许多种,包括钢筋混凝土排水管道、镀锌铁排水管道、不锈钢排水管道、PVC 排水管道等种类。由于排水管道所处的环境较为潮湿,长时间位于潮湿环境会导致排水管道容易发生腐蚀、破裂等病害。正常运行的排水管道是城市健康发展的关键,是人民安稳生活的保障。一旦排水管道出现管道病害,将会为城市正常运行埋下重大安全隐患,有可能导致内涝、环境污染、地陷等一系列的问题,严重影响民众的生活。

近些年,伴随着我国基础设施不断发展健全,城市化建设也取得了瞩目的发展。城市不断发展壮大，人口规模也不断增加，对城市的排水系统要求也相应提高，因此排水管道的里程相对以前也大幅度增加。一方面规模庞大的排水管道系统为人们生活带来便利；另一方面大量的维护工作也给工作人员带来了沉重负担。中国的管道检测工作主要依赖人工检测，但是人工识别管道病害区域需要花费大量的时间与精力，工作量过大容易出现纰漏无法保证检测的准确性，而且许多管道因狭小、高置于空或埋于地底等原因，人工无法检测或检测时具有一定危险性，此外，人工检测的时效性较差。这样一些管线有可能得不到及时的维护而导致事故的发生。

由于在建设初期考虑不足、排水管道缺乏系统维护等原因，我国许多城市的排水管道逐渐出现问题，有些甚至导致了严重事故。例如，2012 年福州金山地区一条工业污水管线破裂，导致大量污水从管道中溢出，流入横江渡，附近江水被染成“墨水”。同年，北京发生了特大暴雨，引发了严重的洪涝灾害。这些问题一方面受到地形、降雨以及人类活动等多方面影响，水质水量存在许多不确定因素。另一方面是因为我国城市排水系统仍不完善，检测维护不及时，管道输送雨、污水的能力不足。

目前我国城市排水管道面临着一系列复杂问题，主要表现在以下几个方面：

(1) 尽管我国排水管道的总长度迅猛增加，但在很长一段时间里，一些城市过于注重建设污水处理厂，而忽视了与之配套的污水管网的规划和建设。这导致了管道建设与污水处理设施的不协调，造成了污水处理厂的处理量不足和运行效果不稳定。同时，大量未接入污水管网的污水直接排入河流，引发了水体的严重污染问题。

(2) 我国城市排水管网从早期的合流制逐渐演变为以分流制为主，但在这个过程中，由于建设过快、管理不严谨、规划设计不到位等原因，雨水管与污水管之间经常发生错接、混接甚至漏接的情况。这不仅导致了污水直接排入雨水管道，使水体受到污染，还影响了污水处理厂在晴、雨天间正常运行，同时还影响了下游管线对污水的收集与输送。

(3) 由于排水管道所处的环境复杂，受到各种因素的影响，管道的状况难以一直保持良好。建设不规范、运行管理不科学导致管道内部病害不能及时发现和维护，这些病害逐渐积累放大，最终导致了严重的管道问题。目前，许多城市仍采用传统的维护管理方式，即只有在出现污水外冒、路面沉降等明显问题时才进行人工维护。然而，这时病害已经发展到无法简单修复的程度，需要进行开挖修复或直接更换管道，既浪费了人力、物力，也对城市的可持续发展造成了不利的影响。因此，针对城市排水管道问题，需要加强规划、建设和管理，推动现代化、科学化的水务体系建设。

1.3.2 管道监管依据

排水管渠养护是一项日常性工作，根据住房和城乡建设部发布的《城镇排水管渠与泵站运行、维护及安全技术规程》(CJJ 68—2016) 的规定，管渠、检查井和雨水口应定频次进行清淤、疏通和清捞。设定最低养护频次，不是养护工作重点，即使达到了养护频次也未必能保证任何时刻全网的畅通。对一些先天铺设量好或流速较快无淤积的管渠，没有必要频繁对其进行疏通养护；对一些设计不合理、管龄较长或流速非常慢的管渠，应该增加频次，重点予以养护。城市中每一段管渠和每一个检查井的现状都不尽相同，千篇一律地采取同一频次进行养护势必费时、费工、费钱。世界上发达国家排水管网的养护通常是在制订养护计划阶段就先基本查清管道和检查井堵塞或淤积的一般规律及现状，掌握每一段管渠的畅通程度和预期，然后在此基础上，投入不同的人、财、物予以疏通清洗养护，这样做可实现高效和节约。检测是养护工作的重要内容，是管渠养护整个流程中的重要环节。在编制养护计划前，采取实地巡查和检测相结合，获取以下信息：

(1) 管渠或检查井内积泥深度，测算污泥量。

确定采样点选取规则，利用仪器或者简易工具测定积泥深度，并以管段为单位计算出平均积泥深度。一个检查井一般只测定一个深度数据。测算管道污泥量为平均污泥横截面面积与管段长度的乘积。

(2) 流速和充满度。

考虑管道材质本身抗冲击能力的不同，金属管道的最大流速不能大于 10 m/s，非金属管道的最大流速不能大于 5 m/s。重力自流管道的流速一般是 0.6 ～ 0.75 m/s，保证不发生积淤。当输送高含沙水流时，最小运行流速应大于泥沙的不淤流速。充满度(depth ratio) 是水流在管渠中的充满程度，管道的充满度用水深与管径之比值表示，渠道的充满度用水深与设计最大水深之比表示，污水管道的设计充满度见表 1.14。

表 1.14 各种管径设计充满度

管径 D/mm	最大设计充满度
≥1 000	0.75
500 ～ 900	0.70
350 ～ 450	0.65
200 ～ 300	0.55

(3) 井盖及雨水完好度。

编写养护计划前，巡查排水检查井井盖和雨水篦的完好情况是非常必要的，排查所辖的井盖设施情况，查缺补漏。已缺失或损坏的安全防护网要及时更换；存在安全隐患尚未加装安全防护网的排水井要进行加装，如发现井盖等排水设施丢失、损坏、移动等情况，还要设置围挡和警示标志，并及时进行补装、维修更换及修复。同时还要检查井盖开启的便利度，以防遇暴雨抢险过程中，难以打开井盖，抢险完成后要及时恢复井盖。

无论是开槽修复还是非开挖修复，其对策均来自检测的结果。对已经出现病害的管渠，依据住房和城乡建设部《城镇排水管道检测与评估技术规程》(CJJ 181—2012) 中的有关条文进行评估，计算出修复的紧急程度，即修复指数(RI)。 一般在修复指数大于 4 时，就必须及时维修。在一些发达国家，大面积城市建设已经停滞，新建排水管道相对我国较少，其早已将精力投入现有管渠的养护，因而排水管网等城市基础设施运行状况较好。防止管渠病害的产生或防止病害的加重成为排水管理者的一项重要工作，应本着“早发现，早治疗”的原则，开展预防性修复，将病害消除在萌芽之中。

以修复为目的的结构性检测，不同于以养护为目的的功能性检测，它在正式检测前，必须要采取各种疏通清洗措施，将被检管道完全清晰地暴露出来，以便准确观测、获取视频影像等信息。获取这一信息的方法很多，如闭路电视 (closed-circuit television, CCTV)、相机拍照、肉眼直接观测等获取的一手资料均可作为修复计划制订的依据。在获取病害的种类和等级的同时，还必须配套量测出病害的位置和范围。

在制订修复方案时，需要掌握以下几方面管道相关的信息。

- 管道属性：雨水、污水、合流；
- 管道所属的排水系统：查询排水规划图可找出所属排水系统的名称；
- 管道在所属排水系统中的地位：从排水地理信息系统或排水管网图上，结合管径数据，可得出主要的参数；
- 竣工年代和原施工方法：从业主档案资料里查获；
- 地质和地下水位：从当地有关部门查询管道所在区域的地质资料；
- 管道周边环境：其他构筑物发布、道路交通状况；
- 封堵和临时排水：从当地主管部门取得封堵和临时排水许可。

① 确定雨水和污水管的混接点。

在分流制地区，雨水和污水本应各行其道，但现实情况是“难舍难分”。世界上没有一座城市完全实现了真正且彻底的雨污分流，但必须使用各种手段不断改善，使混流程度降至最低。消除雨污混流现象是一项长期的整改过程，不能操之过急，通常按照下列原则实施：

- 按流域或收集服务区分片逐个整治，先易后难；
- 混入水量大的优先整治，分大小逐个消除；
- 污染程度高的优先，分轻重依次治理；
- 装治结束后动态管理跟上，防止“死灰复燃”，导致新的混接产生。

整治必须先有计划，而计划的起点往往从现有管网的雨污混接现状调查开始，没有前期仔细的调查摸排，所有计划只是空谈。只有掌握了现实状况，计划中的工程设计、改造方案、实施方法、工艺流程、费用预算以及配套措施等内容才能有的放矢。

② 查找雨水系统中污染源。

污染源是指在特定地点、场所或设备中产生并排放有害物质或对环境产生不良影响的来源。这些有害物质以不适当的浓度、数量、速度、形态和途径进入环境系统，引起环境污染或破坏。根据污染物的种类和排放的环境介质，污染源可以包括大气污染源、水体污染源、土壤污染源等。在雨水系统中，除了受到初期雨水以及路面径流的污染外，还受到来自城市各个角的污水直接或间接流入市政雨水管渠，居民阳台加装烹调或卫生设施、路边餐饮店私排管接入市政雨水口等直接的单个污染源，排水户（居民小区、工厂、学校医院等）内部的湿流在雨水出门井处输出污水或混合水等间接的污染源的污染。这些污染源大多比较隐蔽，查找非常困难，要搞明白它来自哪里，仅凭肉眼简单地巡视查找非常困难。这就需要专业人员借助专业仪器设备，采用不同的技术手段，才能找出污染源，为截污工作提供方向。

③ 截污纳管的依据。

截污纳管是一项综合性的水务管理措施，旨在通过截取城市或工业区域产生的污水并通过管道输送至污水处理设施，减少对自然水体的直接排放。这一过程有助于提高水体的水质，减轻水体污染，保护生态环境。截污纳管不仅有利于水体净化，降低城市水环境的污染程度，还能维护水生态系统，促进水资源的可持续利用。同时，它对城市的卫生状况、社会经济发展也产生积极影响，为实现城市的可持续发展提供了重要支持。简言之，即污染源单位把污水截流纳入污水截污收集管系统进行集中处理。该项措施在城镇污水处理效益提升和功能发挥方面具有重要作用。

截污纳管工程设计之前，先对所有将被纳入的污水管道进行调查和检测，调查长度不少于距离现有污水排水口第一个检查井，其内容有空间位置、管径、材质、管龄、物理结构状况、污水水质和水量。设计人员只有得到了这些数据或信息后，才能设计合理的收纳管的管位、管径和坡度等。

④ 摸排倒灌点。

对城市排水而言，受潮水或持续强降雨等因素影响，水位上升，河水或海水通过半淹没或全淹没的排水口向排水管道或检查井里倒灌，形成管道里滞水、壅水和回水，造成排水系统紊乱、城市排水能力下降、城市内涝加重、加快以及污水处理厂超量溢流等危害。为防止倒灌，排水一般都要设置止回装置，止回装置在关键时是否发挥作用，就看平时的检测和养护是否到位。不少装置长期在水位线以下受河水浸泡或海水侵蚀，容易腐蚀老化和锈蚀。城市排水中的垃圾等粗颗粒物也会使这些装置关闭不严。为了保障止回装置不失灵，定期检测，特别在汛期加大检测频次，显得非常重要。

1.3.3　经济与社会效益

管道检测不仅对保障管道安全至关重要，而且在长远考虑下，其经济效益也是显著的。管道维护可分为主动维护和被动维护两种。主动维护通过智能检测器内检测，专家根据全面管道状况进行综合评判，确定维修计划和方案，最终由管道业主进行维修养护。主动维护费用包括管道检测、专家评估和管道维修费用。尽管在短期内可能增加成本，但从长远来看，可通过提前发现和解决问题，减少事故损失，延长管道使用寿命，提高经济效益。

被动维护是指在管道发生泄漏等腐蚀引起的事故后，紧急进行抢修的维护策略。此时付出的主要代价和损失包括输送介质的损失、停输造成的经济损失，环境污染和人身安全伤害所带来的严重损失，以及进行抢修所需的巨大成本。与主动维护相比，被动维护在抢修工程难度和代价上都更为庞大，尤其在环境损害方面难以估量。因此，采取主动维护策略，通过定期检查和预防性措施提前发现和解决问题，不仅有助于减少管道事故的发生，也能有效降低维护成本，最大限度地减少各方面的损失。

第 2 章　排水管道探测技术现状

2.1　人工检测技术

2.1.1　人工巡视方法

1. 检测准备工作

在进行人工观察检测前，首先应对路面状况进行检查，包括对管道沿线上方路面的沉降、裂缝和积水情况进行仔细观察。其次，需要检查雨水口和检查井的外部状况，主要关注井盖、盖框的完好程度以及周围是否存在异味，其中，异味主要包括是否有可燃性气体或有毒气体。最后，应对检查井和雨水口进行内部检查，主要包括井壁破损状况、爬梯或链锁安全性和底部淤泥堆积状态(图 2.1)。应确保检测人员在无安全隐患的情况下进入管道，并将以上检测结果记录在专项记录表内。

下井作业的工作环境通常十分恶劣，包括工作面狭窄、通气性差、作业难度大、工作时间长、危险性高等特点。在井下作业时，井下存有一定浓度的有毒有害气体，若操作人员稍有不慎或疏忽大意，极易导致中毒甚至死亡事故的发生。因此，在进入管道前，检查人员应对防毒面具、防爆照明灯具、通信设备等检测工具的完好性和人员组成的专业性进行仔细检查。为了保证记录的清晰度和准确度，要求照片的分辨率不应低于 300 万像素，录像的分辨率不应低于 30 万像素。在选择防毒面具时，应注意开路式防毒面具呼出的气体是直接排放到外界的，而使用氧气呼吸设备时，呼出的气体中氧气含量较高，可能增加排水管道内易燃易爆气体燃烧和爆炸的风险，因此，井下作业时，应选择隔离式防护面具，而不应使用过滤式防毒面具和半隔离式防护面具以及氧气呼吸设备。进入管道进行检查时，最好由两人同时进行，地面辅助、监护人员不应少于 3 人。这样的操作设置有助于井下作业的顺利进行，可以相互协作控制灯光、测量距离、画标识线、举标识牌和拍照，同时也有利于及时发现不安全因素并互相提醒。地面配备的人员应由联系观察人员、记录人员和安全监护人员组成，以确保整个作业过程的顺利进行并最大限度地确保操作人员的安全。

2. 检测人员进入管道检测

在管道检查过程中，应采用摄像的方式记录病害状况。当发现病害时，应在标识牌上注明距离，将标识牌靠近病害拍摄照片，距离标识(包括垂直标线、距离数字)应与标识牌相结合，标识牌尺寸尽量不小于 210 mm × 147 mm，注明检查地点、起始井编号、结束井编号、检查日期。具备以上信息的影像资料有可追溯性价值，有助于病害研究、判读，为修复方案提供依据。文字说明需详细记录病害位置、属性、代码、等级和数量。管内人员需

图 2.1　人工开井巡视现场

随时与地面保持通信，连续工作时间不超过 11 h。井下作业如需时间较长，应轮流下井，如井下作业人员有头晕、腿软、憋气、恶心等不适感，必须立即上井休息。地面人员密切关注井下情况，不得擅自离开，使用通信设备联系。管道内人员遇不测需及时救助，进入管道遇障碍停止检测，确保人员安全。

最后，记录人员应填写现场记录表。检测后应整理照片，每一处结构性病害应配正向和侧向处结构性病害各不少于 11 张照片，并对应附注文字说明。

2.1.2　潜水检查方法

大管径排水管道由于封堵和导流困难，检测前的预处理工作存在较大难度，尤其是在满水状态下，为了迅速了解管道是否存在问题，有时候采用潜水员触摸的方式进行检测。潜水检查适用于管径不小于 1 200 mm、流速不大于 0.5 m/s 的管道。潜水检查仅能作为初步判断重度淤积、异物、树根侵入、塌陷、错口、脱节、胶圈脱落等缺陷的依据。当需要确认时，应排空管道并采用闭路电视检测方法进行确认。潜水服分为湿式潜水服和干式潜水服。湿式潜水服是最常用的潜水服，它通常由橡胶、氯丁橡胶、尼龙等材料制成，具有较好的密封性和保温性能。一般厚度可从 1.5 mm 到 10 mm 以上，渗入的冷水被衣服隔绝不会再渗透出去并迅速由体热传导变热，这种非活性气泡的隔离，可防止体热的散失。湿式潜水服的特点是在潜水过程中会进入水中，因此内部保持潮湿状态。这种潜水服通常包括头罩、手套和潜水靴，全身覆盖，有效防水，在水中保温效果较好。湿式潜水服适用于一定深度的潜水，潜水员需要在水中长时间工作时使用，它的构造和设计能够提供较好的灵活性和散热性。干式潜水服的使用较为普遍，主要有泡沫合成橡胶、合成橡胶和尼龙 3 种材质。干式潜水服有特别的防水拉链和其他配件，如干式潜水充气排气装置。使用干式潜水服需要经过特殊培训，学习如何掌握和使用充气排气装置。对于干式潜水服的保养和维护，有以下方法：潜水后需将潜水服浸泡在清水中，避免阳光直射，并尽可能存放在通风而阴凉的地方；需要定期润滑潜水服的拉链，同时避免长时间折叠，以免导致泡沫合成橡胶产生无法恢复的皱褶。穿着干式潜水服时，身体完全与水隔离，根据水温情况，可以在潜水服内穿上毛衣，以增强保温效果。这样的潜水服能够提供更好的保暖性，使潜水员在不同水温环境下保持舒适。

1. 潜水员作业管理

在采用空气饱和模式潜水时，潜水员宜穿着轻装式潜水服，潜水员的呼吸应由地面储气装置通过脐带管供给，确保潜水员在深海环境中能够获得足够的氧气。为确保潜水员的安全，潜水员下井前需要对气压表进行调校，以确保其准确显示当前气压情况。在潜水员下潜作业期间，应有专人负责观察气压表，随时监控潜水员所处的气体压力环境，以确保他们的安全和顺利完成任务。

为保证潜水人员的安全和检测工作的准确性，所有潜水人员应符合以下要求：

(1) 所有潜水作业人员必须持有有效"潜水员证书"方可进行潜水作业，从事特殊潜水作业人员还应持有特殊作业证书。

(2) 在潜水作业前，须对潜水员进行身体检查，并仔细询问饮食、睡眠、情绪、体力等情况。

(3) 潜水人员感到疲劳或者不适时，可以拒绝潜水作业。

(4) 潜水作业结束后，潜水员应适当休息，休息期间原则上不得从事其他体力工作。

2. 潜水装备

排水行业用的潜水装备通常有重潜水装备和浅潜水装备两种。

(1) 重潜水装备，具有厚实、笨拙、适应高水压等特点，在排水行业使用较少。潜水装备主要包括潜水帽、潜水服、压铅、潜水鞋、潜水胶管、全毛毛线保暖服、全毛毛线保暖袜、全毛毛线保暖帽、腰节阀、手箍、对讲电话及其附件、机动供气泵、潜水刀、潜水计时器以及水下照明灯等。

(2) 浅潜水装备，是城市排水管道检测与清捞常用的装备。浅潜水装备与重潜水装备不同，其帽子、衣服、裤子和靴子连成一体，背后装有水密拉链，穿着方便、密封性好，在潜水服内还可加穿保暖内衣，使保暖性更加优良，尤其适合水温较低的各种潜水作业。浅潜水装备尤其适合城市排水行业，潜水员可在排水管道的有限空间里灵活行动。浅潜水装备主要包括潜水服、呼吸器、潜水胶管、脚节阀、压铅、对讲电话、通信电缆、手箍、机动供气泵以及电动供气泵等。

3. 潜水操作流程及注意事项

入水前，需获取管径、水深和流速等数据，若流速超过 0.5 m/s，应采取减速处理措施。潜水检测人员在入水前必须清楚了解潜水深度、工作内容和作业位置，扣好安全信号绳，并向信绳员详细说明操作方法和注意事项。潜水检测人员穿戴潜水服和负重压铅，拴好安全信号绳，并进行通气呼吸检查，调试通信装置确保畅通。入水检测时，潜水检测人员需缓慢下井，逐一触摸管道接口。如发现问题，潜水检测人员需及时向地面报告并进行现场记录。这样做的目的是避免回到地面后依靠记忆时忘记关键细节，同时方便地面指挥人员及时了解潜水检测情况。地面人员应及时记录病害的具体位置。潜水检测人员在水下进行检查工作时，应保持头部高于脚部。

当潜水检测人员遇到下列情形之一时，应及时通过安全信号绳或用对讲机向地面人员报告，中止潜水检查并立即出水回到地面，由地面记录员当场记录。

(1) 遭遇障碍或管道变形难以通过。

(2) 流速突然加快或水位突然升高。

(3) 潜水检测人员身体突然感觉不适。

(4) 潜水检测人员接到地面指挥员或信绳员停止作业的警报信号。

潜水检查通常是潜水检测人员沿着管壁逐步向管道深处摸索,检查管道是否存在裂缝、脱节、异物等情况。然而,仅依靠回忆在返回地面后报告检查结果存在主观判断的盲目性,费用较高。因此,在发现病害后,应采用闭路电视检测方法进行确认,以实现对管道内状况的准确、系统评估。

2.1.3　工具检查方法

为解决地下排水管道不易进入或不能进入的问题,排水行业工作者发明了各种各样的辅助测量工具,这些检测方法统一分类为简易工具法,主要包括量泥杆(斗)法、反光镜法、"通沟牛"法、检测球法、圆度芯轴检测器法、激光笔法、竹片和钢带法。量泥斗法是通过在管道中注入泥浆,利用泥斗收集并测量泥浆量,以评估管道排水功能是否正常。反光镜法利用反光镜将日光折射进入管道,以观察管道内的堵塞和错位情况。在实际应用时,应根据检查的目的和管道运行状况选择合适的简易工具(表 2.1)。

表 2.1　简易工具检查种类及适用范围

简易工具	中小型管道	大型以上管道	倒虹管	检查井
Z 字形量泥斗	管口适用	管口适用	适用	适用
直杆形量泥杆	不适用	不适用	不适用	适用
反光镜	适用	适用	不适用	适用
"通沟牛"	适用	不适用	适用	不适用
检测球	适用	不适用	适用	不适用
圆度芯轴检测器	不适用	适用	不适用	不适用
激光笔	适用	适用	不适用	不适用
竹片和钢带	适用	不适用	适用	不适用

1. 量泥杆(斗)法

量泥杆(斗)法大约始于20世纪50年代,适用于检查井底或离管口500 mm以内的管道内淤泥和积沙厚度的测量。量泥杆(斗)主要由操作手柄、小漏斗组成。

漏斗滤水小口的孔径应设置在 3 mm 左右,当孔径过小时会阻碍漏水,过大时会导致污泥流失,达不到检测的效果。漏斗上口离管底的高度依次为 5 cm、7.5 cm、10 cm、12.5 cm、15 cm、17.5 cm、20 cm、22.5 cm、25 cm(图 2.2)。量泥杆(斗)按照使用部位可分为直杆形和 Z 字形两种,前者用于检查井积泥检测,后者用于管内积泥检测。Z 字形量斗的圆钢被弯折成 Z 字形,其水平段伸入管内的长度丝为 50 cm,使用时漏斗上口应保持水平,将全部泥斗伸入管口取样(图 2.3)。量泥斗的取泥斗间隔宜为 25 mm,量测积泥深度的误差应小于 50 mm。

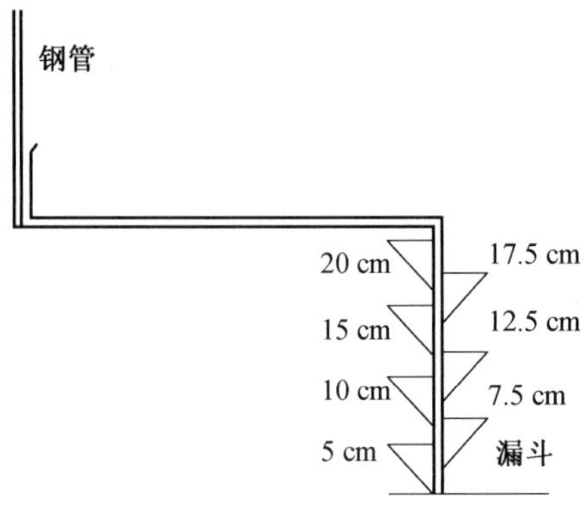

图 2.2　Z 字形量泥斗构造图

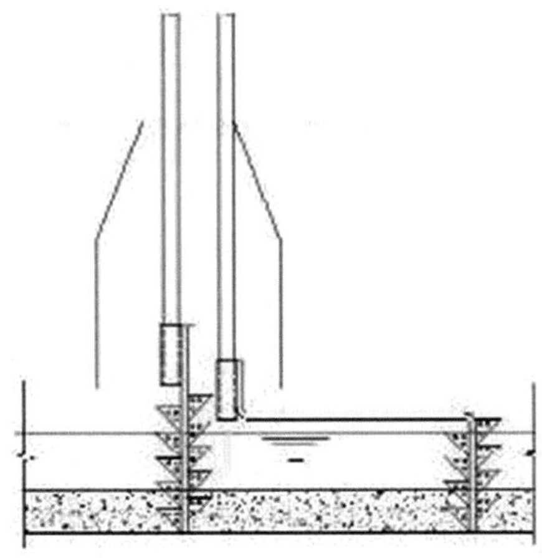

图 2.3　量泥斗检查示意图

2. 反光镜法

在管内无水或水位很低的情况下，可采用反光镜检查。通过反光镜把日光折射到管道内，判断管道清洗前后的清洁度，观察管道的堵塞、错口、径流受阻和塌陷等情况。反光镜检查宜在天气晴朗时进行。检测时，应打开两端井盖，保持管内光照强度充足。反光镜检查适用于直管，较长管段则不适合使用。

激光笔可作为辅助检测工具，利用激光穿透性强的特点，在一端检查井内沿管道射出光线，通过观察另一端检查井内能否接收到激光点，可以检查管道内部的通透性情况。该工具可定性检查管道严重沉积、塌陷、错口等堵塞性的病害。当采用激光笔检测时，管内水位不宜超过管径的 1/3。

3.“通沟牛”法

“通沟牛”通常用于管道疏通养护，尤其在检测设备较为简陋的情况下，可初步评估管道的通畅程度以及是否存在塌陷等严重结构损坏。在管道疏通时，使用“通沟牛”在管道内移动，清理淤泥至检查井，并将淤泥捞出送至垃圾填埋场。在检查管道时，通过更换不同尺寸的“通沟牛”，来回移动以判断管道通畅程度、淤泥量以及管道可能存在的变形或其他严重结构病害。

4. 检测球法

检测球法是利用与管径相适应的金属网状球或橡皮球，在人力的牵引下，在管道内从一端移动到另一端，根据球的通过情况来判断管道断面损失情况。在一般情况下，金属网状检测球不能检测出软性淤泥类的断面损失情况。检测用的橡皮球与管道清洗用的橡皮球相同，球面呈凹凸螺旋状，准确控制好充气程度，通过量测橡皮球的周长，使之与被检测管道的直径相一致。橡皮球可带水作业，在检测的同时，还可以利用水力冲洗管道。金属网状检测球一般用直径 10 mm 的钢筋按照球形经纬线的布局点焊而成，具体规格见表 2.2。

表 2.2　金属网状检测球规格表

序号	被检管道直径(D)/mm	检测球直径($D-3\%D$)/mm
1	300	291
2	400	388
3	500	485
4	600	582

检测球从上游检查井拖入管道，如果卡住，定位出卡点，再从另外一端检查井拖入，验证卡点位置是否正确以及断面损失的纵向长度。

5. 圆度芯轴检测器法

圆度芯轴检测器由金属材料制作而成，外形呈圆柱状，专门用于中小型管道检测的简单工具，它分为单一口径和多口径两种，其材料分为钢、不锈钢、铝合金。单一口径的指每一个检测器只能检测一种直径的管道。多口径的指一个检测器可检测多种直径的管道，在检测时只需更换直径相对应的圆度盘即可，圆度盘一般由大到小成序列配置，具体尺寸可由用户自己决定。

圆度芯轴检测器的检测方法：

(1) 人工牵拉式。

先用穿绳器等工具在被检测管段内穿入一根塑料绳，然后将检测器拴在上游检查井的牵引绳一端，另一端人员缓缓将其拖入，如果卡住，定位出卡点，再从另外一端检查井拖入，验证卡点位置是否正确以及断面损失的纵向长度。

(2) 负压式。

在铝合金检测器的一端挂上一个伞式风袋，放入上游检查井里，下游检查井口安装风机，当风机向井外鼓风时，管道内形成负压，伞袋会带着检测器在管道内移动，如果检测器未能顺利到达下游井内，说明管道有变形、阻塞等情况。

6. 激光笔法

激光笔法是利用激光穿透性强的特点，通过激光光束照射管道内表面，观察光线在管道内反射情况，可以检查管道内部的通透性。该工具可定性检查管道沉积、塌陷、错口等堵塞性的病害。适用于管内水位不超过管径的 1/3 的情况。

7. 竹片和钢带法

竹片和钢带是最古老的疏通工具，至今还是我国疏通小型管道的主要工具。用人力将竹片、钢带等工具推入管道内，顶推淤积阻塞部位或扰动沉积淤泥，既可以检查管道阻塞情况，又可达到疏通的目的。竹片（玻璃钢竹片）检查或疏通适用于管径为 200～800 mm 且管顶距地面不超过 2 m 的管道。当检查小型管道阻塞情况或连接状况时，可采用竹片或钢带由井口送入管道内的方式进行，检测人员不宜下井送递竹片或钢带。

竹片采用毛竹材料，劈成条形状，长度一般在 5 m 左右，宽度一般在 5 cm 左右。采取一根根直立状态运输到现场，再在现场用铁丝捆绑连接，达到所需的长度。竹片运输麻烦，使用中回拖至地面会造成严重大面积污染，应逐步被淘汰。但是由于经济实惠、操作简单，至今在我国不少城市还在被大量使用。

钢带的材质是 60Si2Mn 硅锰弹管钢，其成品宽度一般有 25 mm、30 mm、40 mm，长度一般为 50 m。它不像竹片易腐烂，经久耐用，且具有强度高、弹性和淬透性好的特点，收纳时可成盘卷状态，便于运输，回收时也不会对地面造成大面积的污染，比竹片有优越性。

2.2 地下管道声呐检测技术

2.2.1 声呐检测方法

地下管道声呐检测（sound navigation and ranging，SONAR）是利用声波传播原理来检测地下管道状况的方法和所有设备的总称，它可以将传感器头部完全浸入水中进行检测。与 CCTV 检测技术相比更适用于水下检测。地下管道声呐检测系统通过对管道内侧进行声呐扫描，传感器头快速发射声波信号，然后通过管道内物体或管壁的反射信号，经过计算机处理后生成对应的管道横断面图。一般来说，地下管道声呐检测可以进行管线断面的管径、沉积物形状以及对应的变形范围检测。但检测结果只能作为参考，必要时需要采用 CCTV 检测方式进行确认。

1. 基本原理

地下管道声呐检测技术的基本原理包括以下部分。

(1) 声呐检测装备主动向水中发射声波，照射管道目标。

(2) 通过接收水中管道目标反射的回波测定管道目标参数。

(3) 管道目标的距离可以通过发射脉冲信号与接收回波到达的时间差进行测算，计算公式如下：

$$d=\frac{\nu t}{2} \tag{2.1}$$

式中，v 表示声波在水中传播的速度；t 表示声波信号在管道中传播的时间；d 表示距离。

(4) 地下管道声呐检测技术主动发射超声波，然后接收回波进行计算。声呐检测系统在计算机及专用软件的支持下对接收的反射波信号进行自动处理，得到排水管道内部的轮廓图和测定的各种参数，以达到地下管道运行状况检测的目的。地下管道声呐检测原理示意图如图 2.4 所示。反射波信号的能量大小用发射系数 R 来表示，计算公式为

$$R=\frac{p_2 v_2 - p_1 v_1}{p_2 v_2 + p_1 v_1} \tag{2.2}$$

式中，p_1、v_1 分别表示地下管道内水密度、声波密度；p_2、v_2 分别表示排水管道内管壁的密度和声波速度。

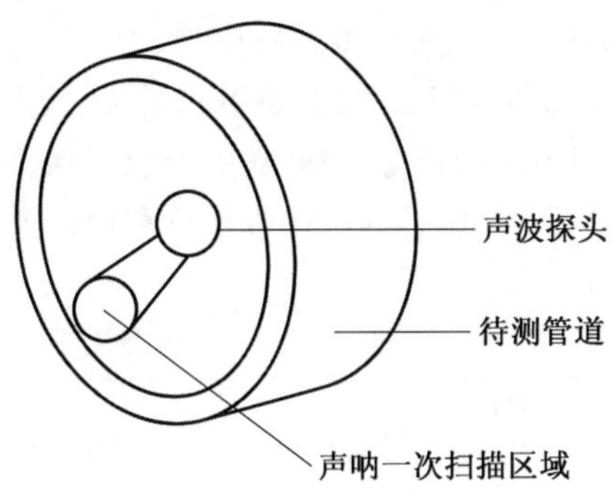

图 2.4　声呐检测原理示意图

2. 特点

地下管道声呐检测技术的特点如下：

(1) 该系统适用于无法进行内窥检测并且充满度很高的污水管道，适用于断面尺寸(直径)为 125 ～ 5 000 mm 的各种材质的管道。可以通过系统监视器来监视其位置与行进状态，测算地下排水管道的破损、病害位置以及管道的断面尺寸和形状。

(2) 地下管道声呐检测系统只要将声呐头放置于水中，无论管内水位多高，声呐检测系统均可以对管道进行全面检测。

(3) 地下管道声呐检测系统可以辨认并且定位管道内部的凝结物、沉积物，并且对大于 3 mm 的通透、开放的裂纹进行定位和检测。根据被扫描物对声波的回波的反射性能、穿透性能，并通过与原始管道的尺寸对比，计算管渠内的结垢厚度及沉积情况，依据地下管道声呐检测系统的检测结果对管道的运行状况进行客观评价；并对采集到的检测数据进行分析，可以将管道内的坡度情况巧妙地反映出来，为地下管道的维护提供科学的参考依据。

(4) 地下管道声呐检测系统的水下扫描传感器可在 0 ～ 40 ℃ 的温度环境下正常工作。

(5) 工程检测所使用的声呐检测系统具有较强的解析能力和快速的数据更新速度。系统采用2 MHz频率的声音信号，并以对数形式进行压缩，压缩后的数据通过Flash A/D转换器转换为数字信号。检测系统的解析度为 0.9°，即将一个循环圆周检测分为 400 单位元，每个单位元又可分解为 250 个单位。在 125 mm 的管道直径上，解析度可达 0.5 mm，在 3 m 范围内也可以实现 12 mm 的解析度。这表明该系统完全满足企业和市政排水管道检测的要求。

依据声呐检测的原理及特点对声呐检测设备做出如下几点要求：

① 声呐检测设备应与管道直径相适应，声呐检测设备探头的承载设备负重后不易滚动或倾斜。

② 声呐检测设备的技术参数应该符合以下规定：

a. 声呐检测设备的扫描范围应该大于所要检测的地下管道的规格。

b. 声呐检测设备 125 mm 范围的分辨率应该小于0.5 mm。

c. 声呐检测设备的每单位的均匀采样点数量应大于 250 个。

③ 声呐检测设备的倾斜传感器、滚动传感器应具有 ± 45° 内的自动补偿功能。

④ 声呐检测设备应该具备结构坚固、密封良好的特点，应能在 0 ～ 40 ℃ 的温度环境下进行正常工作。地下管道声呐检测设备的完整系统包括探头、连接电缆、控制器。连接电缆负责给检测仪供电，主要通过声呐发射、接收信息和串行通信对检测系统进行检测。具体的技术要求见表 2.3。

表 2.3　地下管道声呐检测设备要求

设备部件	项目	技术指标
探头	分辨率	≤ 5 mm
	反射范围	一般 200 ～ 6 000 mm
	反射波类型	圆锥形波
	脉冲宽度	4 ～ 20 μs
	工作温度	0 ～ 40 ℃
	材质	一般为不锈钢
	最大操作深度	≤ 1 000 m
	尺寸	小于 350 mm，直径小于 70 mm
	质量	一般小于 3 kg
线托盘	长度	≥ 150 m
	最大衰减率	40 dB
	类型	一般为双绞线或者同轴电缆
主控电脑	数据传输方式	USB 接口
	软件	生成管道三维模型、生成管道平面图形、自动生成检测报表
处理器	质量	一般为 0.2 kg
	工作温度	0 ～ 40 ℃
	湿度	20% ～ 80%
	接头	满足压力要求

3. 设备组成

(1) 探头。

探头是一种集成了温度传感器、声呐传感器、姿态传感器和气压传感器等多种传感器的设备。它通过接收控制器发送的命令，按照特定格式执行这些命令。采集到的温度、声呐信号、姿态信息、电压等数据会被传送回控制器，为声呐检测提供详细的管道内部信息，然后进行处理。

(2) 连接电缆。

连接电缆主要将检测探头与控制器连接起来，并且通过连接电缆给检测仪供电。为了方便检测与运输，连接电缆一般缠绕在一个圆柱形的圆盘上，然后将该圆盘安装在一个框架里。

(3) 控制器。

控制器是整个地下管道声呐检测设备的核心，是整个系统的控制中心。该控制器主要通过接口接收来自计算机的控制命令，并将来自计算机的控制命令按照一定的格式进行编码，发送给探头。控制器通过接收探头接收采集到的数据包，并经过电路自动判别开关，将数据划分为模拟信号与数字信号，经过控制器的数据处理算法，得到有用数据，最后通过计算机显示。

4. 操作步骤

地下管道声呐检测系统的操作步骤包括如下几点：

(1) 设备启用前必须先将电缆盘固定，确保收线时电缆盘不被拉动。

(2) 在连接各部分电缆线接头前，必须先断电。

(3) 声呐探头固定在漂浮桶上，探头前端一字刻度正面朝上，表示扫描的起点。电缆盘通过线滑轮探头尾部连接，用扳手紧固。

(4) 电缆盘接入 220 V，接口上方 0/1 开关控制通断电，确定急停开关为未按下状态，按下开关 1，系统上电；按下 0，系统断电。计算机同电缆盘通过有线连接，确保可靠作业。

(5) 确保连接无误后上电，查看设备状态，确保设备无误后，下井作业。

地下管道声呐检测方法与 CCTV 检测不同，声呐检测不需要对地下管道做任何预处理，且穿绳不适合采用高压射水头的方式引导。

5. 检测准备

在进行现场检测前，需做必要的准备工作。首先检测管线的材料，必须了解不同时段的管道水位，从被检管道中取水样用实测声波速度对设备系统进行校准。要进行必要的现场勘查，了解检测管道区域附近的地貌、交通等状况。在待检测的管道中传入绳索，查看绳索是否可以通过管道，如果绳索无法正常通过管道，则声呐检测装备也无法正常进行。检测时需要注意以下几点：

(1) 确保声呐探头的推进方向与水流方向和管道轴线一致，且滚动传感器标识朝正上方。

(2) 安放声呐探头后，需将计数器归零，并确保电缆处于自然绷紧状态，声呐探头需在检测起始位置后。

(3) 在声呐检测过程中，对距离管段起始和终止检查井的 2 ～ 3 m 范围进行重复检测。

(4) 使用声呐探头位置镂空的漂浮器作为承载工具。电缆在探头前进或后退时应保持自然绷紧状态。

(5) 根据管径选择适当的脉冲宽度(表 2.4)，探头行进速度不宜超过 0.1 m/s。在检测过程中，根据管道规格和采样间隔，在管道变异处停顿，停顿时间应大于一个扫描周期。

(6) 采样点间隔视检测目的而定，普查时宜为 5 m，其他检查时可为 2 m，对存在异常的管段宜加密采样。

表 2.4　脉冲宽度选择标准

管径范围 /mm	脉冲宽度 /μs
300 ～ 500	4
500 ～ 1 000	8
1 000 ～ 1 500	12
1 500 ～ 2 000	16
2 000 ～ 3 000	20

6. 现场检测

(1) 牵引方式的确定。

在声呐检测时，需要对探头进行牵引。目前常用的牵引方式有两种：一种是将绳索固定在管道井的两端，声呐检测探头在该绳索上悬挂，与此同时，使用另一根绳索牵引探头从检修井上游向下游缓慢移动；另一种是悬浮桶承载探头牵引，该种方式将探头固定在悬浮桶上，牵引悬浮桶完成牵引工作。使用绳索牵引，容易使声呐探头陷入淤泥中；使用悬浮桶牵引克服了绳索牵引的弊端，但是该种方法需要根据管道管径确定不同的悬浮桶。

(2) 探头检测。

声呐探头检测应该在管道满水或者水位不少于 300 mm 的管道中使用。在检测的过程中，需要根据表 2.4 选择合适的脉冲宽度，以达到更好的检测效果。根据管道中水流速度的不同，实时调整探头的行进速度，避免画面出现变形，保证采集数据的有效性。在实际的检测过程中，操作系统实时显示传感器的行进长度(CABLE)、倾斜度(ROLL) 以及翻滚度(PITCH) 并自动进行相应的改正(图 2.5)，直到可以量测到实际的断面尺寸。

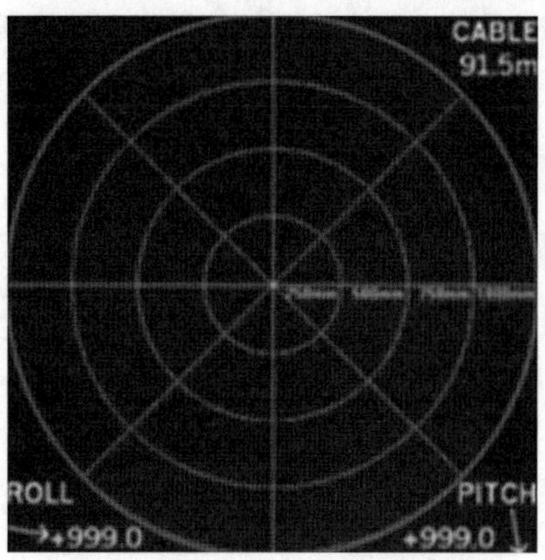

图 2.5　操作系统实时显示界面

2.2.2　声呐数据处理方法

地下管道声呐检测设备进行检测时，设备中配有专用检测软件，并通过计算机在显示屏上实时显示检测结果。检测图像显示的是地下管道内壁反射的外轮廓，所以称为轮廓图。将地下管道内壁轮廓图与管道强制性矢量拟合线对比，然后进行数据处理与评价来判断管道病害。轮廓判读与测量需要遵循以下原则：

(1) 对采样间隔和图形变异处的轮廓图进行现场数据捕捉和保存。

(2) 经校准后的检测断面线状测量误差应保持在小于 3%。

(3) 声呐检测截取的轮廓图应明确标注管道轮廓线、管径、管道积泥深度线等信息。

(4) 纵断面图中，管道沉积状况应包括路名(或路段名)、井号、管径、长度、流向、图像截取点纵距及对应的积泥深度、积泥百分比等文字说明。纵断面线应涵盖管底线、管顶线、积泥高度线和管径的 1/5 高度线(虚线)。

(5) 声呐轮廓图不能单独作为结构性病害的最终评判依据，需采用电视检测方式进行核实，或借助其他方式进行检测评估。

如图 2.6 中展示了破裂、变形两种管道功能性病害的检测轮廓图。检测图片上不仅能看出病害的形状，而且能测量病害的大小。

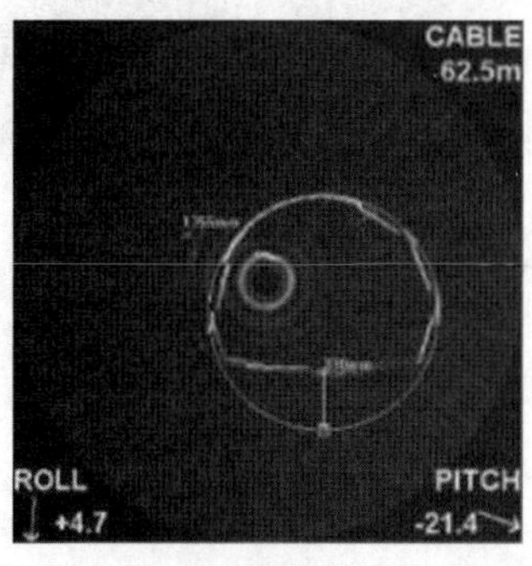

(a) 管道破裂

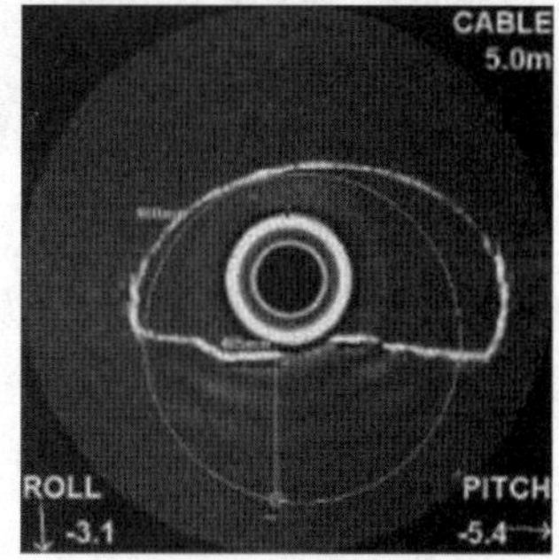

(b) HDPE 管道变形破裂

图 2.6　声呐检测图

将地下管道声呐检测方法与CCTV检测、管道潜望镜检测以及人员进入管内检测进行对比。如表2.5和表2.6分别展示了任务分类、病害准确度两个角度的方法适用性对比结果。

表 2.5　地下排水管道检测方法适用性(任务分类)

检测方法	新建管道验收检测	运行管道状况检测
声呐检测	不适用	适用
CCTV 检测	适用	适用
管道潜望镜检测	不适用	适用
人员进入管内检测	适用	适用

表 2.6　地下排水管道检测方法适用性(病害准确度)

检测方法	管道病害初步判断	管道病害准确判断及排水管道修复依据
声呐检测	适用	不适用
CCTV 检测	适用	适用
管道潜望镜检测	适用	不适用
人员进入管内检测	适用	适用

某技术有限公司承接了江苏省南京市秦淮区中山南路的地下污水管道的检测任务。本次检测任务主管道长度约6 km,管径为1 000 ～ 1 500 mm。由于管线长,管道已投入使用,管道内的水位无法降低,故该公司采用先进的声呐检测技术对管道进行检测。声呐检测出来的图片均为矢量图,即所有检测图片上不但能看出病害的形状,更能测量病害的大小和淤泥的深度(图2.7)。

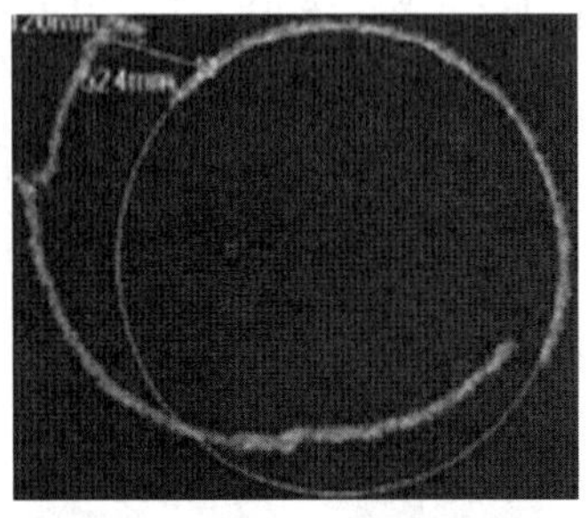

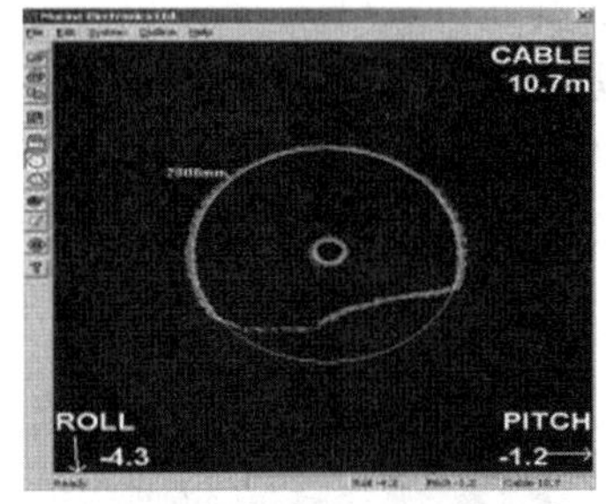

图2.7　声呐检测图

声呐检测现场工作完成后,可根据现场检测结果绘制管道淤泥沉积情况剖面图,每段管道对应一张剖面图,便可直观地了解每段管道的淤泥情况。

2.3　管道电法检测技术

2.3.1　电法检测方法

管道电法检测技术采用聚焦电流快速扫描技术。通过在管道表面或周围安装电极，施加电压或电流，形成电场，并监测电场的变化，特别是漏水点引起的电场扭曲。通过对监测到的电场数据进行分析，可以准确定位管道漏损的位置和程度，实现无损、高效的地下管道漏损检测，提高管道系统的维护效率和资源利用。

1. 优势

电法测漏是一种用于非金属管道的检测技术，其中示踪线被置于管道内，将连接到非金属管道的接口、弯头、电容插头、三通以及与土壤接触的区域绝缘。通过发射示踪线的检测信号，传导电流，从而在漏口位置形成显著的电位梯度。通过监测这些电位梯度的变化，可以精确定位管道漏损的位置，实现对非金属管道的高效漏损检测。电法测漏具有以下优势：

(1) 电法测漏测试速度快。可以随时施加信号，随时检测，检测效率每天可达 10 ～ 20 km/ 台组，测试速度是常规方法的数百倍。

(2) 电法测漏限制条件少。只要满足有水、具有连续导电性、外绝缘这 3 个条件就可以进行检测。

(3) 电法测漏检测深度大。该检测方式在 5 km 范围内、5 m 深的漏点均能检测，最大检测深度可达 30 m。电法测漏可以有效解决超深管道的检测。

(4) 电压调节范围广。从毫伏级到上百伏级的电压均可人为调节。

(5) 可检测多种参数，包括电压、磁场、电流、电容、电阻等电磁参数。

(6) 具备高精度，通过检测电信号的矢量特征，能够准确识别漏点的大小、方向和位置。

(7) 可实现遥测及自动化控制。可对采集的参数进行时空对比，帮助确定漏点位置，提高检测精度，并使检测人员能够随时进入现场进行修补。

2. 原理

焦式电极阵列探头在管道内连续移动，移动速度约为 4 m/ min，实时测量并显示穿透管道壁的泄漏电流，泄漏电流曲线显示管内的聚焦式点击阵列探头与地面的接地棒之间的泄漏电流，如图 2.8 所示。具体来说，管道电法测漏技术的检测原理是利用引入示踪线的非金属管道，在示踪线传导电信号时，通过测量漏点处的电位差来检测漏点。首先，在非金属管道上安装示踪线，并对接口、弯头等接触土壤的部位进行绝缘处理。通过示踪线发射电信号，当信号遇到漏点时，漏点处形成较大的电位梯度，即电位差。电位差可通过检测来定位漏点，检测人员可以通过观察电位梯度的变化来判断漏点的位置和大小。

当管道壁不存在病害时，穿透绝缘性管壁的泄漏电流极小；但当管道壁存在结构性、侵蚀性或接头病害时，或者当探头接近病害点时，信号电流会从管壁流出。电流曲线的峰

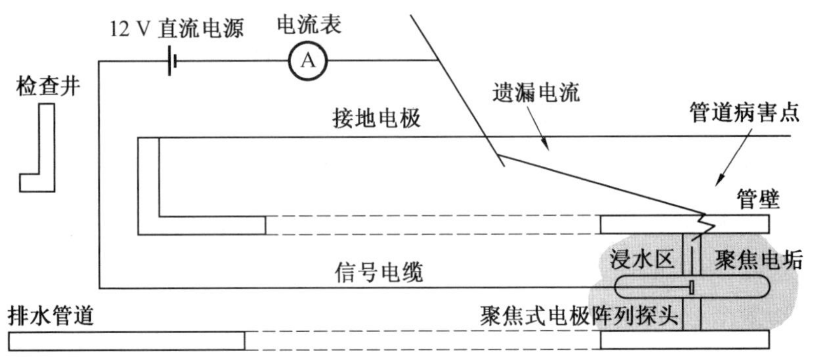

图 2.8　电法测漏原理图

值通常与渗漏的管道病害有关，泄漏电流峰值越高，管道病害越严重，而完好的管壁则不会产生泄漏电流。

3. 设备组成

地下排水管道电法测漏设备主要由发射机、地下管线探测仪、漏电检测仪、漏水定位仪、电池组及一些附件组成。各部分功能介绍如下：

(1) 发射机：电法测漏设备的发射机主要用于示踪线或钢管发射检测信号，以便形成单线－大地回路的地下管线检测场。

(2) 地下管线探测仪：电法测漏设备的地下管线探测仪主要用于探测地下管道的位置、走向、深度。

(3) 漏电检测仪：主要用于检测漏水土壤的分布范围，地下管道上电流漏点，初步判定漏点的位置。

(4) 漏水定位仪：在电流漏点位置的正中心放置拾音器，如果有震动波被捕捉到，则判定为漏水点，如果没有捕捉到震动波则只判定为漏电点。

该电法测漏设备采用压控振频数字滤波技术，具有光显、数显、音响三重报警功能。电法测漏设备具有体积小、质量轻、功能强大、检测速度快的优势。按照相关要求穿示踪线，所有管道全能检测，所有的漏点全能定位。

地下排水管道基本是满水状态，适宜采用电法测漏系统检测。对于非金属不带压的排水管网，管道壁通常是绝缘的，污水与大地是电的良导体，根据设备接收电流值的变动情况精确定位漏点。

电法测漏主要通过三个步骤实现，首先通过探管仪检测，可以将地下管道漏点的范围由面缩小为线(即管线位置)；然后通过检漏仪将管线上的漏点找出，将范围由线缩小为点(即漏电点)；最后通过漏水定位仪将漏电点缩小为漏水点。具体的检测方法如下：

(1) 通过发射机向埋入地下的管道(含示踪线) 发送交变电流信号，采用增加接地数量和给接地极浇灌水等方法，实现阻抗匹配，形成地下管线的检测场。

(2) 两名检测人员采用纵向法进行检测，第一个人持探管仪导向，第二个人持检漏仪寻找漏电点。当后者发现信号由小变大，然后再由大变小时，减缓检测速度，观察并确定两人之间回零的中间位置，然后继续前进。当后者到达这个位置时，数值相应再次变得最大。

(3) 在该位置使用漏水定位仪在地表听音，如果听到振动音，则表示存在漏水位置。如果听不到振动音，则说明存在漏电但不漏水。如果漏电点较多，可以进行标记，随后进行专门的“听漏”。如果管道埋得较深，可将检漏棒插入泥土中靠近管道听音。当检测范围内只有一处漏电点时，则漏电点同时即为漏水点。

2.3.2　电法数据处理方法

电法测漏技术的管道评估要遵循以下规定：

(1) 管道评估应依据检测资料。

(2) 管道评估工作宜采用计算机软件。

(3) 当管道纵向 1 m 范围内有两个以上病害同时出现时，分值应叠加计算；当叠加计算的结果超过 10 分时，应按 10 分计。

(4) 管道评估应以管段为最小评估单位。当对多个管段或区域管道进行检测时，应列出各评估等级管段数量占全部管段数量的比例。当连续检测长度超过 5 km 时，应做总体评估。

电法测漏检测的病害等级分为轻微(S)、中等(M)、严重(L)。经电法测漏仪检测到信息包括检测曲线、检测距离、病害等级以及电流值。图 2.9 展示了电法测漏仪检测到的漏点图。

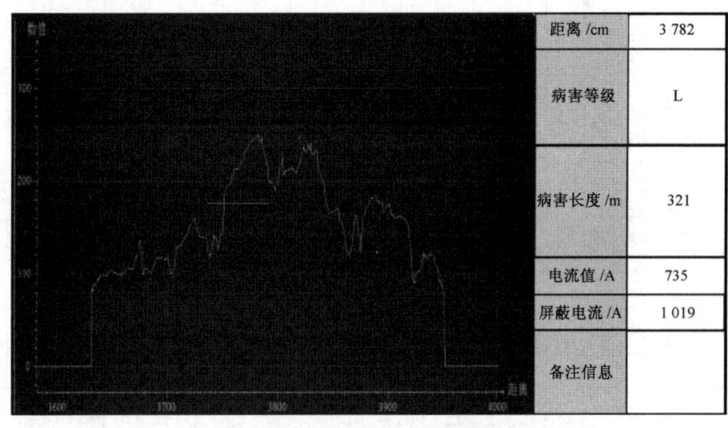

图 2.9　漏点图示例

2.3.3　工程应用

1. 应用 1

河南省新县污水处理厂因进水指标异常影响污水处理厂运营，初步怀疑是由流经河床段部分污水管网破裂，河水灌入管内造成的。特委托武汉中仪物联技术股份有限公司对沿河段部分污水管网进行测漏，探明破损处，以解决该污水渗漏相关问题。该污水管道基本是满水状态，适宜采用电法测漏系统检测。

实际检测管道长度 1 931.1 m，经电法测漏仪检测，成功检测到漏点，其中轻微漏点 101 个，中等漏点 84 个，严重漏点 31 个。每段管道中漏点的分布详细情况见表 2.7。

表 2.7　每段管道中漏点的分布详细情况

管号	管道检测长度/m	级别									
		1 级(轻微) S			2 级(中等) M			3 级(严重) L			
		漏点个数/个	漏点长度(相对值)/m	占本段管长比例/%	漏点个数/个	漏点长度(相对值)/m	占本段管长比例/%	漏点个数/个	漏点长度(相对值)/m	占本段管长比例/%	本段检测管段漏点总个数/个
博物馆桥下游 2—3	65.68	5	69	1.05	0	0	0.00	0	0	0.00	5
小解放桥上—博物馆桥	124.29	3	67	0.54	5	626	5.04	3	1 002	8.06	11
小解放桥上—下	161.48	3	52	0.32	2	29	0.18	2	430	2.66	7
东门大桥下 1—东门大桥上 1	110.46	1	3	0.03	2	378	3.42	0	0	0.00	3
东门大侨下 1 —下 2	109.22	12	228	2.09	1	93	0.85	2	428	3.92	15
东门大桥下 3—下 2	121.7	0	0	0.00	7	261	2.14	2	1 417	11.64	9
东门大桥下 3—下 4	162.63	6	265	1.63	4	319	1.96	0	0	0.00	10
东门大桥下 6—下 5	126.54	2	31.5	0.25	0	0	0.00	0	0	0.00	2
解放桥下 6—下 7	142.93	3	39	0.27	1	11	0.08	1	357	2.50	5
解放桥下 7—下 6	100.79	3	27	0.27	1	45	0.45	1	254	2.52	5
龙泉桥下 1—下 2	114.94	1	5	0.04	3	139	1.21	2	291	2.53	6
龙泉桥下 3—下 2	128.94	4	111	0.86	1	414	3.21	1	570	4.42	6
一号橡胶坝 2 号检测井	71.19	6	48	0.67	32	898.5	12.62	14	986	13.85	52
一号橡胶坝下 2—下 1	28.88	4	27	0.93	0	0	0.00	0	0	0.00	4
二号橡胶坝下 2—下 3	52.92	0	0	0.00	6	58	1.10	0	0	0.00	6
二号橡胶坝下 3—下 4	62.85	10	89	1.42	3	63	1.00	0	0	0.00	13
二号橡胶坝下 5—下 4	54.61	19	426	7.80	2	92	1.68	0	0	0.00	21
二号橡胶坝下 5—下 6	45.74	13	103	2.25	6	260	5.68	1	48	1.05	20
二号橡胶坝下 7—下 6	49.45	5	28	0.57	3	170	3.44	1	53	1.07	9
二号橡胶坝下 7—下 8	95.84	1	2	0.02	5	145	1.51	1	128	1.34	7

2. 应用 2

山东齐鲁石化热电厂西大门前地下自来水管线破损，地面水流不断，长达半年之久，公司科技部组织专业测漏公司前来协助检测，但是由于埋土较深，压力较低，路面行车噪声较大，用听音仪和相关仪器未找出漏点的情况。后来使用电法进行管道测漏，很快找到了漏点，施工单位进行挖掘验证，证明了该方法的准确性与可行性。

3. 应用 3

河南永城宏城供热公司直埋热力防腐保温钢制管道漏水，技术人员前往检测，将发射机检测信号架在雪枫中路苏果超市仓库旁的阀井上，先向雪枫中路方向追踪，经两次拐弯至府北路，无任何漏电现象，从而判断此处无漏水点，后往苏果超市马路对面检测，测得有 3 处漏电点，再用听音仪在 3 处漏电点上方听音，只有最西边一处具有声波振动异常，进而判断该处漏水，后经开挖验证修补，证明该技术定位漏点的准确性。该市供热管网总长度 10 km，如果全面采用听音法，需要几个月才能检测一遍，效率太低。采用电法测漏技术，先定位漏电点，再定位漏水点的方法，用不到半天时间就全面定位了该供热管的漏水点，证明了该方法的有效性。

电法测漏技术不仅对地下输水管道有效，而且对输气管道以及输油管道，只要在检测期间进行输送介质置换的同样能取得较好的效果，具有良好的应用价值。

2.4　管道雷达检测技术

2.4.1　雷达检测原理

1. 探地雷达基本原理

探地雷达法(ground penetrating radar，GPR) 是利用高频电磁波(1 MHz ～ 10 GHz) 对地下结构或者物体内部不可见目标进行探测定位的一种地球物理勘探方法，其探测对象边界条件复杂、目标体的几何尺寸小，勘探精度要求高。探地雷达检测原理如图 2.10 所示。探地雷达采用发射天线间隔一定的时间向地下空间发射连续的高频电磁波，当连续的高频电磁波在地下空间传播的过程中碰到电性差异不同的地层或者目标体时会反射回地面，对接收天线接收到的信号进行数据处理，最终输出显示在示波器上。

探地雷达在地下空间进行传播的过程中，其传播的路径、波长强度与传播的波形随地下介质的电性特性和异常体的形状不同而发生改变，根据示波器窗口显示的双程走时、波幅和波形的资料等，进行分析和处理后，可以推测并分析出地下分界面或者异常体在地下空间的位置、结构以及分布形态。

探地雷达自 1904 年德国的 Hulsemeyer 首次尝试电磁探测远处地面的金属体而被人们所认识。早期的研究者主要把探地雷达应用于冰层，这是由于冰层的吸收效果弱，能达到探测的效果，但是不能批量应用。1972 年，Morey 和 Drake 成立了美国地球物理测量系统公司(Geophysical Survey Systems Inc.，GSSI)，该公司主要经营商用雷达的生产和销售，该公司引领探地雷达进入快速发展的时期。由于探地雷达抗干扰能力强、适应性强、分辨率高、操作简单、成果直观可见且为无损探测，其被广泛地应用于工程勘察及地质调查中。近几年，探地雷达的应用领域进一步扩大，包括铁路和公路质量检测、水利工程、水文地质调查、地下水污染调查、浅层矿产资源勘探、管线探测、岩土勘察、刑事侦破、无损检测、考古研究、工程建筑物结构调查、军事等领域，解决了很多实际工程问题。而多领域的应用也使得探地雷达在浅层地球物理探测、工程地质领域快速发展。随着 GPR 硬、软件技术的不断发展，理论研究不断地深入，探地雷达正逐步走向成熟。

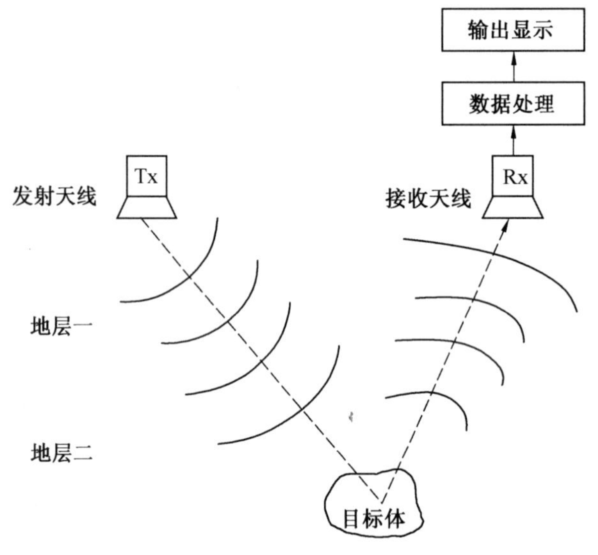

图 2.10　探地雷达检测原理

地下管道应用的探地雷达通过发射机天线发射高频脉冲电磁波，探地雷达的脉冲电磁波在传播过程中会反射、绕射和折射，与地下结构及目标体的介电特性有关。通过分析探地雷达接收机接收的反射回波信号，可以获取地下管道的位置和埋深等检测信息。相比于其他检测技术，GPR 具有以下优点。

(1) 不破损。探地雷达无损检测无须开挖和钻孔取芯，对路面结构无损害。

(2) 高分辨率。探地雷达通过观察剖面来分析确定路面结构的内部情况，采用高频脉冲电磁波，可实现厘米级的内部结构分辨率。

(3) 效率高。探地雷达设备简单，数据采集快速(车载探地雷达行车速度可达 80 km/h)，需要工作人员较少，可连续数据采集。

随着计算机和电子信息科技的发展，各国都开展了 GPR 研发和生产。目前国内外主要的探地雷达类型有美国劳雷 GSSI 探地雷达、加拿大 EKKO 探地雷达、瑞典 MALA Geoscience 探地雷达、ERATechnology 探地雷达、ERATechnology 探地雷达、Ingegneria Dei Sistemi 探地雷达、3D－Radar 探地雷达，国内相关单位也进行了探地雷达检测系统的研发，应用领域从初期的弱耗介质逐渐扩展到土层、煤层、岩层等有耗介质中(图 2.11)。目前，探地雷达已经广泛应用于隧道超前预报、道路无损检测、地质勘测、考古调查等工程领域。

图 2.11　探地雷达在道路和机场检测的应用

2. 正演模型

(1) 基于并行共形辛算法的地下管道精细化高效探地雷达正演模型。

探地雷达探测分为数据采集、处理信号、反演和解释精度三个环节。探地雷达正演模拟是一种数值仿真方法，通过在计算机中建立地下介质模型、定义雷达系统参数、求解电磁波传播方程以及模拟反射和散射过程，生成雷达图像，以模拟探地雷达在地下结构中传播电磁波与目标交互的物理过程，从而加深对探地雷达实测剖面的理解和认识，提升探地雷达检测数据的处理与解释精度。此外，正演模拟还依据探地雷达实测信号反演地下目标结构参数，精确高效的正演模型对提高反演精度和反演速度具有重要意义。探地雷达反演模拟主要是通过调整正演模拟的波形与实测波形的精度误差，从而获得精度更高的结构参数，反演出地下目标的厚度、位置及介电特性，为精确高效的正演模拟提供验证和依据。

目前，常用的探地雷达电磁波数值模拟方法主要包括有限单元法、时域伪谱(PSTD)、时域有限差分方法(FDTD)、ADI－FDTD 方法、辛算法等。虽然这些方法均能较好地模拟探地雷达电磁波在地下结构中的传播，但在效率、精度方面仍存在一些不足。例如，FDTD 方法受 CFL 稳定性条件限制，计算效率和精度受到制约，资源消耗较大；辛算法仍属差分算法，虽然计算效率优于 FDTD 方法，但仍然无法突破 CFL 稳定性条件限制，计算效率提升有限；ADI－FDTD 方法虽然不再受 CFL 稳定性条件的约束，但随着时间步长的增加，数值色散性增大，可能导致模拟结果的准确性下降。总之，探地雷达正演模型的精度和效率除了与算法本身性能有关外，还与建模方法以及计算机硬件加速技术有关。

目前提高模拟地下管道不规则形状目标电磁响应计算精度的方法主要有三种：一是增加离散网格密度。然而，随着网格密度的增加，计算的时间复杂度也相应增加，尤其是在处理复杂地下结构时，可能需要大量的计算资源，且计算时间变得难以满足实际需求。二是采用亚网格技术。根据不同区域的结构特点采用不同的网格划分标准，对于不规则形状的目标区域采用细分网格，对于其他区域则采用正常网格尺寸。这样可以在保持计算效率的同时，提高对不规则目标的精度。然而，在不同大小网格跳变的界面可能会产生反射波的问题，需要进行有效的处理。三是采用共形网格技术，包括直角和曲面坐标共形网格技术。前者在直角坐标系下处理曲边或曲面物体，适用于处理任意形状的物体。后者则在广义正交坐标系下处理有曲面的物体，适用于处理有规则的曲面物体。这种技术常用于研究隐身飞机表面覆盖的薄层吸波材料的电磁特性，但在地下管道模拟中的应用可能需要根据具体情况进行调整和优化。

此外，并行计算广泛应用于需要处理大规模数据或复杂计算任务的领域，是提高复杂问题计算效率的有效手段，通用图形处理器（GPU）技术是一种常见的并行计算平台，为实现探地雷达数值仿真算法提供了良好的基础。目前 GPU 加速方面的研究主要集中在地震勘探、声学、生物医学、计算电磁学等领域。

①Hamilton 系统和辛分块龙格－库塔方法。

Hamilton 系统对偶方程可以表示如下：

$$\begin{cases}\dfrac{\mathrm{d}p}{\mathrm{d}t}=-\dfrac{\partial H}{\partial q}=f(q,p)\\[2ex]\dfrac{\mathrm{d}q}{\mathrm{d}t}=\dfrac{\partial H}{\partial p}=g(q,p)\end{cases}\tag{2.3}$$

式中，H 表示 Hamilton 函数，在 Hamilton 系统中，Hamilton 函数如下：

$$H=H(p,q)=V(q)+U(p)\tag{2.4}$$

则对偶方程(2.3)可简化为

$$\begin{cases}\dfrac{\mathrm{d}p}{\mathrm{d}t}=-\dfrac{\partial H}{\partial q}=-\dfrac{\mathrm{d}V}{\mathrm{d}q}=f(q)\\[2ex]\dfrac{\mathrm{d}q}{\mathrm{d}t}=\dfrac{\partial H}{\partial p}=\dfrac{\mathrm{d}U}{\mathrm{d}p}=g(p)\end{cases}\tag{2.5}$$

式(2.5)中的两个偏微分方程分别采用不同的龙格－库塔方法进行计算，两种不同的龙格－库塔方法具有不同的 Butcher，表示如式(2.6)

$$\begin{array}{c|cccc|ccc}c_1 & a_{11} & \cdots & a_{1L} & C_1 & A_{11} & \cdots & A_{1L}\\ \vdots & \vdots & & \vdots & \vdots & \vdots & & \vdots\\ c_2 & a_{L1} & \cdots & a_{LL} & C_2 & A_{L1} & \cdots & A_{LL}\\ \hline & b_1 & \cdots & b_L & & B_1 & \cdots & B_L\end{array}\tag{2.6}$$

将式(2.6)代入式(2.5)得

$$\begin{cases}P_i=p^n+\mathrm{d}t\sum\limits_{j=1}^{L}a_{ij}f(P_j,Q_j)\\ Q_i=q^n+\mathrm{d}t\sum\limits_{j=1}^{L}A_{ij}g(P_j,Q_j),\ i=1,2,\cdots,L\\ p^{n+1}=p^n+\mathrm{d}t\sum\limits_{i=1}^{L}b_i f(P_i,Q_i)\\ q^{n+1}=q^n+\mathrm{d}t\sum\limits_{i=1}^{L}B_i g(P_i,Q_i)\end{cases}\tag{2.7}$$

式中，$\mathrm{d}t$ 表示时间增量；p^n 和 q^n 表示第 $n\mathrm{d}t$ 时间步上的离散值；Q_i 和 P_i 为中间值。

如果式(2.6)的系数满足如下关系：

$$b_i = B_i, i = 1, \cdots, L$$

$$B_i a_{ij} + b_j A_{ji} - b_j B_i = 0, j = i = 1, \cdots, L \tag{2.8}$$

则该分块龙格－库塔方法是新的。

在所有辛算法中，辛 Euler 算法计算量最小，该算法的 Butcher 表示为

$$\begin{array}{c|c} \mathbf{0} & \mathbf{0} \\ \hline & 1 \end{array} \qquad \begin{array}{c|c} \mathbf{0} & \mathbf{1} \\ \hline & 1 \end{array} \tag{2.9}$$

② 控制方程。

各向同性有耗介质中，Maxwell 方程组表示为

$$\frac{\partial \boldsymbol{E}}{\partial t} = \frac{1}{\varepsilon} \nabla \times \boldsymbol{H} - \frac{\sigma}{\varepsilon} \boldsymbol{E} \quad \frac{\partial \boldsymbol{H}}{\partial t} = -\frac{1}{\mu} \nabla \times \boldsymbol{E} \tag{2.10}$$

式中，$\boldsymbol{H}$ 和 $\boldsymbol{E}$ 分别表示磁场和电场向量；σ、ε 和 μ 分别表示电导率、介电常数和磁导率。

引入矢量磁位 $\boldsymbol{H} = \nabla \times A$，并令 $\boldsymbol{E} = -U$，则有耗体系中广义 Hamilton 函数可以写为

$$\boldsymbol{H}(A, U) = \int \left(\frac{1}{2\mu} |U|^2 + \frac{1}{2\varepsilon} |\nabla \times A|^2 - \frac{1}{\varepsilon} J \cdot A \right) \mathrm{d}V \tag{2.11}$$

利用式(2.3)，Maxwell 方程组可以表示为

$$\begin{cases} \dfrac{\partial A}{\partial t} = \dfrac{\partial \boldsymbol{H}}{\partial U} = \dfrac{1}{\mu} U \\ \dfrac{\partial U}{\partial t} = -\dfrac{\partial \boldsymbol{H}}{\partial A} = \dfrac{1}{\varepsilon} \nabla^2 A - \dfrac{\sigma}{\varepsilon} U \end{cases} \tag{2.12}$$

对于二维 TM 波情形，则式(2.12)可简化为

$$\begin{cases} \dfrac{\partial A_z}{\partial t} = \dfrac{1}{\mu} U_z \\ \dfrac{\partial U_z}{\partial t} = \dfrac{1}{\varepsilon} \nabla^2 A_z - \dfrac{\sigma}{\varepsilon} U_z \end{cases} \tag{2.13}$$

式中，U_z 和 A_z 表示场组分 U 和 A 沿 z 方向的分量；∇为拉普拉斯算子，这里采用二阶中心差分对拉普拉斯算法进行离散。

TM 波磁场和电场分量 H_x、H_y 和 E_z 可得

$$\begin{cases} E_z = -U_z \\ H_x = \dfrac{\partial A_z}{\partial y} \\ H_y = -\dfrac{\partial A_z}{\partial x} \end{cases} \tag{2.14}$$

FDTD方法采用 Yee 网格，在 Maxwell 旋度方程组中，电场和磁场在时间和空间上交错排列，间隔为 0.5 个时间步长和空间步长，使得电场位于元胞中央，而磁场则环绕在电场周围，如图 2.12 所示。相比之下，辛 Euler 算法则将电场和磁场都定义在相同的空间网格节点和相同的时间步长上，如图 2.13 所示，这种网格离散方式更适合处理复杂的边界问题。

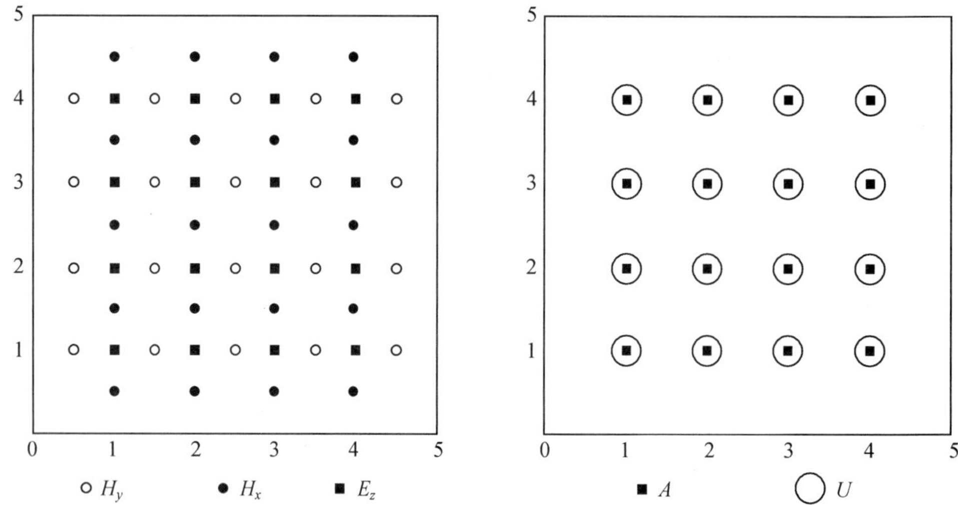

图 2.12　FDTD 方法场组分空间分布示意图　　图 2.13　辛分块龙格－库塔方法场组分空间分布示意图

将式(2.9)应用到式(2.13)，可得辛 Euler 算法迭代式

$$\begin{cases} U_{i,j}^{1}=U_{i,j}^{n} \\ A_{i,j}^{1}=A_{i,j}^{n}+\dfrac{\mathrm{d}t}{\mu}U_{i,j}^{1} \\ U_{i,j}^{n+1}=U_{i,j}^{n}+\mathrm{d}t\left(\dfrac{1}{\varepsilon}\ \nabla^{2}A_{i,j}^{1}-\dfrac{\sigma}{\varepsilon}U_{i,j}^{1}\right) \\ A_{i,j}^{n+1}=A_{i,j}^{n}+\dfrac{\mathrm{d}t}{\mu}U_{i,j}^{1} \end{cases} \tag{2.15}$$

化简后可得一阶辛 Euler 算法的迭代格式

$$\begin{cases} A_{i,j}^{n+1}=A_{i,j}^{n}+\dfrac{\mathrm{d}t}{\mu}U_{i,j}^{n} \\ U_{i,j}^{n+1}=\dfrac{\varepsilon-\mathrm{d}t\sigma}{\varepsilon}U_{i,j}^{n}+\dfrac{\mathrm{d}t}{\varepsilon}\ \nabla^{2}A_{i,j}^{n+1} \end{cases} \tag{2.16}$$

式中，$A_{i,j}^{n}$ 和 $U_{i,j}^{n}$ 分别表示场组分 A_z 和 U_z 在 $n\mathrm{d}t$ 时刻空间网格节点(i,j)上的离散值。

③ 边界条件。

透射边界是一种用于数值模拟的边界条件，旨在减小电磁波通过时的反射，以模拟开放空间并确保模拟区域边缘不受人为边界的影响。该方法的要点是将计算区域截断边界上任一点沿外法线方向传播的单向波动表示为一系列外行平面波的叠加

$$U(t,x)=\sum_{i}f_{i}(c_{xi}t-x) \tag{2.17}$$

式中，$f_i(c_{xi}t-x)$ $(i=1,2,\cdots)$表示任意一单向波动；c_{xi} 表示视速度，对于不同的 f_i 视速度一般不同，这是因为式中对 c_{xi} 与 f_i 均未加限制，都是任意的。

另外，引入了人工波速概念，通过通用表达式(2.17)直接推导出吸收边界条件。这种边界条件不受控制方程的影响，适用于各种波动问题，包括标量波和矢量波，无论其各向同性或各向异性。由于其易于计算机实现和精度可控等优点，近年来在各类工程波动

数值模拟中得到广泛运用。

如图 2.14 所示，右截断边界上任一点 N 阶多次透射公式(MIF) 可以表示为

$$U_0^{n+1} = \sum_{j=1}^{N} (-1)^{j+1} C_j^N U_j^{n+1-j} \tag{2.18}$$

式中，U_j^n 表示场组分在 $n\Delta t$ 时刻，空间点 $-jc_a\Delta t$ 处的离散值，c_a 为人工波速。

由式(2.18) 可知，一阶、二阶和三阶透射边界可以表示为

$$U_0^{n+1} = U_1^n \tag{2.19}$$

$$U_0^{n+1} = U_1^n + (U_1^n - U_2^{n-1}) = 2U_1^n - U_2^{n-1} \tag{2.20}$$

$$U_0^{n+1} = U_1^n + (U_1^n - U_2^{n-1}) + (U_1^n - 2U_2^{n-1} + U_3^{n-2}) = 3U_1^n - 3U_2^{n-1} + U_3^{n-2} \tag{2.21}$$

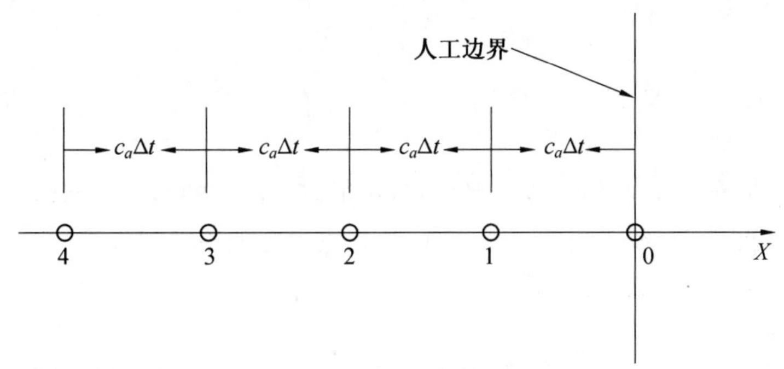

图 2.14　透射边界示意图

从实际应用的效果来看，二阶精度的透射边界显示出较好的吸收效果。相较之下，采用三阶以上的精度并不一定能够提高计算精度，反而可能引发高频震荡等问题，从而对计算的稳定性产生负面影响。以下以二阶透射边界公式为例，详细说明透射边界条件的数值实现过程。

由图 2.15 可知，一般情况下，空间网格节点 $-j\Delta x$ 并不一定与点 $-jc_a\Delta t$ 重合。

故 U_j^n 需要用空间网格节点上的场值进行差值计算。定义 $n\Delta t$ 时刻，空间网格节点 $-j\Delta x$ 上的场值为

$$U_{s,j}^n = U(n\Delta t, -j\Delta x) \tag{2.22}$$

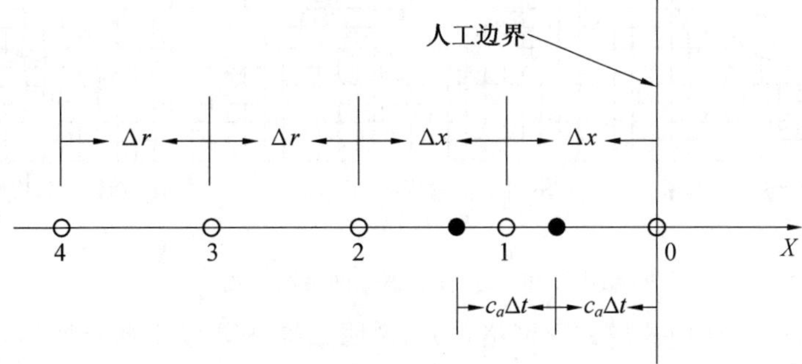

图 2.15　右边界处 MTF 计算点与空间网格节点示意图

对于二阶透射边界，需要计算两个场值 U_1^n 和 U_2^{n-1}，利用 $n\Delta t$ 时刻点 $x=0$、$x=-\Delta x$ 和 $x=-2\Delta x$ 处的场值进行二次差值，从而得到 $n\Delta t$ 时刻点 $x=c_a\Delta t$ 处的场值

$$U_1^n = \sum_{k=1}^{3} N_{1,k} U_{s,k-1}^n \tag{2.23}$$

式中，$N_{1,1}=(2-s)(1-s)/2$；$N_{1,2}=s(2-s)$；$N_{1,3}=s(s-1)/2$；$s=c_a\Delta t/\Delta x$。

对于 U_2^{n-1}，首先利用$(n-1)\Delta t$ 时刻点 $x=0$、$x=-\Delta x$ 和 $x=-2\Delta x$ 处的场值进行二次差值，得到$(n-1)\Delta t$ 时刻点 $x=-c_a\Delta t$ 处的场值；利用$(n-1)\Delta t$ 时刻点 $x=-\Delta x$、$x=-2\Delta x$ 和 $x=-3\Delta x$ 处的场值进行二次差值，得到$(n-1)\Delta t$ 时刻点 $-\Delta x-c_a\Delta t$ 处的场值；利用$(n-1)\Delta t$ 时刻点 $x=-2\Delta x$、$x=-3\Delta x$ 和 $x=-4\Delta x$ 处的场值进行二次差值，得到$(n-1)\Delta t$ 时刻点 $-2\Delta x-c_a\Delta t$ 处的场值，然后利用这 3 处场值再进行一次二次差值，从而得到 U_2^{n-1}。

$$U_2^{n-1} = \sum_{k=1}^{3} N_{2,k} U_{s,k-1}^{n-1} \tag{2.24}$$

式中，$N_{2,1}=N_{1,1}^2$；$N_{2,2}=2N_{1,1}N_{1,2}$；$N_{2,3}=2N_{1,1}N_{1,3}+N_{1,2}^2$；$N_{2,4}=2N_{1,2}N_{1,3}$；$N_{2,5}=N_{1,3}^2$。

对于边界上其他的节点都可做类似处理，这里需要注意的是，对于计算区域的 4 个角点也需要做特殊处理，处理方式类似于 Mur 吸收边界处理角点的方法。

(2) 共形辛 Euler 算法及其 GPU 并行计算。

① 共形技术。

这里采用一种基于有效介质参数的共形网格方法，以更准确地模拟地下管道圆形边界。如图 2.16(a) 呈现了圆管的实际细分网格，其中白色网格为普通网格点，灰色网格则表示圆管的实际细分网格。如图 2.16(b) 中，展示了对圆管进行实际模拟计算时采用的常规阶梯近似的细分网格，灰色网格是圆管的常规阶梯近似网格。图 2.16(c) 显示了采用共形网格方法时的细分网格，其中深灰色网格是共形网格，其他网格为非共形网格。

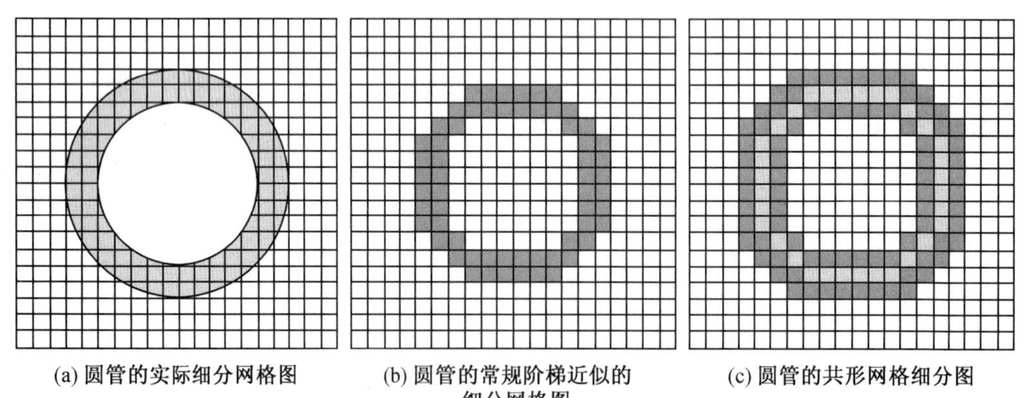

(a) 圆管的实际细分网格图　(b) 圆管的常规阶梯近似的细分网格图　(c) 圆管的共形网格细分图

图 2.16　圆管的细分网格示意图

下面从图 2.16(c) 中提取共形网格单元，说明二维 TM 波中共形网格点的等效介质参数关系。采用辛 Euler 算法时，场分量 A 和 U 是在相同时间步长和相同空间网格节点上定义的。共形网格点的计算如图 2.17(a) 所示，其中 F 表示场分量 A 和 U 的取样点，Δx 和 Δy 为网格的宽度和高度，而 S_{xy1} 和 S_{xy2} 则分别为介质 1 和 2 区域的面积。在此设定中，我们假设介质 1 和 2 的电磁参数分别为 ε_1、σ_1、μ_1 和 ε_2、σ_2、μ_2。场分量 U 和 A 位于网格单元的中心。通过对不同介质所占网格区域面积的加权平均，可以得到介电常数、导电率和磁导率系数的有效值。

如图 2.17(b) 所示，场分量采样点 F 处的等效介电常数、导电率和磁导率系数如下：

$$\begin{cases}\varepsilon_z^{\text{eff}}(F)=[S_{xy1}\varepsilon_1+S_{xy2}\varepsilon_2]/\Delta x\Delta y\ \sigma_z^{\text{eff}}(F)=[S_{xy1}\sigma_1+S_{xy2}\sigma_2]/\Delta x\Delta y\\ \mu_z^{\text{eff}}(F)=[S_{xy1}\mu_1+S_{xy2}\mu_2]/\Delta x\Delta y\end{cases}\tag{2.25}$$

式中，eff 表示参数的等效值。

将式(2.25) 代入式(2.16)，得到共形辛 Euler 算法的迭代微分方程

$$\begin{cases}A_{i,j}^{n+1}=A_{i,j}^{n}+\dfrac{\mathrm{d}t}{\mu^{\text{eff}}}U_{i,j}^{n}\\ U_{i,j}^{n+1}=\dfrac{\varepsilon^{\text{eff}}-\mathrm{d}t\sigma^{\text{eff}}}{\varepsilon^{\text{eff}}}U_{i,j}^{n}+\dfrac{\mathrm{d}t}{\varepsilon^{\text{eff}}}\nabla^2A_{i,j}^{n+1}\end{cases}\tag{2.26}$$

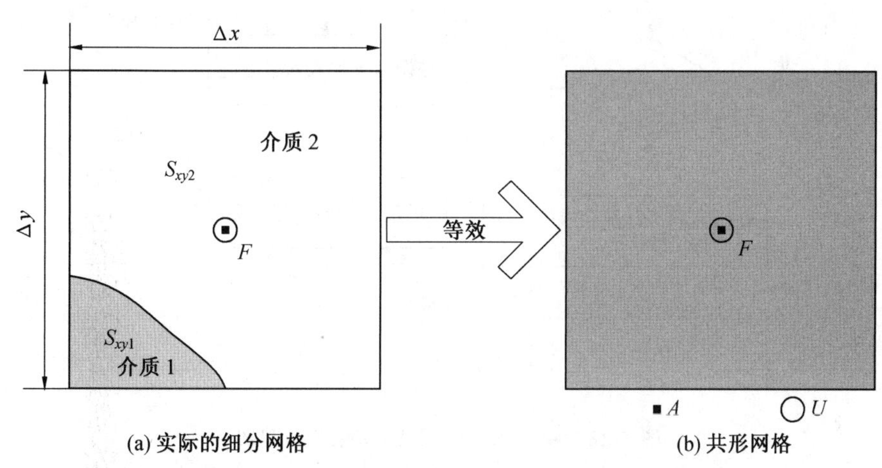

图 2.17　共形网络点介质参数等效示意图

② 共形辛 Euler 算法的 GPU 并行计算。

CUDA(compute unified device architecture，统一计算设备架构) 能够利用 GPU 的大量并行处理单元，从而加速各种科学和工程计算任务。在 GPU 上实现的并行共形辛算法与在传统的 CPU 上实现的串行辛算法的区别在于并行共形辛算法在 GPU 上的实现充分发挥了 GPU 的并行计算架构和大规模线程处理能力，显著提升了计算性能和效率。二维辛算法问题最初被划分为粗糙的子问题，包括系统初始化和建模、磁场和电场的更新以及数据输出。初始化和建模阶段包括字段值设置和系统参数分配，数据输出在 CPU 上执行，而磁场和电场的更新则在 GPU 上独立执行，充分利用了 GPU 的并行计算能力，提高了计算性能。GPU 中实现二维并行共形辛 Euler 算法的流程图如图 2.18 所示。

在并行辛算法中，场分量 A 和 U 的计算是在二维 xy 方向上进行的，线程的数量由计算域中的辛分块单元数量决定。处理二维共形辛算法问题时，需要两个 CUDA 内核函数，一个计算 A，另一个更新 U。如图 2.19 所示，采用每个线程(thread) 计算一个辛分块单元格的策略，每个线程块(block) 计算一组连续的辛分块单元格，以此在整个计算域上进行并行计算。通过采用二维线源传播模型验证了并行算法的准确性和透射边界条件的

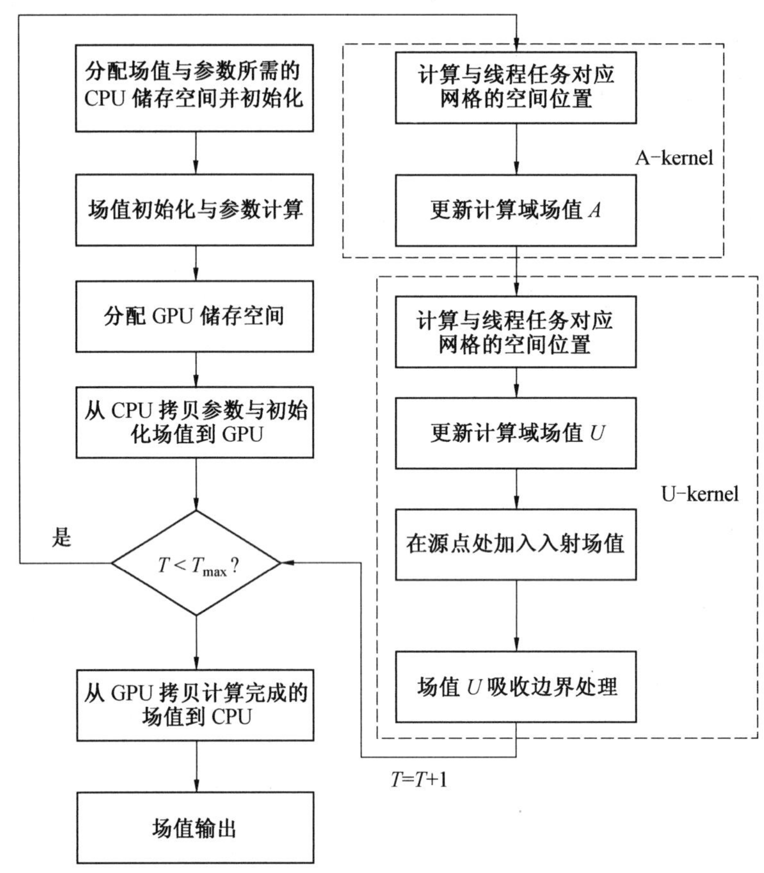

图 2.18　并行共形辛 Euler 算法的流程图

吸收效果。在实验中，使用了 Visual Studio 2010 和 CUDA toolkit 7.5，搭载 NVIDIA GeForce GTX 1070 的 Intel Core i7 − 6700K 作为中央处理器。建立了一个 1.2 m × 1.2 m 的正方形模拟区域的二维空间模型，模拟区域内充满空气，在中心位置加入了一个 Ricker 子波（图 2.20）。采用时间步长为 0.01 ns 和空间步长为 0.5 cm。如图 2.21 展示了不同时刻波场的快照图，从图中可以看出透射吸收边界条件表现出良好的吸收效果。

③ 数值算例。

本模型为 1∶1 的实际地下管道模型，如图 2.22 所示。该模型的第一层为空气层，相对介电常数 ε_r 取 1，电导率 σ 为 0；第二层介质代表土层，相对介电常数 ε_r 取 12，电导率 σ 为 2 mS/m；第二层中存在一个直径为 100 cm 的水泥混凝土管，管壁厚度为 10 cm，其材料的相对介电常数 ε_r 为 6，电导率 σ 为 1 mS/m。所有材料都假定为非磁性的，即相对磁导率 μ 都为 1。空间步长和时间步长分别取 0.5 cm 和 0.01 ns，模拟时间步为 5 000 步。分别模拟管内充水和管内为空气的情况，其中管内为空气时，相对介电常数 ε_r 取 1，电导率 σ 为 0；其中管内充水时，相对介电常数 ε_r 取 81，电导率 σ 为 0。激励源选取中心频率为 1 GHz 的单位波幅 Ricker 子波，从 $x=10$ cm 起，每隔 10 cm 发射器 Tx 和接收器 Rx 发射接收一次。

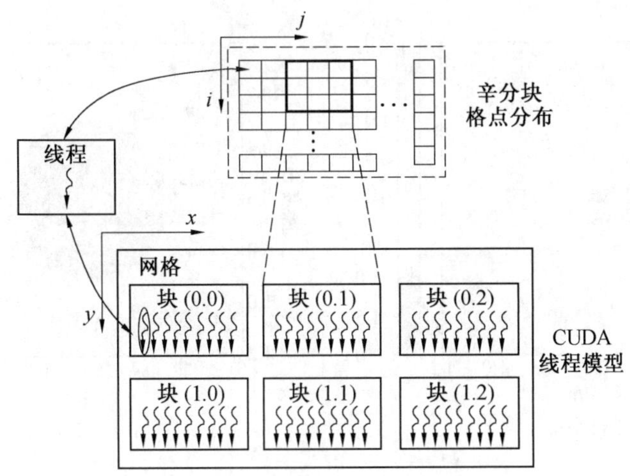

图 2.19　二维并行共形辛算法的线程安排方式

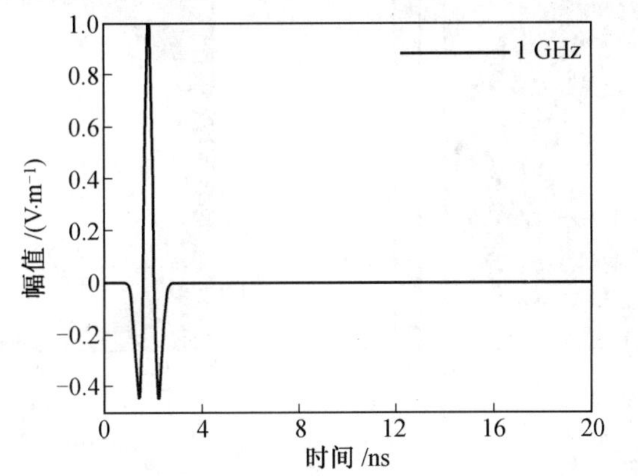

图 2.20　中心频率为 1 GHz 的单位波幅 Ricker 子波波形图

如图 2.23 和图 2.24 分别为并行共形与并行非共形辛 Euler 算法获得的管内充满空气和管内充水的地下管道模型的单道雷达数据对比图。如图 2.25 和图 2.26 呈现了串行非共形、串行共形以及并行共形辛 Euler 算法在管内充满空气和管内充水情况下的地下管道模型 GPR 剖面图。如图 2.25(a) 中串行非共形辛 Euler 算法耗时 110 047.52 s，图 2.25(b) 中串行共形辛 Euler 算法耗时 117 860.57 s，图 2.25(c) 中并行共形辛 Euler 算法获得管内充满空气的地下管道模型 GPR 剖面图需要 8 163.76 s，与串行非共形辛 Euler 算法相比，基于 GPU 实现的并行共形辛 Euler 算法大约节省 92.58% 的计算时间。如图 2.26(a) 中串行非共形辛 Euler 算法需要 115 152.72 s，图 2.26(b) 中串行共形辛 Euler 算法需要 119 274.63 s，图 2.26(c) 中并行共形辛 Euler 算法获得管内充水的地下管道模型 GPR 剖面图需要 8 212.88 s，与串行非共形辛 Euler 算法相比，基于 GPU 实现的并行共形辛 Euler 算法节约大约 92.87% 的计算时间。

由图 2.23 ～ 2.26 可知，不同条件下，管内为空气或管内充水的地下管道模型的 GPR 反射图像显示出显著的差异。在管内为空气的地下管道模型的 GPR 反射图像中，绕射双曲线特征非常明显。通过分析探地雷达数据中的绕射双曲线形状和到达时间，可以精确地定位管道的位置和管内的状况。

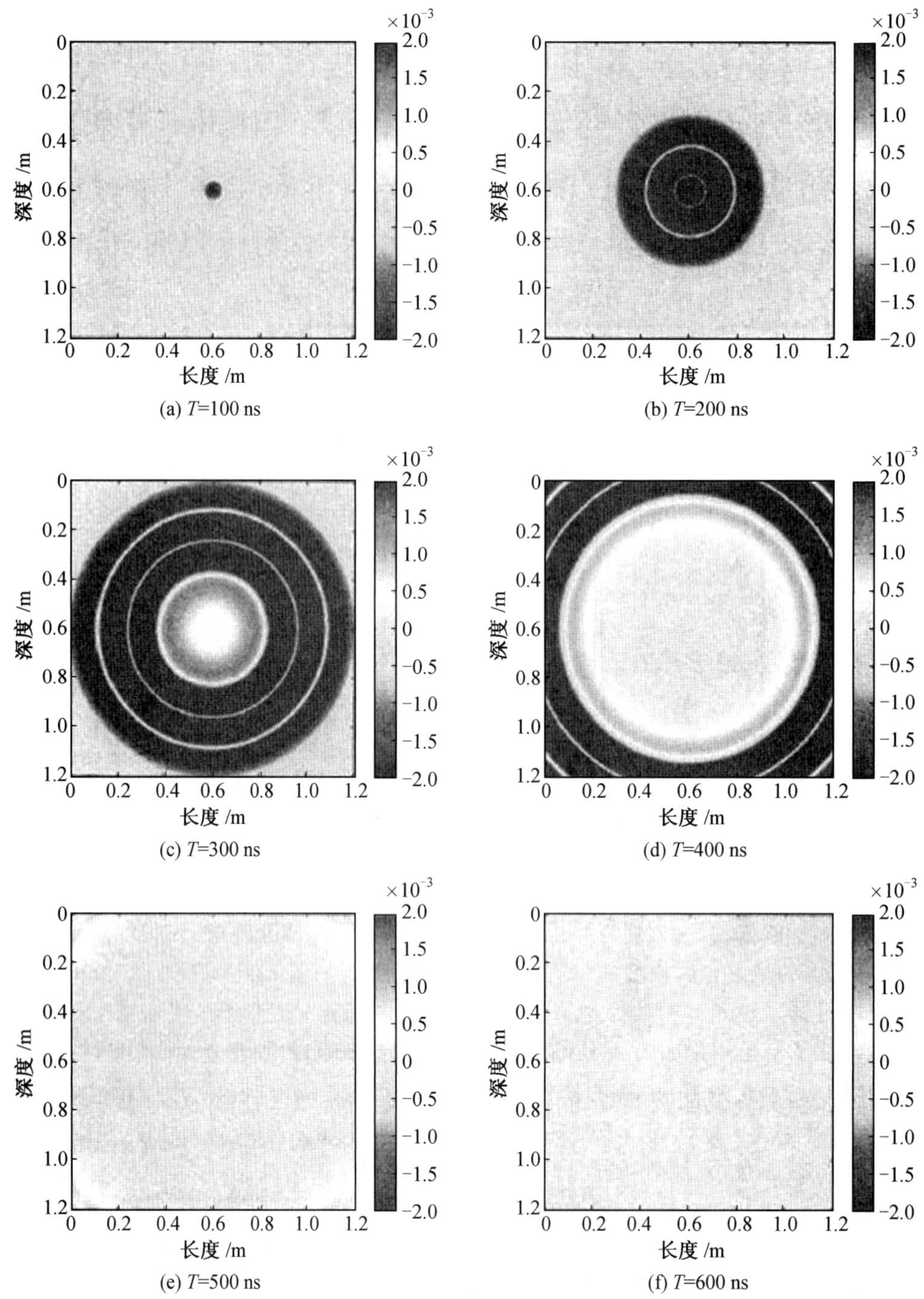

(a) T=100 ns

(b) T=200 ns

(c) T=300 ns

(d) T=400 ns

(e) T=500 ns

(f) T=600 ns

图 2.21　不同时刻波场快照图

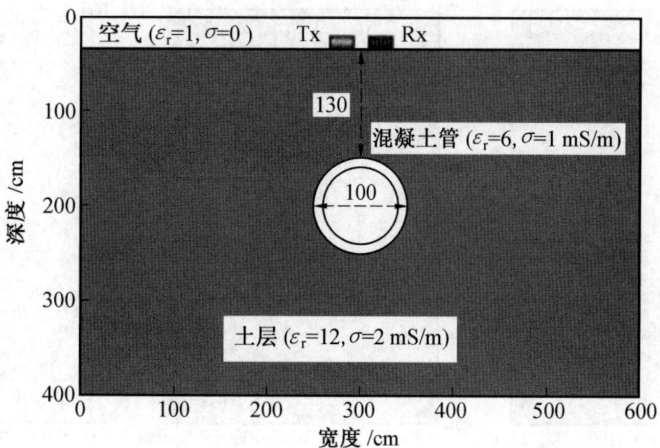

图 2.22　地下管道模型示意图

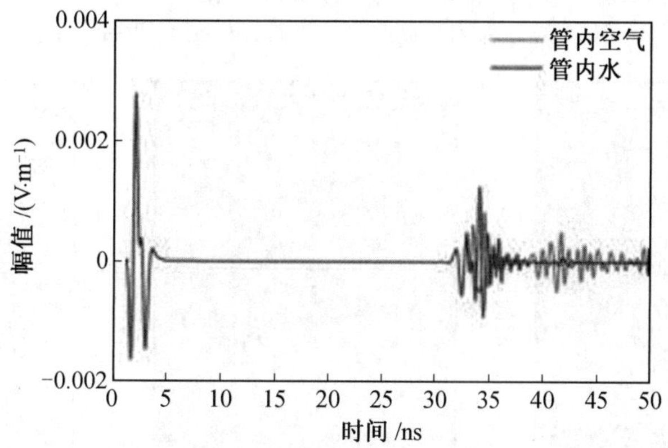

图 2.23　并行共形辛 Euler 算法获得的地下管道模型单道雷达数据对比图

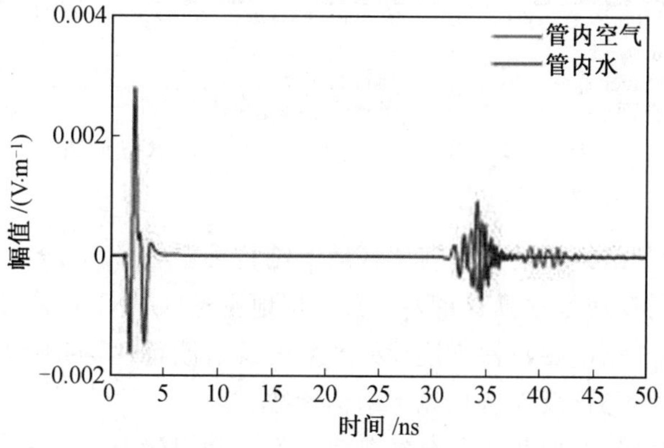

图 2.24　并行非共形辛 Euler 算法获得的地下管道模型单道雷达数据对比图

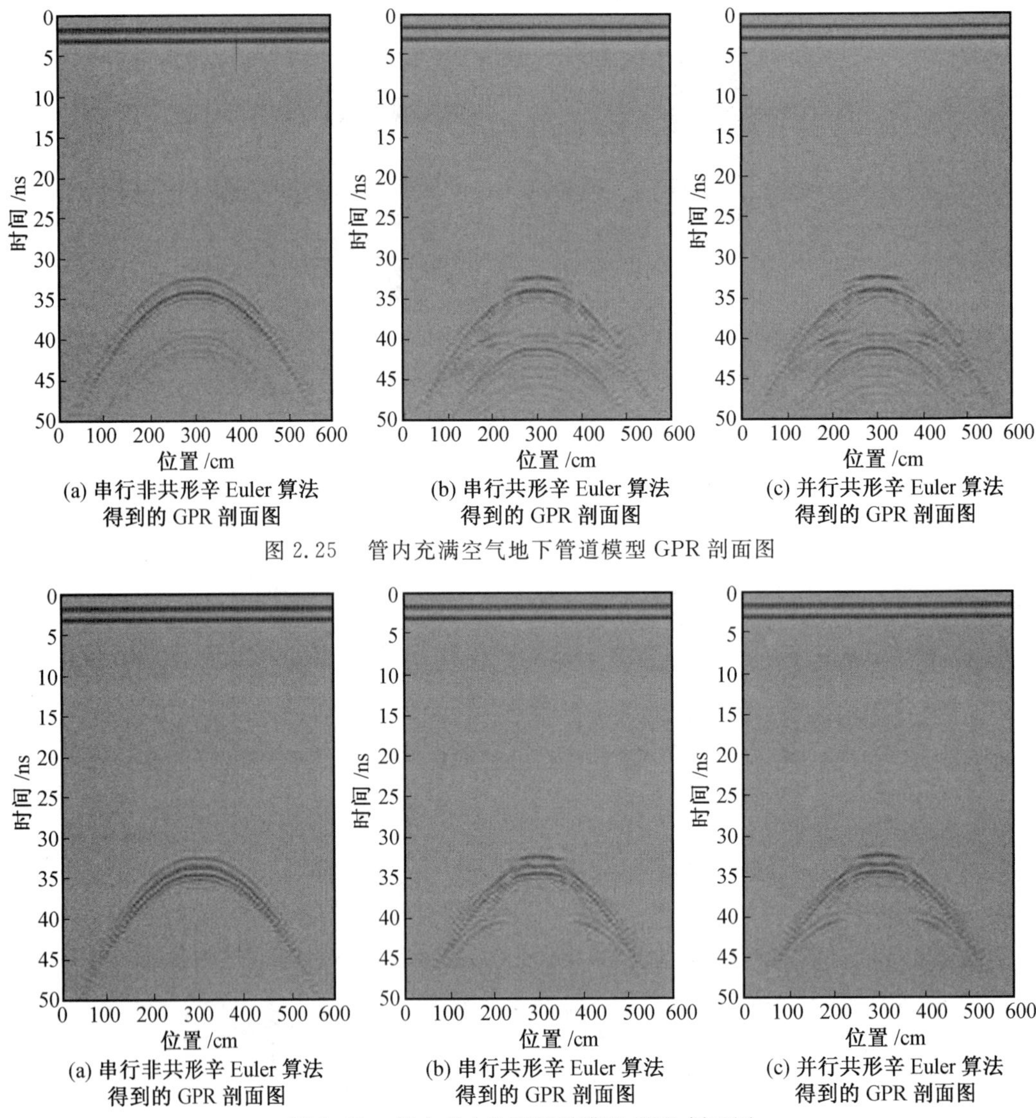

(a) 串行非共形辛 Euler 算法得到的 GPR 剖面图　(b) 串行共形辛 Euler 算法得到的 GPR 剖面图　(c) 并行共形辛 Euler 算法得到的 GPR 剖面图

图 2.25　管内充满空气地下管道模型 GPR 剖面图

(a) 串行非共形辛 Euler 算法得到的 GPR 剖面图　(b) 串行共形辛 Euler 算法得到的 GPR 剖面图　(c) 并行共形辛 Euler 算法得到的 GPR 剖面图

图 2.26　管内充水地下管道模型 GPR 剖面图

3. 反演模型

探地雷达工作的最终目的是反演解释地下结构参数，由于大多数反演问题是非线性的，故研究非线性的反演方法具有重要意义。探地雷达(GPR) 探测技术通过分析发射的高频宽带电磁波在媒质电磁特性不连续处产生的反射波特性，实现地下目标的成像定位，经资料采集、数据处理后，反演解释地下结构参数。

探地雷达反演算法主要分为传统经典反演算法和现代智能反演算法两类。传统经典算法包括单纯形法、最速下降法、牛顿法等，虽然这些算法具有快速收敛的特点，但存在稳定性较差、反演结果受参数初值选取的影响等问题。近年来，现代智能反演算法如模拟退火算法、遗传算法、神经网络算法、粒子群算法、蚁群算法等逐渐在工程结构反分析领域得到应用。以粒子群反演优化算法为例，结合共形网格正演模型和频散介质正演模型，建立基于粒子群算法的探地雷达反演分析方法。通过探地雷达检测试验获得实测波形，验证反演算法的有效性和对实际工程的适用性。即根据实测雷达回波信号，基于粒子群优化算法，寻找一组使模拟信号误差最小的结构层介电参数。

由于反演过程是通过拟合探地雷达反射波形实现的，因此目标函数确定为雷达实测反射信号与模拟反射信号关键控制点处（波峰、波谷等）幅值的平均绝对相对误差模型，即

$$\mathrm{MARE}=\frac{1}{n}\sqrt{\sum_{i=1}^{n}\left|\frac{A_i^{\mathrm{real}}-A_i^{\mathrm{cal}}}{A_i^{\mathrm{real}}}\right|} \tag{2.27}$$

式中，n 为总拟合点数；A_i^{real} 和 $A_i^{\mathrm{cal}}(i=1,2,\cdots,n)$ 分别为理论波形和计算波形的第 i 个离散点的幅值。

如图 2.27 给出了地下结构参数反演过程。采用粒子群优化算法进行探地雷达地下结构参数反演的具体步骤如下。

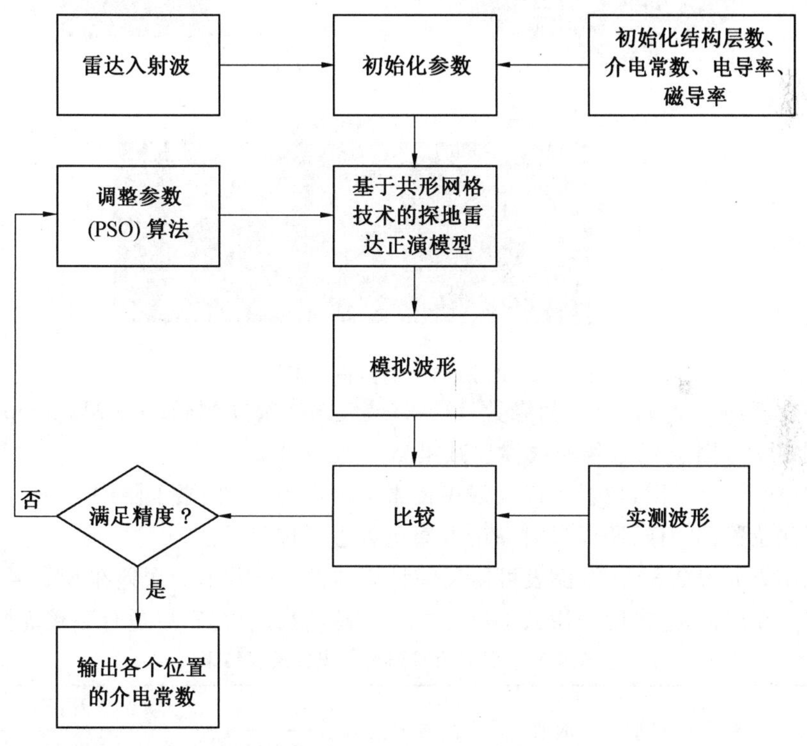

图 2.27　地下结构参数反演过程

（1）读入探地雷达实际测量的波形。

（2）读入探地雷达的入射波及模型的初始参数，包括层数、介电常数、电导率、磁导率。

（3）将入射波及初始化的模型参数代入基于共形网格技术的探地雷达正演模型中进行计算，得到模拟的反射信号，采用二维共形辛 Euler 算法作为正演数值模拟方法。

（4）将实测波形与模拟波形的平均绝对相对误差模型作为目标函数。

（5）判断是否终止迭代，当目标函数值达到其精度要求时终止迭代或者当迭代的步数达到设置的最大迭代次数时终止迭代，输出反演的结果，否则需要调用 PSO 算法进行

参数优化，然后重新回到步骤(3)。

采用如图 2.28 的模型进行反演分析，以测线方向作为一个切面进行二维共形辛Euler算法反演。混凝土管的直径为400 mm，管壁厚50 mm。两根混凝土管的中心坐标分别为(0.6 m,0.6 m)和(1.4 m,0.6 m)。半干沙的相对介电常数设为22，电导率设为0.000 3 S/m。混凝土管的介电常数设为10，电导率设为0.001 S/m。混凝土管的中心位置为待反演的参数。采用中心频率为400 MHz的雷克子波为激励源，网格步长为0.02 m，时间步长为0.005 ns。

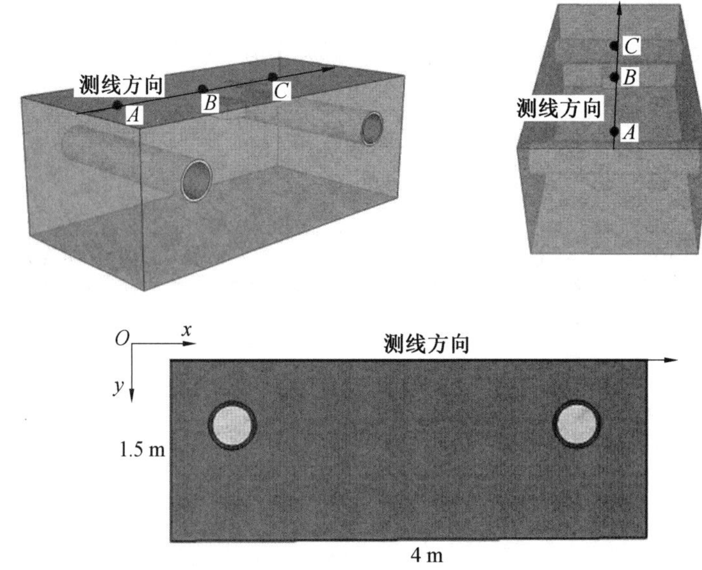

图 2.28　管道模型图

种群规模：$M=30$；搜索空间维数：$D=2$；最大迭代次数 Maxstep：Maxstep=30；c_1 和 c_2 采用固定学习因子 2；采用非线性递减策略：0.9 → 0.2。

搜索空间的上下限：位置坐标反演中搜索上限都为 20，搜索下限都为 0。由于两个混凝土管埋深位置都一样，所以只对一个混凝土管进行位置反演。

反演结果如表 2.8 所示，由表可知反演计算的误差非共形的误差在 5%～10%，共形的误差在 5% 以内，这说明采用共形网格技术模拟的精度更高，更适合工程需要。

表 2.8　混凝土管道位置坐标反演结果

名称	序号	模型参数取值	反演参数范围	反算结果及误差			
				横坐标 x	误差 /%	纵坐标 y	误差 /%
位置（非共形）	1	$x=0.6$ m $y=0.6$ m	$x\in(0,20)$ $y\in(0,20)$	0.657 4	9.57	0.641 3	6.88
	2			0.543 8	−9.37	0.557 1	−7.15
	3			0.572 0	−4.67	0.559 0	−6.83
位置（共形）	1	$x=0.6$ m $y=0.6$ m	$x\in(0,20)$ $y\in(0,20)$	0.611 3	1.88	0.601 2	2.00
	2			0.598 2	−0.30	0.582 4	−2.93
	3			0.588 8	−1.87	0.579 7	−3.38

为了进一步验证反演结果的准确性，图 2.29 给出了采用共形辛 Euler 标记点 A 模拟波形和实测波形对比，可以看出模拟波形与实测波形拟合效果较好。

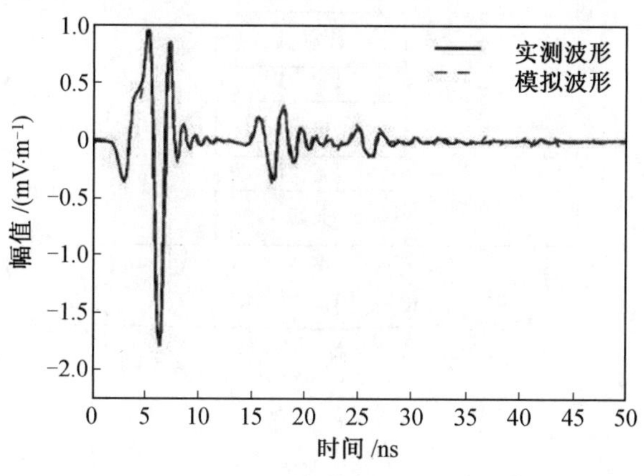

图 2.29　反射波拟合效果图

2.4.2　雷达检测方法

随着城市地下管线老化、到达使用年限，以及城市建设快速发展等，城市道路塌陷已经成为全国各地的一个普遍问题。道路塌陷主要由地下水位变化、地下管线和地铁施工等对土体造成扰动、管线老化维护不足以及地下空洞、雨季遇到暴雨时无法顺利排出等多种因素引起。目前道路塌陷隐患检测手段有多种，包括探地雷达法、高密度电法、浅层地震法等。在城市浅表层 4 ~ 5 m 进行道路下方空洞检测，探地雷达是探测效率高、分辨率高的一种技术手段，是道路塌陷检测的主要手段。在工作面较小、需要较大深度探测的场合，浅层地震和高密度电等手段可作为探地雷达的有益补充。

使用探地雷达进行地下管线检测时，通过已知电磁波在地下传播的速度，可以计算地下目标或地下界面的深度。分析反射波，可以获取地下目标和地下媒质的性质信息。当发射天线和接收天线在地表相对位置固定而共同移动时，获得的一组反射波可展现地下目标相对地表的位置信息，有助于发现地下目标。电磁波在不同介质中传播时，其路径、强度、波形会发生变化，通过测得的波的传播时间、幅度和波形，可以判断介质的结构与深度(图 2.30)。

只要地下管线目标与周围介质之间存在足够的物性差异，就能被探地雷达发现。探地雷达的管线探测能力，弥补了管线探测仪的探测病害，因此在城市地下管线的探测中得到普遍应用。在城市改造中，有时需要了解地下管网，如电力管线、热力管线、上下水管线、输气管线、通信电缆等，探地雷达都可以胜任这类检测工作，不但可探测到水平位置分布，还可以确定其深度，得到三维分布图。如图 2.31 为探地雷达现场工作照片和地下管线探测结果。

1. 地下管线检测方案

沿设计管线位置在地面上布置 3 条雷达探测剖面，分别沿管线轴线上方、管线轴线左右侧 1.5 m 处进行布线探测，根据现场情况，适当加密测线，对目标区域准确定位。图 2.

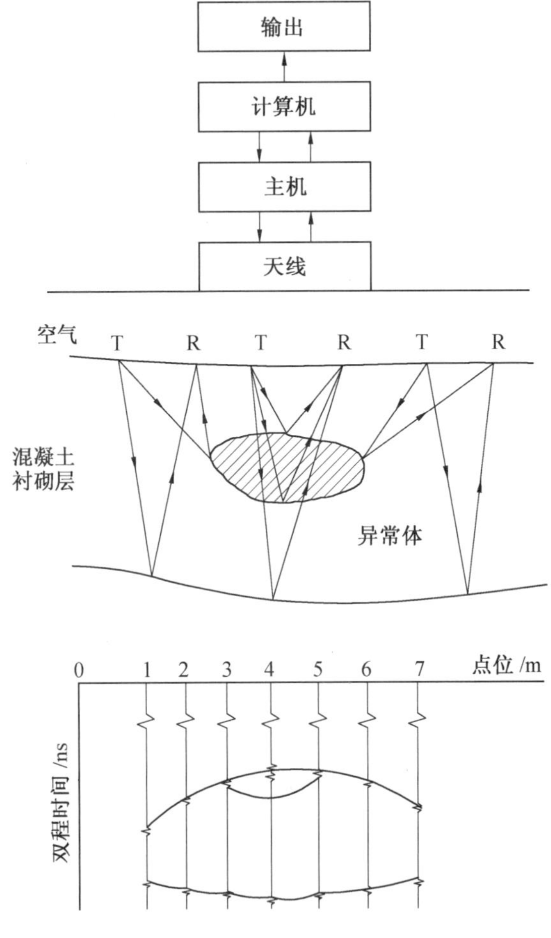

图 2.30　雷达检测工作示意图

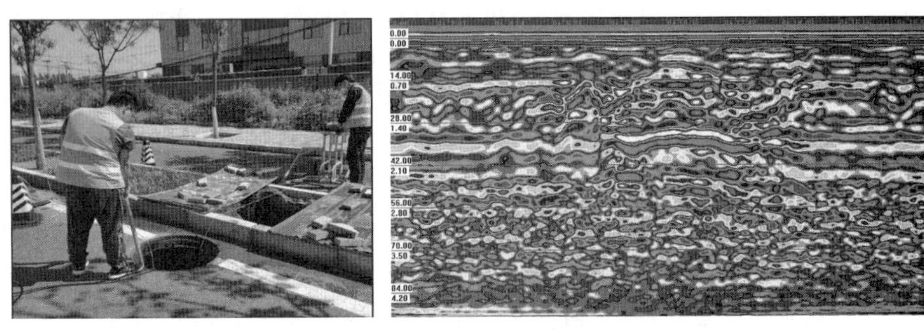

图 2.31　探地雷达现场工作照片和地下管线探测结果

32 为测线布置示意图，图 2.33 为四套自主知识产权，适合产业应用排水管道全空间检测装备。

探测深度小于 5.0 m 的管线，一般采用 400 MHz 和 100 MHz 探地雷达进行综合探测，以准确地判明管线的位置信息。

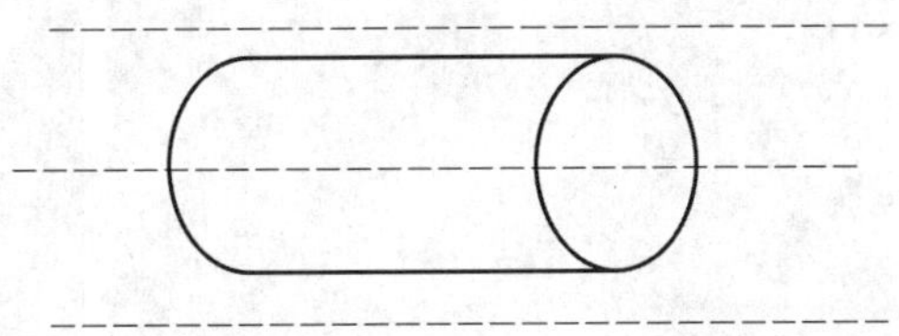

图 2.32　雷达探测测线布置示意图

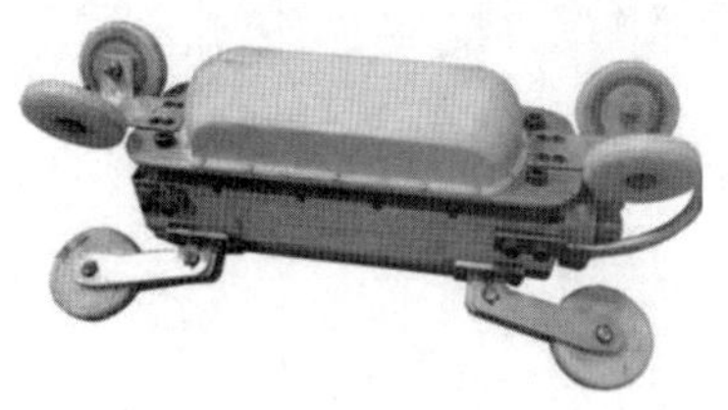

(a) GPR300 型单通道管道检测装备

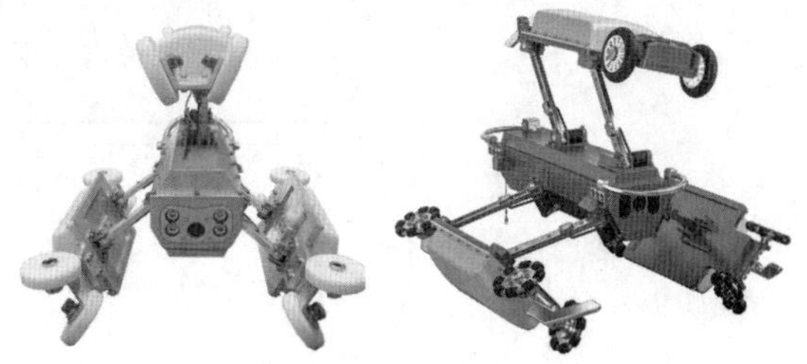

(b) GRP400-600 型三通道管道检测装备第 1 代、第 2 代

(c) GPR700-1300 型三通道管道检测装备第 1 代、第 2 代

(d) 淤泥及地铁穿越工程管道检测装备

图 2.33　四套自主知识产权，适合产业应用排水管道全空间检测装备

探测深度大于 5.0 m、不大于 12.0 m 的管线，采用 100 MHz 和 50 MHz 探地雷达进行综合探测，以准确地判明管线位置信息以及潜在病害区域和严重程度。图 2.34 为管道雷达现场测试工作照片。

2. 水下管线检测方案

在对水下管线进行检测时，采用洞内检测的方式，在管顶、管左右两侧腰部布置 3 条雷达探测剖面，图 2.35 为管内测线布置示意图。

采用 400 MHz 和 100 MHz 探地雷达进行综合探测，以准确地判明潜在病害区域和严重程度。图 2.36 为隧道内雷达检测工作照片，管内测试类似于隧道内作业方式。

3. 数据处理方法

在应用探地雷达方法采集地下目标体的有效反射信息时，常面临各种规则或随机的干扰信息。数据处理的目的在于消除这些干扰波，使有效波尽可能凸显，以提高雷达记录的信噪比和分辨率。通过数据处理，可以提供并显示记录中包含的与地下目标体相关的

图 2.34　管道雷达现场测试工作照片

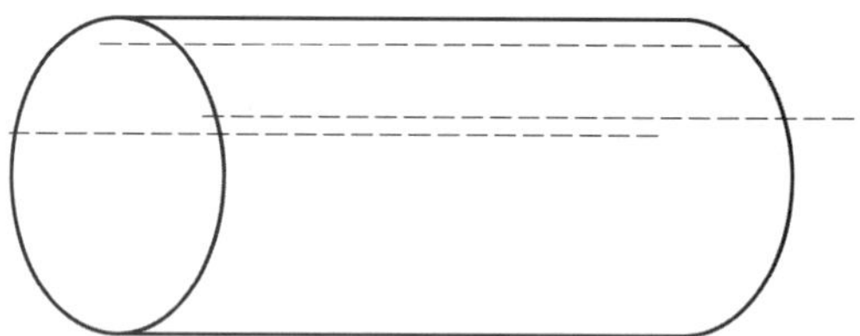

图 2.35　管内测线布置示意图

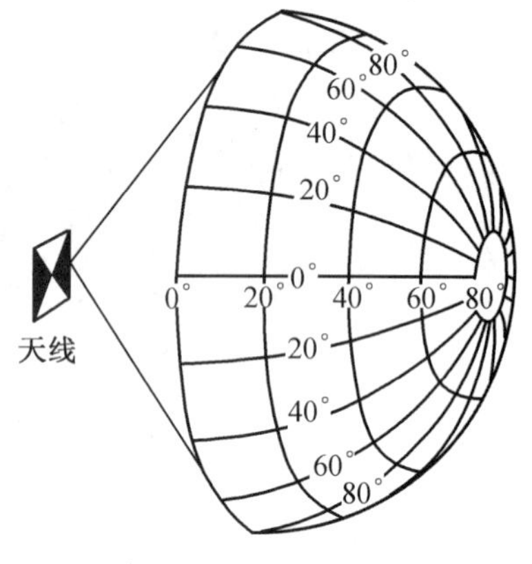

图 2.36　隧道内雷达检测

位置、形态、结构和属性等信息，为解释探地雷达资料提供支持。一些常用的数据处理方法包括：

(1) 时间增益。

在探地雷达数据处理中通过应用某种时间增益函数对雷达记录进行改造，以补偿介质对目标反射的吸收作用，增强深部或衰减较强目标的信号，提高雷达记录的信噪比和分辨率。这过程中采用适当的数学函数对雷达数据进行修正，调整反射振幅等量，使得不同深度或距离处的信号更清晰地显示在雷达剖面上，从而有助于更准确地分析和解释地下目标信息。

(2) 时间滤波和空间滤波。

时间滤波和空间滤波是探地雷达数据处理中采用的手段，通过对雷达记录进行调整和考虑空间关系，优化信号特性，提高地下目标的展示清晰度和解释性。前者包括信息饱和校正，从数据集中去除直流电平、带通滤波、高通滤波、低通滤波、垂向滤波以及时间中值滤波等；而后者则包括道间均值滤波、空间中值滤波、递归空间低通滤波、递归空间高通滤波以及道间差异等。

(3) 探地雷达资料的偏移处理。

针对倾斜界面引起的偏移问题进行的处理，类似于反射地震资料的偏移处理，旨在更准确地描绘地下目标的位置和形态。雷达数据的处理流程如图 2.37 所示。

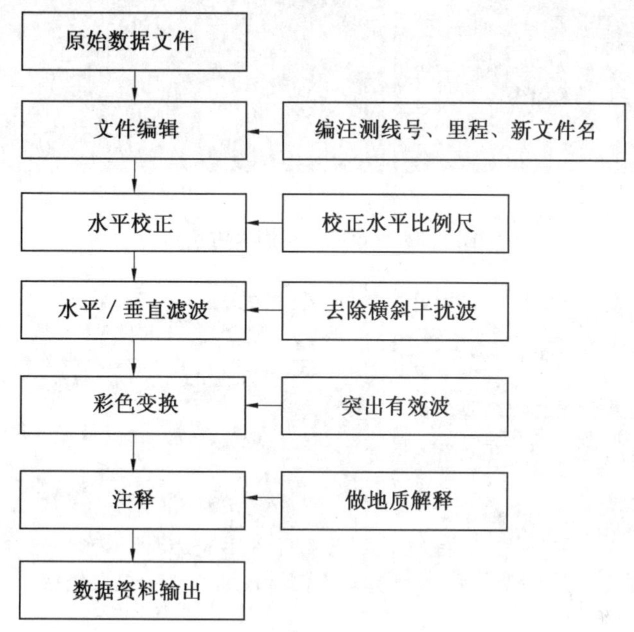

图 2.37　雷达数据的处理流程

除上述的普通处理外，雷达数据还需要进行一些特殊处理，具体如下：

① 水平及垂直高通滤波以消除平直横跳的系统噪声；

② 水平及垂直低通滤波以去除高频噪声；

③ 反褶积滤波以提高垂向分辨率；

④ 偏移滤波以消除绕射波和倾斜干扰波；

⑤ 空间域滤波以增强倾斜界面信号。

采集的雷达数据经零点校正、剖面距离校正及增益调整后，根据雷达波形构成的同相轴及探地雷达专用分析软件形成的检测推断剖面图，以人机交互方式解释资料，勾画出管线附近地质密实情况。

4. 探测图谱分析

雷达剖面经数据处理后确定地面各结构层界面以及地基中存在的病害，以探地雷达检测推断剖面形式给出，图中标示出深度界线和水平位置，可以直观地看到各检测段地面以下存在的病害及其位置。按实际测试位置，以雷达剖面图形式连续给出测试成果。

地质剖面推断图水平方向为自测试起点的距离，竖直方向为探测深度或时窗，分析所检测测线，给定病害区域和类型。现场确定位置，并做标记。管线雷达周围地质病害分析典型图像如图 2.38 ～ 2.43 所示，由此可以判断出管道附近可能存在因管道内部病害引起的地质灾变，为下一步有效处置提供技术依据。

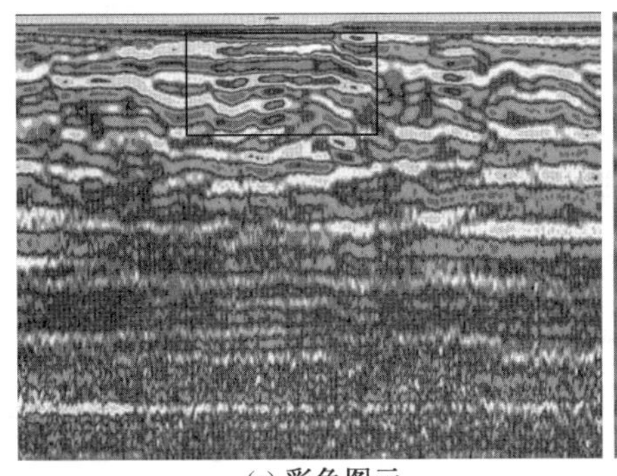

(a) 彩色图示　　(b) 灰度图示

图 2.38　管道空洞病害雷达图

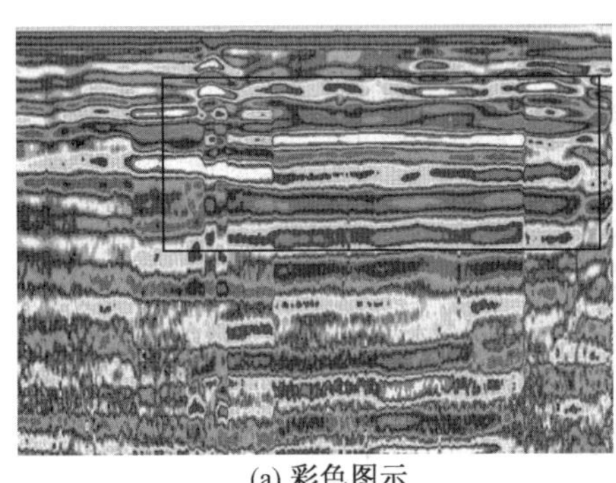

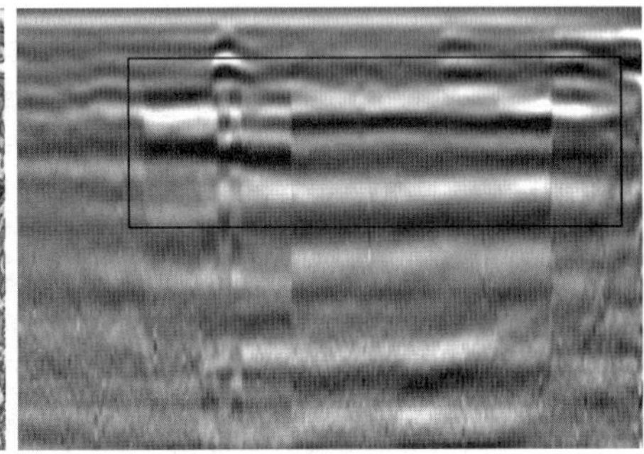

(a) 彩色图示　　(b) 灰度图示

图 2.39　典型疏松病害雷达图

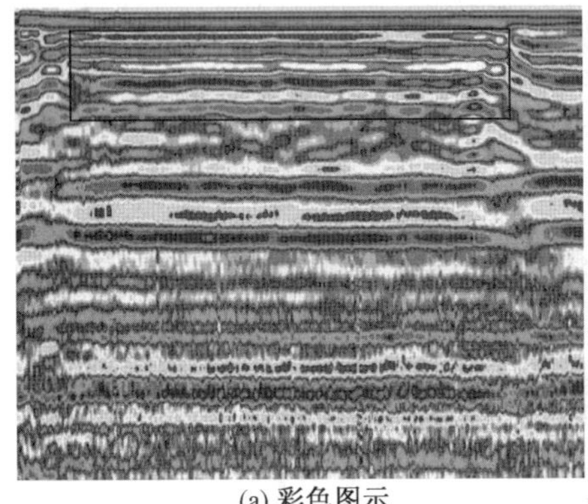

(a) 彩色图示　　(b) 灰度图示

图 2.40　典型脱空病害雷达图

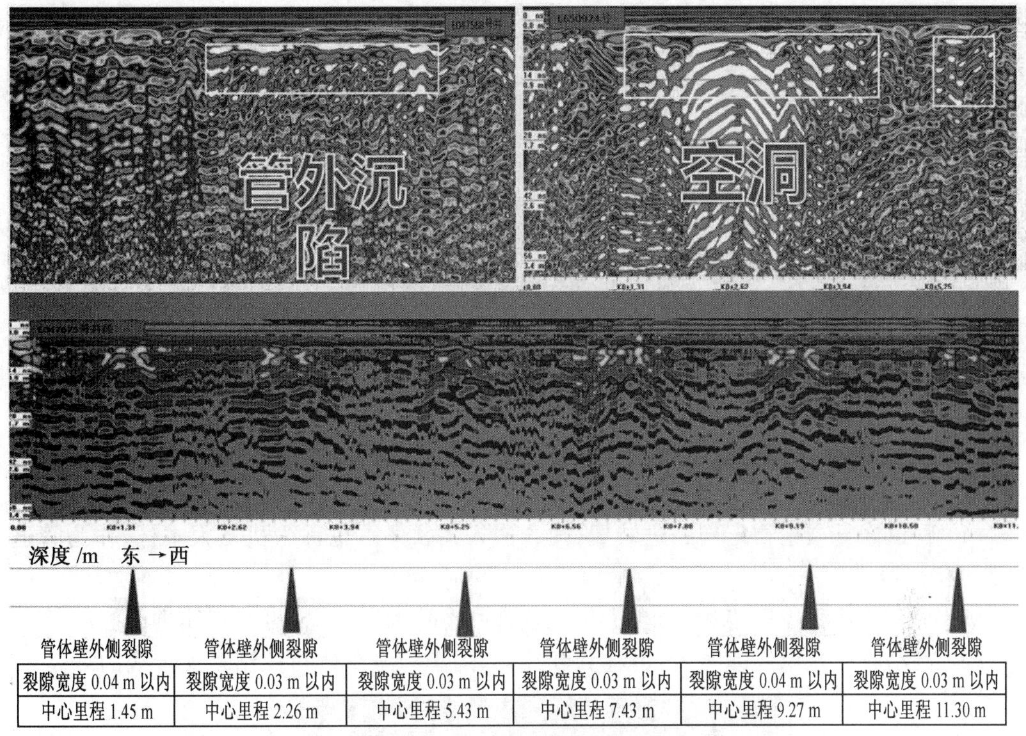

图 2.41　典型病害雷达推断剖面

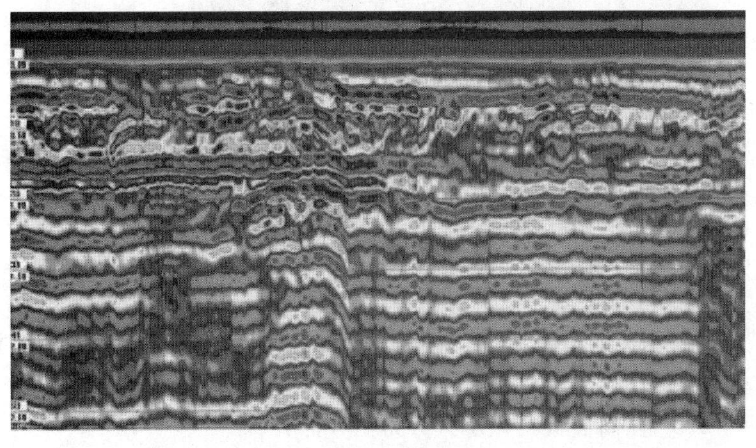

图 2.42　洞内拱腰雷达探测推断剖面(400 MHz)

探地雷达在理论方面的研究与硬件设备的发展互为补充、相辅相成。电磁场理论是探地雷达的技术核心，后来探地雷达设备因微电子技术的进步而发展迅速，也对深入研究探地雷达的各种理论起到了促进作用。

随着探地雷达功能细分和专用化设备的发展，用于探测地下管线的设备也投入使用。设备进行管线识别的功能也变得更加强大，包括材质判断、管径大小、管线裂缝病害等。物探技术逐渐被引入地下管线探测中，接下来以管道修复高聚物定向钻进系统为代表进行介绍。

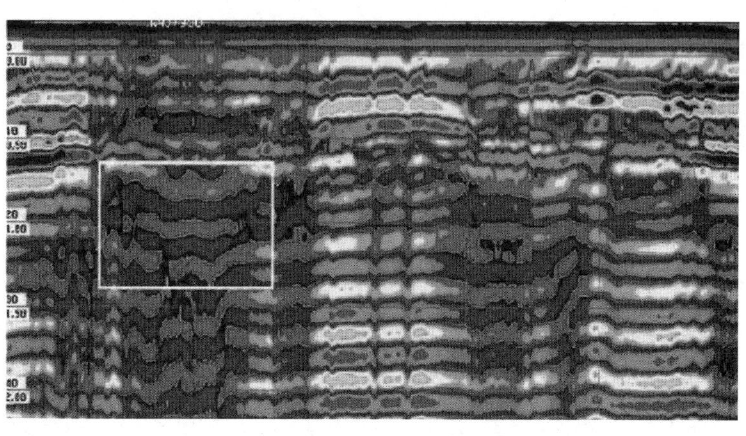

图 2.43　洞内拱顶雷达探测推断剖面(100 MHz)

如图 2.44 所示,钻进系统主要包括:

(1) 管道修复高聚物定向钻进装置(内含嵌入式软件):也称为机器人本体,作为管道检测的爬行器。

(2) 平台化远程控制终端(内含上位机软件):也称为遥控器,可对车体进行控制。

(3) 自动收放光电线缆装置:也称为卷线器,用于缠绕车体与控制箱连接线的载体。

图 2.44　钻进系统组成示意图

车体控制及显示主要在 OCU 控制面板上完成,图 2.45 为 OCU 控制区全图,主要分为"显示区"和"面板控制区"。

如图 2.46 所示,OCU 控制面板的显示区分为五大部分。

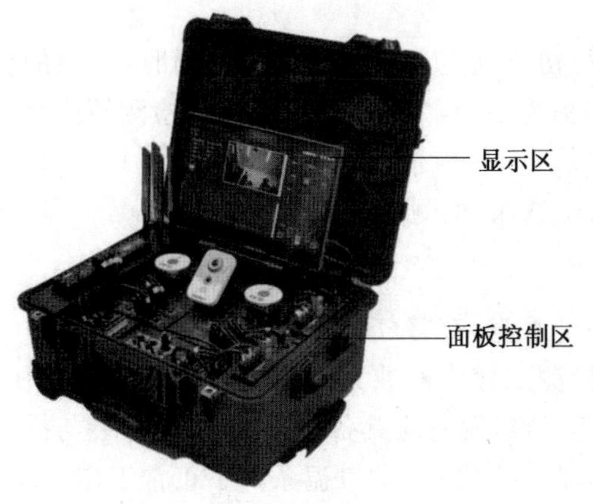

图 2.45　OCU 控制区全图

图 2.46　显示区分区布局

(1) 视频区:实时显示车体前方摄像头拍摄的画面信息,显示区面板控制区。

(2) 3D 位姿态区:显示机器人本体的自身姿态。

(3) 命令提示区:遥控器上按键的每次触发、释放都会在此区域显示。

(4) 数据区:显示机器人上需要检测的内部数据,包括本体位置、本体速度、本体灯光、卷线器线速度、放线长度、云台抬升高度、旋转角度、摆动角度。

(5) 雷达区:显示探地雷达实时扫描的波形图。

根据实际探测的需要,在窨井口将爬行机器人送入管道内部,人员在地面上对机器人车体行进姿态与探测策略进行控制,综合视频资料和探地雷达实时扫描的波形图,对探测的管道以及管道周边的地质环境状况进行判断。视频系统可以直观地将管道裂缝、接口错位、沉积堵塞等管道隐患表现出来,探地雷达部分可以侦察由管道泄漏等引起的肉眼看不见的地下空洞或不均匀沉降等隐患病害,二者结合,相辅相成,便可以尽量提前发现,及时维修,防止恶性管线事故的发生。

2.5　管道视频检测技术

2.5.1　潜望镜检测方法

管道潜望镜检测(pipe quick view inspection)是将电子摄像高倍变焦用于管道内部检查的技术,加上高质量的聚光、散光灯配合进行管道内窥检测,也叫作 QV 检测。将相机等检测设备通过管道的入口引入管道内部,对管道内部的沉积、管道破损等状态进行监测和拍摄。操作人员可以通过连接的显示器实时监控管道内部的情况。对捕捉到的图像或视频进行分析,为管道的维护和修复提供经济、高效的检测方法。管道潜望镜检测的优点:它是一种非破坏性、实时监控的方法,通过图像或视频分析快速定位管道内问题,减少人工检查、降低维护成本,适用于不同类型的管道。管道潜望镜技术与传统的管道检查方法相比,具备实时性高、准确度高、无损伤的特点,直观并可反复播放供业内人士研究,及时了解管道内部状况。因此,对于管道潜望镜检测依然要求录制影像资料,并且能够在计算机上对该资料进行操作。

管道潜望镜检测适用于对管道内部状况进行初步判定。管道潜望镜检测时,光照的距离一般能达到 30 ～ 40 m，一侧有效的观察距离为 20 ～ 30 m,通过两侧的检测便能对管道内部情况进行了解,所以管道长度不宜超过 50 m,管内水位不宜超过管径的 1/2。管道潜望镜只能检测管内水面以上的情况,管内水位越深,检测效果越差。

1. 管道潜望镜检测设备

由于排水管道和检查井内的环境恶劣,设备受水淹、有害气体侵蚀、碰撞的事情随时发生,如果设备不具备良好的性能,则常常会使检测工作中断或无法进行。因此,管道潜望镜检测设备需要具备坚固、抗碰撞、防水密封的特点,同时应具备快速、牢固的安装与拆卸能力,以适应潮湿、恶劣的排水管道环境,能够在 0 ～ 50 ℃ 的气温条件下正常工作。

管道潜望镜检测设备的主要技术指标应符合表 2.9 规定。

表 2.9　管道潜望镜检测设备的主要技术指标

项目	技术指标
图像传感器	≥ 1/4CCD,彩色
灵敏度(最低感光度)	≤ 3 1x
视角	≥ 45°
分辨率	≥ 640 像素 × 480 像素
照度	≥ 10XLED
图像变形	≤± 5%
变焦范围	光学变焦 ≥ 10 倍,数字变焦 ≥ 10 倍
存储	录像编码格式:MPEG4、AVI;照片格式:JPEG

2. 检测流程

管道潜望镜检测的方法:将镜头摆放在管口并对准被检测管道的延伸方向,确保镜头中心保持在被检测管道圆周中心。如果水位低于管道直径的 1/3 位置或无水,镜头中心应位于管道圆周中心;如果水位不超过管道直径的 1/2 位置或无水,镜头中心可以位于管道圆周中心的上部。调节镜头清晰度,根据管道的实际情况,对灯光亮度进行必要的调节,以确保在管道内部能够获得足够的照明。调节镜头清晰度,根据管道的实际情况,对管道内部的状况进行拍摄。

在检测过程中,应符合以下要求:

(1) 为了在变焦过程中能比较清晰地看清楚管道内的整个情况,镜头中心应保持在管道竖向中心线的水面以上。

(2) 在拍摄管道内部状况时,谨慎使用拉伸镜头的焦距,以连续、清晰地记录镜头能够捕捉的最大长度。变焦过快可能导致管道状况不清晰,容易晃过病害,造成病害遗漏。

(3) 当发现病害后,应将镜头对准病害,调节焦距至清晰显示,并保持静止 10 s 以上,以确保准确判读。拍摄检查井内壁时,应缓慢、连续、均匀地移动镜头,确保获取无盲点的清晰图像。

(4) 拍摄检查井内壁时，由于镜头距井壁的距离短，镜头移动速度对观察的效果影响很大，故应保持缓慢、连续、均匀地移动镜头，才能得到井内的清晰图像。

为保证检测工作的顺利进行，遇到下列情形之一时，应中止检测：

(1) 管道潜望镜检测仪器的光源无法保证影像清晰度。

(2) 镜头沾有泥浆、水沫或其他杂物等影响图像质量。

(3) 镜头浸入水中，无法看清管道状况。

(4) 管道充满雾气影响图像质量。

现场检测完毕后，应由相关人员对检测资料进行复核并签名确认。对各种病害特殊结构和检测状况应详细判读和记录，并按表 2.10 的格式填写现场记录表。

该方法对细微的结构性问题不能提供很好的结果。如果在管道封堵后采用这种检测方法，能迅速得知管道的主要结构问题。但是，对于管道里面有疑点的、看不清楚的病害需要采用闭路电视在管道内部进行检测，管道潜望镜不能代替闭路电视解决管道检测的全部问题。

表 2.10　检查井检查记录表

<table>
<tr><td colspan="6">检测单位名称：</td><td colspan="4">检测井编号：</td></tr>
<tr><td>埋设年代</td><td></td><td>性质</td><td></td><td>井材质</td><td></td><td>井盖形状</td><td></td><td>井盖材质</td><td></td></tr>
<tr><td colspan="10">检查内容</td></tr>
<tr><td></td><td colspan="4">外部检查</td><td colspan="5">内部检查</td></tr>
<tr><td>1</td><td colspan="2">井盖埋没</td><td colspan="3"></td><td colspan="2">链条或锁具</td><td colspan="2"></td></tr>
<tr><td>2</td><td colspan="2">井盖丢失</td><td colspan="3"></td><td colspan="2">爬梯松动、锈蚀或缺损</td><td colspan="2"></td></tr>
<tr><td>3</td><td colspan="2">井盖破损</td><td colspan="3"></td><td colspan="2">井壁泥垢</td><td colspan="2"></td></tr>
<tr><td>4</td><td colspan="2">井框破损</td><td colspan="3"></td><td colspan="2">井壁裂缝</td><td colspan="2"></td></tr>
<tr><td>5</td><td colspan="2">井框间隙</td><td colspan="3"></td><td colspan="2">井壁渗漏</td><td colspan="2"></td></tr>
<tr><td>6</td><td colspan="2">井框高差</td><td colspan="3"></td><td colspan="2">抹面脱落</td><td colspan="2"></td></tr>
<tr><td>7</td><td colspan="2">盖框突出或凹陷</td><td colspan="3"></td><td colspan="2">管口孔洞</td><td colspan="2"></td></tr>
<tr><td>8</td><td colspan="2">跳动和声响</td><td colspan="3"></td><td colspan="2">流槽破损</td><td colspan="2"></td></tr>
<tr><td>9</td><td colspan="2">周边路面破损、沉降</td><td colspan="3"></td><td colspan="2">井底积泥、杂物</td><td colspan="2"></td></tr>
<tr><td>10</td><td colspan="2">井盖标识错误</td><td colspan="3"></td><td colspan="2">水流不畅</td><td colspan="2"></td></tr>
<tr><td>11</td><td colspan="2">是否为重型井盖(道路上)</td><td colspan="3"></td><td colspan="2">浮渣</td><td colspan="2"></td></tr>
<tr><td>12</td><td colspan="2">其他</td><td colspan="3"></td><td colspan="2">其他</td><td colspan="2"></td></tr>
<tr><td>备注</td><td colspan="2"></td><td colspan="3"></td><td colspan="2"></td><td colspan="2"></td></tr>
</table>

检测员：　　记录员：　　校核员：　　　　　　　　　　检查日期：　　年　　月　　日

2.5.2 激光检测方法

激光扫描测量技术(laser scanning measurement technology)于20世纪80年代中期开始用于无损检测领域,经过十几年的发展,该技术目前被公认为是一种准确高效的表面无损检测方法。目前国内外管道检测大多采用单一检测手段,这些方法虽然能够通过采集的图片检测出管道病害,但检测的结果比较抽象,没有对管道的病害参数进行量化,如管道破损的位置、洞口的大小和长度等。为此,需要开发一种新型管道检测设备,能够准确检测出管道病害,并进行量化。

1. 应用与发展

在1987年,美国奎斯特联合公司(Quest Integrated Inc.)成功开发了首套激光点扫描轮廓测量系统,用于检测军舰上锅炉管道。该系统在美国海军舰船系统工程基地(NAVSSES)的使用仅3年就节约了超过30亿美元的锅炉管道维修更新费用。随后,奎斯特公司推出了一系列激光管道检测系统(LOT IS),广泛应用于能源、化工、航空航天、军工等行业领域。这种方法能够定量检测管道内壁表面裂纹、腐蚀等病害,具有高精度和分辨率,特别适用于非接触、高精度、定量检测的场合。

2. 系统组成

激光检测系统包括激光扫描探头、运动控制和定位系统、数据采集和分析系统3个主要组成部分(图2.47),基于光学三角测量原理。相较于传统方法,激光检测技术具备高效、高精度、密集采样点、高空间分辨率、非接触检测的优势。它能提供定量检测结果,并展示被检管道在任意位置的横截面图、轴向展开图和三维立体显示图等。然而,激光检测方法仅能探测物体表面,为全面了解被检对象的情况,需要与多种无损检测方法结合使用。

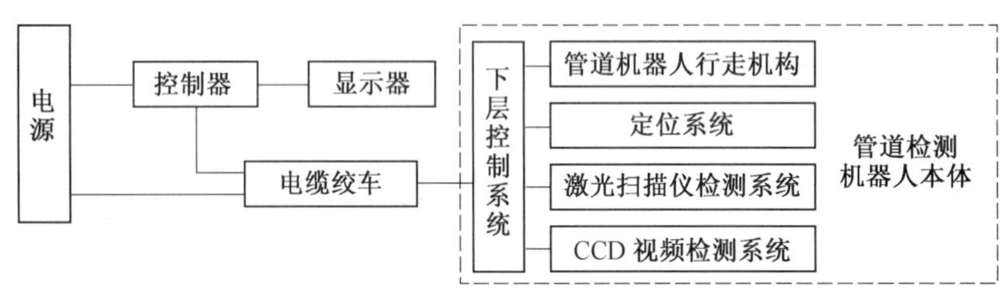

图2.47 系统总体结构

3. 系统工作原理

将机器人放入管道后,通过控制箱发出指令让机器人在管道中匀速运行。通过CCD视频检测系统拍摄管道内部信息,通过调节摄像头的拍摄角度来达到最优的拍摄效果,同时将拍摄的视频信息传回上位机控制器,最后通过传回的信息检查管道内部情况。CCD摄像头拍摄的图像提供了二维信息,但无法准确获取管道病害的具体尺寸和变形大小。为了弥补这一不足,激光扫描仪系统通过扫描管道内部的无数点,获取这些点的坐标值,并通过数据处理转换得到管道病害的尺寸信息。随着对检测精度、效率、自动化程度、实时性以及用户界面要求的提高,激光点扫描轮廓测量技术与传统的无损检测方法(如涡流、超声波)的结合应用将推动激光技术在管道检测领域的进一步发展和广泛应用。

2.5.3　CCTV 检测方法

对于人工检测困难的管道，必须采用其他办法。闭路电视(CCTV)检测系统是现今使用最普遍的检测工具，专门应用于地下管道的检测，管道 CCTV 检测示意图如图 2.48 所示。该系统出现于 20 世纪 50 年代，到 80 年代时基本成熟。CCTV 检测，是一种利用摄像头和相关技术进行管道、下水道等设施内部检测的方法。该技术通过引入摄像头和光源等设备，对管道内的状况进行探测和摄像，并将视频信息传递回地上计算机终端，通过人工判别或识别算法，依据检测评估规范进行风险及破损等级评估，为制定修复方案提供重要依据。

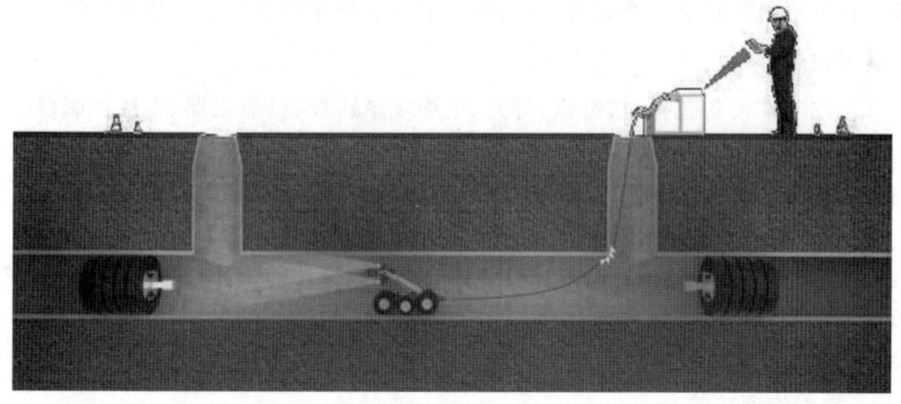

图 2.48　管道 CCTV 检测示意图

CCTV 检测能够提供连续、实时、清晰、准确的视频图像，并且管道机器人轻便小巧，操作方便，可自由调节摄像头角度，如图 2.49 所示。相比于直接的人工检测方法，CCTV 检测可将沿管道内部视频刻录在硬盘内，方便专家审阅和记录管道的损坏类型和位置，为排水管道的维护提供可靠依据。

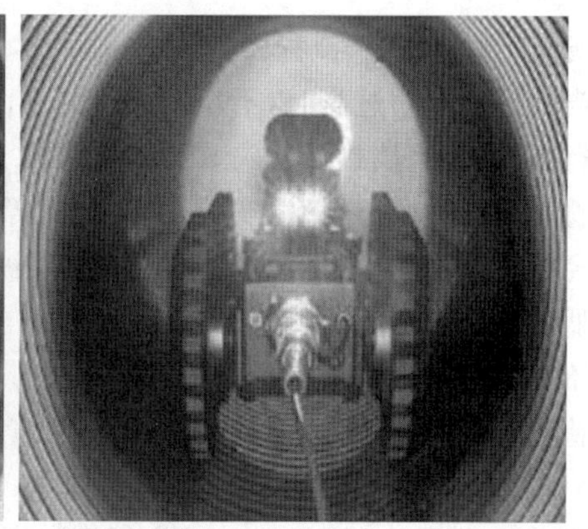

图 2.49　管道检测机器人

CCTV 检测系统的生产制造商众多，包括 IBAK 公司、Per Aarsleff A/S 公司、Telespec 公司、Pearpoint 公司和 Radiodetection 公司等。在国内，一些城市如上海、北京等已开始尝试采用现代检测系统，其中上海非鹏建设工程有限公司在管道 CCTV 检测方面取得了显著成绩，并受到广大业主好评。发达国家在 20 世纪 50 年代已开始研究，形成了完整的技术体系，如英国的水务研究中心（WRC）标准、丹麦标准和日本标准具有代表性。各国的做法和标准存在差异，英国规定排水管道每 1 ～ 5 年检查一次，而日本规定一般 10 年检查一次，管龄超过 30 年的则每隔 7 年检查一次。在国内，上海市水务局正在起草法规文件，对管道检测的主体、周期和经费等进行规定。此外，除了排水管道，上海的自来水和煤（天然）气管道也开始使用 CCTV 进行检测。CCTV 检测系统分为自走式和牵引式两种，功能相似。近年来，由于自走式 CCTV 检测系统的技术成熟，成为主流。CCTV 操作人员通过远程控制 CCTV 检测车行走，并录制管道内视频。技术人员根据这些录像进行管道内部状况的判读与分析，确定下一步采用哪种修复方法更合适。

1. 基本设备

CCTV 的基本设备包括：摄影机、灯光、电缆及录影设备、监视器、电源控制设备、承载摄影机的支架、牵引器、长度计算器。检测设备应符合以下条件：

（1）摄像镜头应具有平扫与旋转、仰俯与旋转、变焦功能，且摄像镜头高度可自由调整。

（2）爬行器应具有前进、后退、空挡、变速、防侧翻等功能，轮径大小和轮间距应可根据被检测管道的大小进行更换或调整。

（3）计算机终端应能在监视器上同步显示日期、时间、管径、在管道内行进距离等信息，并具备数据处理功能。

（4）灯光强度应可以调节，以确保在不同管道环境下获得清晰的图像。

（5）检测设备应具备结构坚固、密封良好等特点，能够在 0 ～ 50 ℃ 的气温条件下和潮湿的环境中正常工作。

（6）检测设备应具备测距功能，电缆计数器的计量单位不应大于 0.1 m。

2. 检测流程

管道 CCTV 检测流程图如图 2.50 所示。

当管道内水位过高时，不仅无法检测水面下部分管道结构表面，而且会影响管道机器人的行进，甚至遮挡拍摄镜头，因此，电视检测应在无水或少水条件下作业。当管道内水位不符合要求时，应对管道实施封堵、导流等降低水位的措施，确保管道内水位不大于管道直径的 20%。在进行结构性检测前应对被检测管道做疏通、清洗。将载有摄像镜头的爬行器安放在检测起始位置后，在开始检测前，应将计数器归零。当检测起点与管段起点位置不一致时，应做补偿设置。

检测过程中，应符合下列要求：

（1）爬行器的行进方向宜与水流方向一致。管径不大于 200 mm 时，行进速度不宜超过 0.1 m/s；管径大于 200 mm 时，行进速度不宜超过 0.15 m/s。

（2）发现病害时，爬行器应在完全能够解析病害的位置至少停止 10 s，以确保拍摄的图像清晰完整。

（3）摄像镜头移动轨迹应在管道中轴线上，偏离度不应大于管径的 10%。对于特殊

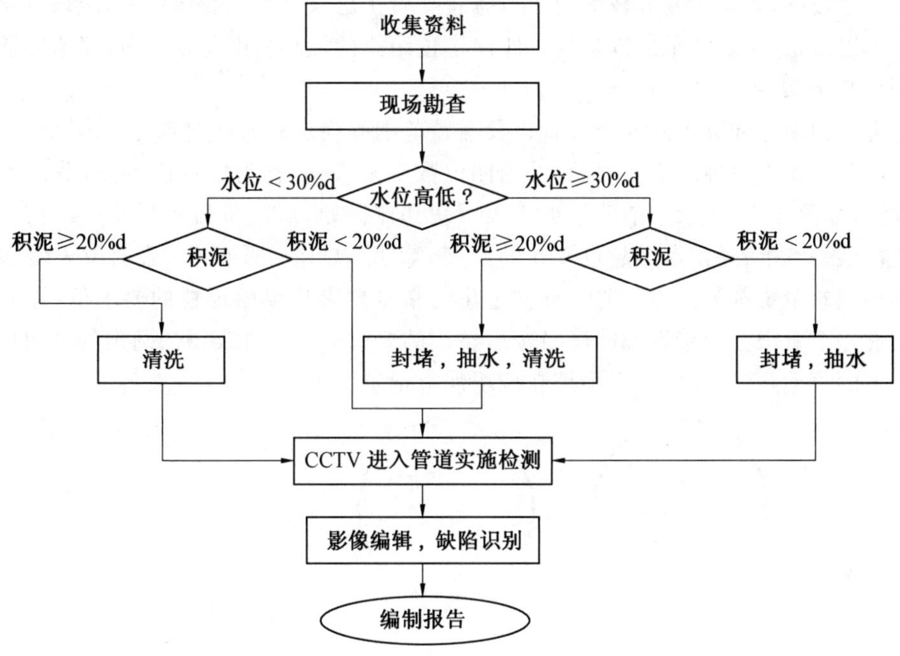

图 2.50　管道 CCTV 检测流程图

形状的管道，应适当调整摄像头位置以获得最佳图像。

(4) 在爬行器行进过程中，不应使用摄像镜头的变焦功能。当使用变焦功能时，爬行器应保持静止状态。当需要爬行器继续行进时，应先将镜头的焦距恢复到最短焦距位置。

(5) 直向摄影过程中，图像应保持正向水平，中途不应改变拍摄角度和焦距。

(6) 侧向摄影时，爬行器宜停止行进，变动拍摄角度和焦距以获得最佳图像。

(7) 管道检测过程中，录像资料不应产生画面暂停、间断记录、画面剪接的现象。

(8) 当管道机器人在管道内行走受阻或镜头受水流、污物或雾气遮挡，影响图像质量时，继续检测不能保证视频质量，因此，应中止检测，排除故障后再继续进行检测。

(9) 每一管段检测完成后，应根据电缆上的标记长度对计数器显示数值进行修正。现场检测完成后，应对各种病害、特殊结构和检测状况详细判读和量测，并填写现场记录表。

3. 检测评估

(1) 空间位置表达与记录。

病害的类型、等级应在现场初步判读并记录。现场检测完毕后，应由复核人员对检测资料进行复核。重点记录病害的空间位置。病害沿管道轴线方向延伸的起点、止点位置以及延伸距离的确定称为纵向定位。纵向定位数据的准确性至关重要，它关系到整改对象所在位置的准确度，若出现偏差会带来重大经济损失，如在开挖修复时，开挖区域未发现病害所在，造成不必要的浪费。CCTV 设备自动获取的纵向距离有时存在较大误差，为了避免这一错误的产生，通常的做法是先在线缆上做好刻度标记，检测过程中随时和显示的距离数值校核，若发现差异较大应予以修正。对于已录制好的影像资料，应该测量出修正值并予以修正，保证结果的准确性。纵向定位距离的最小精度是 0.1 m，其精度通常要求在 ±0.5 m 以内。

病害沿圆周方向分布的起止位置以及覆盖范围的确定称为环向定位。国际上通常将病害的环向位置以时钟的方式表示，并用四位数字来表达，称为时钟表示法，我国也采用这种方法，如图 2.51 所示。前两位数字表示从几点开始，后两位表示到几点结束。如果病害处在某一点上(通常不会超过 1 h 的跨度) 就用 00 代替前两位，后两位表示病害点位。最小记录单位都为正点小时。环向定位的精度要求比纵向定位的要求低，原则上只要不出现完全象限型的错误都能满足今后整改的要求。用时钟表示法确定的环向位置是记录病害的很重要参数之一，必须填在现场病害记录表中。

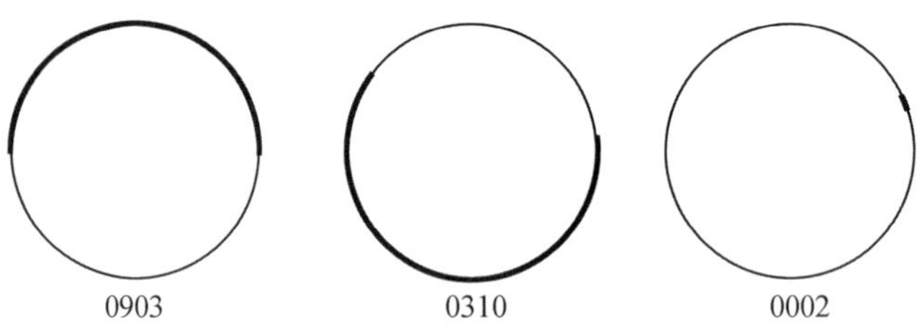

图 2.51　病害环向位置时钟表示法示例

(2) 病害判读。

无论是在现场通过监视器实时查看，还是在室内以正常播放速度观看影片判读，发现病害，必须仔细判读，对照规范上的标准图片，确定代码和等级，裁剪典型画面并存储记录。一般来说，一处病害的表述主要有以下几部分。

① 基本信息：检测地点、道路名称、管段信息、检测时间和病害距起点距离等。

② 病害标注：详细标出病害在图片中的位置。

③ 代码和等级：判定出病害的代码和等级。

④ 环向位置：时钟表示法确认。

在判定病害尺寸时，可以根据管径或相关物体的尺寸进行评估。对于无法确定类型或等级的病害，应在评估报告中进行明确说明。在采集病害图片时，建议使用现场抓取的最佳角度和最清晰的图片，也可在特殊情况下采用观看录像并进行截图。对于直向摄影和侧向摄影，每一处结构性病害的抓取图片数量不应少于 11 张。

4. 计算机辅助评估

城市地下管网错综复杂、症状多变，检测工作量大、任务繁重，检测人员检测完管道后仍需编写大量的检测报告。所以对检测报告成果进行综合管理，以方便公司和业主进行分析判断，引入计算机辅助判读技术是行业发展的必然趋势。

通过计算机辅助判读软件，可以对管道 CCTV 等检测设备生成的视频录像文件进行播放预览、添加检测信息、截取病害图像、添加判读描述等操作。这样的软件能够自动生成图文并茂的检测报告，同时提供电子地图查阅功能，允许在地图上标注检测作业点的位置，查看对应的检测数据、判读信息、病害图片和检测视频。但是，目前病害判读仍然需要人工进行判断属性和等级，因此会造成信息误差。如何提升病害判读准确性，降低人为因素对病害判断的干扰，是计算机辅助判读软件需要提升的方向。

(1) 工程信息录入。

将需要检测工程的相关信息录入软件系统是使用辅助判读软件的第一步工作，录入的工程信息包括工程名称、工程序号、选用的检测标准、工程地点和备注信息，所有的工程相关信息将保存在数据库中。

(2) 检测信息录入。

首先将管道的检测视频导入判读软件，录入检测地点及作业点的 GPS 坐标、任务名称、检测单位、作业人员等，接着录入管段的属性信息，包含被检测管道的类型、材质、管径、起止井号等。

(3) 病害判读。

判读人员观看导入的检测视频，截取存在病害的管道视频画面，填写病害的开始和结束距离，通过动画选取病害的时钟描述，同时录入病害名称、等级和添加病害的文本描述，完成病害判读记录。

(4) 电子地图。

导入开始和结束的 GPS 坐标后，可以通过电子地图浏览，查看病害截图、病害距离、代码、名称等病害详细情况，数据管理方便直观，可随时调阅历史数据和病害的详细情况。

(5) 导出报告。

辅助判读软件一般提供三种导出方式，分别是 Excel 格式病害详细记录、word 格式自动报表以及用于对接 GIS 平台的 ShapeFile 格式。CCTV 检测技术相对于传统的检测方法有着无法比拟的优势，近几年在上海、广州、深圳的排水管网运营、竣工测量、地面塌陷隐患检测中开始广泛应用，并取得了很好的应用效果。但在实际应用中，也存在一些缺点和不足，需要不断总结和提高。

2.6　管道机器人技术

由于管道机器人对于恶劣环境的适应性强并且能够降低工程人员遇到危险的概率，目前已经成为了热门的研究领域并且取得了较为丰富的研究成果。在管道机器人领域，发达国家对于管道机器人的研究起步相对较早。伴随着电子信息技术、通信技术和控制技术的发展，目前发达国家研究的管道机器人已经达到了实际工程应用的水平。

如图 2.52 所示是 Pearpoint 公司研发的模块化爬行器系统，该设备使用范围可从 32 mm 的管道到 900 mm 的主渠。设备拥有 12.1 in(1 in＝25.4 mm)、1 280 像素×800 像素的高清显示器，拥有 128 GB 的内部存储，并且内置可充电电池和加固型 IP55 防护等级壳体，确保设备在最恶劣条件下的可靠性。

德国的伊派克管道检测系统则提出了无限扩展的技术，基于现场使用的不同需求，伊派克能够对不同管径、不同任务场景的需求提供帮助。卓越的动力系统和敏捷的爬行系统保证该设备能够在各种苛刻工况下使用。伊派克检测系统的爬行器可以满足应用范围从 DN150 到 DN1600 的各种材料的管道。同时，伊派克检测系统的摄像镜头标准配置了

图 2.52　Pearpoint 公司模块化管道检测机器人

无影的 LED 冷光源，完全满足潮湿环境的使用，无镜头投影，清晰地反映每一厘米经过的管路情况，探测到任何细微的变化。同时，该设备使用的是触摸屏技术，降低了操作人员的劳动强度(图 2.53)。

图 2.53　德国伊派克管道检测系统

ROBOCAM 系列管道机器人(图 2.54) 易于操作，适用于排水管道内部恶劣环境，其爬行器采用的是六轮驱动系统方式，可以对抗管道内部的任何状况，驱动马达产自瑞士，小型且高品质，爬坡能力最大为 45°，耐水压为 IP68，通过注入干氮气的方式来处理内部压力。摄像头则采用可升降摄像头，能够 360° 无限旋转和 240° 水平摆动，保证覆盖到各个角落，摄像头可以完成 10 倍光学变焦以及 2 cm 的近景拍摄能力。

我国在 20 世纪 80 年代前后逐步开始对管道机器人设备进行研究，众多高校和科研院所参与到相关的研究工作当中。像哈尔滨工业大学、清华大学、中国科学院等机构都设有相关的课题，由于目前我国城市化进程的加速，对于管道检测设备的需求增加，也有越来越多的单位与机构参与到管道机器人的研发工作当中，下面列举当前我国比较成熟的产品。

如图 2.55 是中国矿业大学(北京) 自研的地下排水管道检测机器人，该型机器人可以

图 2.54　ROBOCAM 系列管道机器人

采集地下排水管道的雷达数据和视频数据，可以检测管道内部多种类病害，主要构造为机器人主体、动力机构、信息传输机构和工程人员终端控制系统。位于检测机器人前端的摄像头为工业级的高分辨率摄像头，能够实时采集彩色高清画面，传输并保存到工程人员控制系统上，为后续的管道病害检测提供可靠的数据支撑。

图 2.55　中国矿业大学(北京)自主研发的排水管道机器人

第3章　排水管道图像去雾技术

排水管道视频图像去雾后的清晰程度和还原程度对后期的排水管道图像病害的识别分割都有重要意义,决定了对后期处理判断准确性,直接影响着判断排水管道使用寿命。尽早发现收集到排水管道的问题并进行维护,可以及时避免腐蚀破损、老化或堵塞进一步发展造成的排水管道浪费。目前排水管道机器人在排水管道真实环境中采集排水管道信息时,硬件系统的设计会对视频采集系统产生影响,例如机身和绳缆连接处对机器人自带光源的反光,等等。此外,在图像拍摄过程中,摄像头因为机器人的抖动会引起图像模糊。照明不稳定、摄像机镜头的水渍、空气中的水汽等介质都会导致采集图像不同程度的降质,使采集到的视频细节不清晰的情况。因此对模糊管道视频图像进行去雾处理,尽量减少图像降质对相关技术人员判断的干扰。采集到的排水管道视频图像去雾增强是按照特定需要突出或抑制图像中的某些信息(尤其是由于雾模糊弱化的病害部分),将采集到的有雾或者部分有雾的管道视频图像进行去雾处理,进而达到最终可以清晰检测识别管道中裂缝、破损等病害的目的。

3.1　排水管道图像去雾算法综述

消除图像中雾的目的在于减弱或清除雾气对图像的干扰,以便更便利地进行后续研究和应用。根据不同原理,图像去雾方法可分为增强型和复原型两类。基于增强处理的图像去雾算法没有考虑到雾气图像的形成机制,图像增强的目的主要是增大图像的对比度与饱和度,这样可以提高人的视觉效果,但是这并不能真正意义上将雾气去除。基于图像复原的算法主要是依赖于大气散射模型,这类算法利用人工方式提取雾气图像中的特征信息,估计大气参数模型中的关键参数,并代入到大气散射模型中求解原始清晰图像。近年来,随着机器算力的爆发式增长,深度学习技术也得到了充分的发展,将深度学习技术应用到图像去雾领域是目前图像去雾领域的热点,受到了众多研究人员的关注。

3.1.1　基于传统方法的图像去雾算法

1. 基于增强的去雾方法

在图像去雾技术发展的早期,科研人员主要是要解决图像对比度下降和图像细节模糊等问题。科研人员使用直方图均衡、伽马校正、同态滤波、双边滤波、小波变换、Retinex等方法来解决图像的降质问题。通过这些传统的图像处理技术对图像各个颜色通道上的灰度值进行调整从而获取更为优质的图像视觉效果。这些传统的图像增强方法中,直方图均衡化方法是一种简单有效的图像增强技术,通过改变图像的直方图避免原始图像中的灰度集中分布在某一区间中,使用直方图均衡化方法可以将图像的对比度进行动态调整;伽马校正也是一种图像对比度调整方法,利用伽马函数来增强高亮度去雾的细节信息，增强图像的纹理信息；同态滤波是一种在图像处理领域广泛应用的技术，它通过线性滤波器将原始信号映射到另一个域，在该域中进行运算，然后再映射回原始域。这一过程旨在抑制低频成分并还原图像的细节。另一方面，小波变换类的增强方法利用小波分解后形成的不同尺度图像的分布特征，通过增强细节分量来清晰化有雾图像。而 Retinex 基础理论则建立在物体颜色由物体对红、绿、蓝 3 种颜色的反射能力以及照度分量平滑性假设的基础上。与传统的线性和非线性增强方法不同，Retinex 能够对不同类型的图像实现自适应增强。

在图像场景景深具有一致性的情况下，使用上述基本的全局图像增强算法往往能取得不错的效果。但是，由于图像场景的景深在大多数的情况下具有较大差异，而图像的退化程度与场景的景深密切相关，物体与摄像机的距离远近会显著影响图像的对比度、亮度和颜色饱和度的退化程度。因此，在景深差异较大的图像中使用全局的图像增强算法会对原图像的信息造成损坏，无法取得良好的视觉效果。

为了解决这种问题，科研人员在上述基本图像处理算法的基础上提出了自己的观点。比如，Kim 等人提出了双直方图均衡化算法，将图像分割成非重叠或部分重叠的两幅子图，一幅是像素值小于或等于均值的样本集，另外一幅则是像素值大于均值的样本集，然后对这两幅子图分别进行直方图均衡化操作，这样能够在增强图像对比度的同时，保持输入图像的平均亮度，对图像的局部细节进行了增强。Gao 等通过将反校正的概念引入到去雾算法中，不再对传输图进行估计，而是对反图像的校正因子进行估计，并用其对原图像进行校正，并且提出了一种改进的最大滤波器来限制修正因子在局部区域的最大值。这样能够在保证图像自然性和增强图像的细节的同时有效地去除雾气带来的影响。此外，该算法显著降低了去雾算法的计算复杂度。

Lian 等提出了一种模糊图像增强框架，可以很好地平衡增强细节和保持颜色保真度。文中使用两个映射函数分别处理模糊图像的细节和强度分量，相较于联合处理相关的信息，独立处理两个部分有利于扩大对比度和增强细节。这种方法未考虑图像的退化本质，而是直接依赖现有的数字图像处理技术，以增强图像的对比度、饱和度和清晰度为主要手段。通过这样的处理方法试图突显被雾气遮挡的图像细节信息。常用的方法有 MSRCR 算法。

2. 基于复原的去雾方法

基于图像增强的雾气图像处理方法主要是解决图像的对比度不够和纹理信息不清晰的问题，这类传统的基于增强的图像处理技术可以解决部分简单场景的雾气图像的去雾工作，但是这类传统的增强方法没有考虑到雾气图像退化的内在机制，也没有考虑景深对雾气图像形成的影响，对于在景深变化较大，雾气浓度较大的场景中复原效果不佳，增强后的图像往往伴随着严重的色彩失真和过度增强的情况发生。因此，基于大气散射模型的去雾算法受到研究人员的广泛关注。这类方法关注于雾气图像的成像过程和内在机理，依赖于大气散射模型，从输入的雾图中推导出对应的清晰图像，在这类反演过程中需要对许多未知参数求解，例如场景的深度信息和大气光强度等，准确地估计相关参数并代入到推导公式中能够获取到良好的去雾效果。

初期，有研究人员通过人机交互的方式来获取相关的参数，例如允许用户使用手动的方式来选定天空区域或全局大气光位置等方法，依据人工辅助估计复原图像所使用的参数，但是这种方式需要进行人工交互，容易受到主观判断的影响，并且自动化程度较低，在场景变化较快的领域算法普适性差。因此，基于人工获取图像特征的图像去雾算法收到了众多图像去雾领域研究人员的关注。这类方法不需要人工干预和相关参数的辅助判定，仅仅依赖于单幅去雾图像的本身，构造出图像中的隐藏信息，并依赖于大气散射模型进行还原工作。在这类方法中，准确地挖掘出相关的先验信息并估计相关参数能够在还原过程中取得较好的视觉效果。

何恺明团队通过大量实验发现，大多数户外清晰图像中存在着暗通道的先验规律，即在无雾图像中局部区域存在一些像素，这些像素中至少有一个颜色通道的亮度值非常低。使用暗通道先验理论可以简化大气散射模型的求解。但是由于获取的暗通道使用的最小滤波处理会产生严重的块效应，在景深突变的区域会出现严重的光晕现象。因此，何恺明博士使用了被称为软抠图的方法来缓解这种现象的产生，但是软抠图方法对于算法复杂度的影响较大，不利于实际工程中的应用。为了提高去雾算法的实时性能，何恺明博士引入了引导滤波的思想，既减轻了算法的时间开销，也对传输图做了精细化处理，对景深变化处做了平滑处理。

除了何恺明团队，其他的研究人员也在基于图像复原的领域做出了大量的工作。Fattal 的《单幅图像去雾算法》一文中提出了一种新的光学估计方法，在模糊的场景中传输一个单一的输入图像。基于这种估计，消除了散射光，增加了场景能见度和恢复无雾的场景对比。类似的原理也被用来估计雾霾的颜色。结果验证了该方法的有效性。Tarel 在《快速图像恢复算法》一文中，在没有可以利用的深度信息的情况下，引入了大气耗散函数，同时对边缘进行了平滑操作，复原后图像具有良好的色彩饱和度。

这类方法关注于雾气图像的成像机制，这类方法绝大多数依赖于大气散射模型，利用多种方法求解出大气散射模型中的关键参数，最后代入到大气散射模型中反演推导出原始场景中的清晰图像，实现图像的去雾。由于关键参数估计方式的不同，这类基于图像复原的图像去雾算法可以分为基于人工特征提取、基于单幅图像和多幅图像联合信息的方法，其中最为著名的是暗通道先验算法，作者通过总结观察提出了著名的暗原色先验理论，通过简单的先验假设实现了良好的去雾效果。

3.1.2 基于深度学习的图像去雾算法

深度学习以其强大的学习能力引起了计算机视觉等众多领域的关注，目前，研究者们已成功将深度学习应用于图像去雾问题，取得了显著的成果。主要可以分为两种，分别是端到端的学习网络和将去雾公式结合到网络中进行雾气的去除。

基于物理模型复原图像的方法是根据雾天图像成像原理和图像中隐藏的先验知识来对降质图像进行还原操作的，这种方式在单幅图像的去雾中能取得较好的效果，但是往往复杂度较高。基于深度学习的去雾方法可以直接学习带雾图像的雾气特征，在参数的估计方面也比传统的基于先验的方式估计更加准确，因此，深度学习去雾已经成为去雾领域的热点。

近年来，随着硬件算力水平的提高，深度学习技术在工程上的应用也越来越频繁。目前在去雾领域,深度学习的方法主要可以分为两类。第一类算法是利用深度学习模型来估计原始图像中的未知参数,再代入到去雾模型中恢复图像;第二类深度学习算法是直接建立深度学习模型恢复带雾图像,不再对未知参数进行独立的估计,即建立一个端到端的深度学习去雾模型。Tan 等人基于学习框架系统地研究与雾相关的特征,对不同的特征进行比对,最终认为暗通道是与雾气消除中最有用的特征,此外,他们发现使用合成的带雾气图像作为训练数据也可以取得良好的效果。Cai 等人提出名为 DehazeNet 的可训练端到端网络用于传输图估计。这是一种端到端的去雾系统,直接将带雾图像中的相邻区域与对应的传输图之间的映射关系作为学习和估计的对象,估计出的传输图使用大气散射模型进行恢复工作。DehazeNet 具有较高的性能,同时也保证了易用性。Ren 等人为了解决传统手工设计特征的限制,提出了一种用于单幅图像去雾的多尺度深度神经网络。文章中提出了不同尺度的网络针对不同尺度的特征分别提取。该算法主要优化了时间性能,但是在夜间场景效果不够好。

3.1.3　排水管道图像去雾的主要问题

排水管道图像去雾领域目前存在的问题包括管道图像特征信息不足、实时性能差和泛化能力差等。

首先,介绍图像特征信息不足的问题,在数学上,图像可以被视为一组二维向量,其通过不同的颜色通道描述了各个像素的颜色和亮度。在计算机视觉领域,病害识别则是利用这些信息,从图像中提取有用的特征,以进行对图像的分析、处理或理解。但是,由于管道环境恶劣,管道机器人视频采集摄像头常常会受到油污、异物、光斑和水汽的干扰,进而导致采集图像中特征信息的缺失。目前,使用图像处理技术对上述情况的图像恢复工作仍然存在着挑战。

其次,介绍目前算法实时性能差的问题,图像去雾工作的主要目的是解决图像降质导致特征信息受损的问题。当前,绝大多数图像处理相关应用需要实时处理能力,但是,目前常用的去雾算法的时间复杂度较高,如何在保证去雾效果的同时保证去雾算法的实时性能是目前亟须解决的问题。

最后,介绍图像算法泛化能力差的问题,目前在图像去雾领域,去雾算法的发展已经取得了不少成果,研究人员从不同角度提出了众多图像去雾的解决方案,但是目前的情况下,不同场景对应的图像特征差异较大,目前的算法通常是针对某一类情况提出解决方法,也意味着对应不同的假设或不同参数的大气散射模型,这在环境复杂的管道环境下,利用统一的算法难以达到一致的去雾效果,图像去雾算法的普适性面临较大的挑战。当前,针对管道环境图像去雾的相关研究较少,国内外的去雾算法是以户外白天的成像为主。对管道内图像进行观察后发现,在常见的管道环境中,使用常规户外去雾算法效果不佳,主要原因在于户外雾气图像复原模型中,没有考虑人工光源和管道环境中环境光源不均匀的问题。此外,由于在管道环境中深度差异较小,户外场景的深度图估计精度不足,导致常规图像去雾算法在管道环境中透射率图估计不准。

3.2 排水管道图像去雾算法基础

3.2.1 管道场景图像降质分析

图 3.1 中展示的四种情况分别为清晰图像、雾气图像、光斑图像和带有遮挡物的图像。本章主要研究解决的是图像中存在雾气和光斑的情况，对于遮挡的情况，由于图像中被遮挡处图像信息损失严重，难以恢复出有效信息，不在本章研究范围。

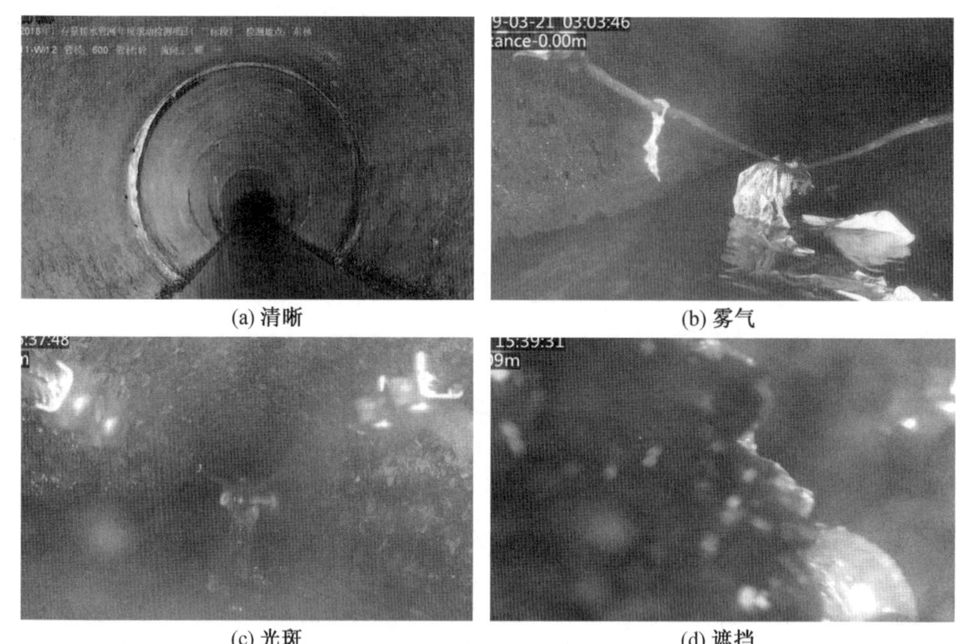

(a) 清晰　(b) 雾气

(c) 光斑　(d) 遮挡

图 3.1　常见图像降质分类

在图 3.1(a) 中，展示的为清晰图像，图像人眼视觉效果佳，颜色色彩明亮，景物边缘信息完整，不需要进行去雾操作，可以直接进行后续的管道病害检测工作。图 3.1(b) 中为实验室环境下模拟采集到的带雾图像，此类图像肉眼观察较为模糊，物体颜色的反射光受到抑制，图像对比度降低，景物边缘信息受到雾气的影响，对后续的病害检测工作产生影响。图 3.1(c) 中为实验室环境下模拟的机器人视频采集摄像头受到水渍和人工光源导致的光斑等情况，需要对局部区域进行图像去雾工作以提高后续病害检测工作的准确性。图 3.1(d) 中为模拟的摄像头受到泥沙、油渍等遮挡物的情况，这类情况由于图像信息损失严重，难以恢复出有效信息，在受到遮挡物影响的局部区域不进行图像去雾操作。

在雾气条件下，地下排水管道检测系统的视频采集系统拍摄到的视频比管道外场景下拍摄到的视频清晰度、对比度指标进一步降低。主要原因在于管道环境下的光源为机器人本体自带的单点人工光源，所拍摄的管道环境中，目标景物反射的光线在传播到成像镜头的过程中，会受到管道环境空气中的气溶胶悬浮颗粒的吸收影响，光线在管道内进一步散射导致采集的图像颜色对比度、亮度受到影响。管道内壁对于人工光源的漫反射也是增加了管道采集图像大气光值的估计难度。

3.2.2　大气散射模型

在一幅带雾图像的图像退化过程中，目前的研究人员通常使用大气散射模型来描述。根据 McCartney 提出的大气散射理论，图像的成像过程主要由两部分组成。第一部分为图像成像过程中，入射光受到空气中悬浮粒子的散射，导致入射光进入成像摄像头衰减。另一部分是室外场景下光线到达透镜的散射。这两部分光线可以分别用入射光衰减模型和大气光成像模型进行描述。McCartney 提出的大气散射模型为

$$I(x)=J(x)t(x)+A(1-t(x)) \tag{3.1}$$

式中，$J(x)t(x)$ 为直接衰减项；$A(1-t(x))$ 为大气光项；x 为图像中像素的坐标；$I(x)$ 是有雾的图像；$J(x)$ 是物体直接反射的光的强度；$t(x)$ 是透射率，代表光线从目标物表面反射光穿透空气介质到达成像设备的能力；A 为大气光值，代表成像设备采集到的环境光强度。

暗通道先验是基于户外无雾图像的统计观测。在户外无雾图像中，大多数局部斑块包含一些像素，这些像素至少在一个颜色通道中强度很低。这些区域是图像中的暗原色块，定义如下：

$$\min_{c\in\{R,G,B\}}\left(\min_{y\in\Omega(x)}\left(\frac{J^c(y)}{A^c}\right)\right)=0 \tag{3.2}$$

式中，$J(y)$ 是像素区域块以像素点为中心的暗通道；J^c 代表其中的某一个颜色通道，是一个类似于卷积核的区域。

通过对大量数据的实验发现，每个类似于卷积核的区域中总是存在着一些亮度值非常低的通道。通过计算获取这些区域的亮度值，可以求出带雾图像的暗原色图。

1. 入射光衰减模型

当光线经过目标物体表面反射到成像设备时，会受到空气介质散射的影响，造成光线的偏移，使得部分光线无法进入到成像设备中，这导致了入射光的衰减。对该衰减过程进行分析建模后，可以假设入射光经过了一个镜片，如图 3.2 所示，该光线分量在 x 处的偏移量可用式(3.3)进行表述：

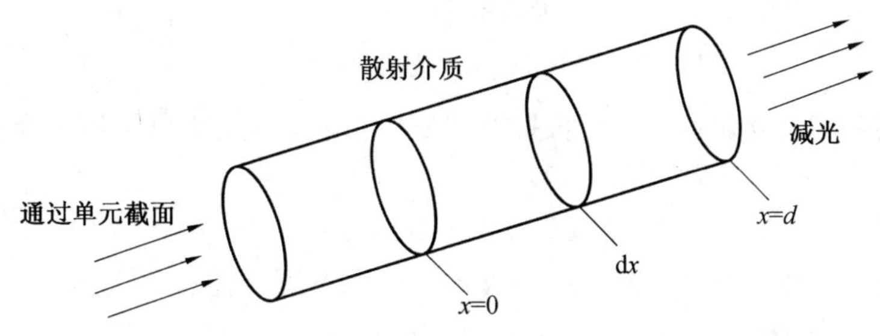

图 3.2　入射光衰减模型

$$\frac{\mathrm{d}E_d(x,\lambda)}{E_d(x,\lambda)}=-\beta(\lambda)\mathrm{d}x \tag{3.3}$$

由图 3.2 可知，d 是从采集摄像头到达目标对象的距离；λ 代表成像过程中入射光的

波长；$\beta(\lambda)$ 为全散射系数，代表光线通过空气介质散射偏移的程度。

$E_d(d,\lambda)$ 为从距离成像设备 d 处的光线经场景外面的反射后发生衰减再被成像设备获取的辐射度，显然，$E_d(d,\lambda)$ 可通过对式(3.3) 两侧在 $x \in (0,d)$ 范围内同时求取积分获得

$$\int_0^d \frac{\mathrm{d}E_d(x,\lambda)}{E_d(x,\lambda)} = \int_0^d -\beta(\lambda)\mathrm{d}x \tag{3.4}$$

$$E_d(d,\lambda) = E_0(\lambda)\mathrm{e}^{-\beta(\lambda)d} \tag{3.5}$$

式中，$E_0(\lambda)$ 为入射光在 $x=0$ 处的辐射度。

式(3.5) 为建立的入射光衰减数学模型，从式(3.5) 中可以看出，由于指数因子的存在，入射光的辐射度与目标景物离成像镜头的距离呈指数性衰减规律。

2. 大气光成像模型

在目标景物表面的反射光到达成像镜头的传播过程中，除了 3.2.2 节 1 中提及的入射光衰减影响外，还会受到大气光的影响。大气光则是由于周围环境中其他入射光在半径较大的粒子的散射作用下聚集参与成像，这部分入射光从成像方向看上去好像是由大气光作为光源。假设景物和观测者之间的环境光均匀分布，对大气光成像过程进行建模分析，其模型如图 3.3 所示。

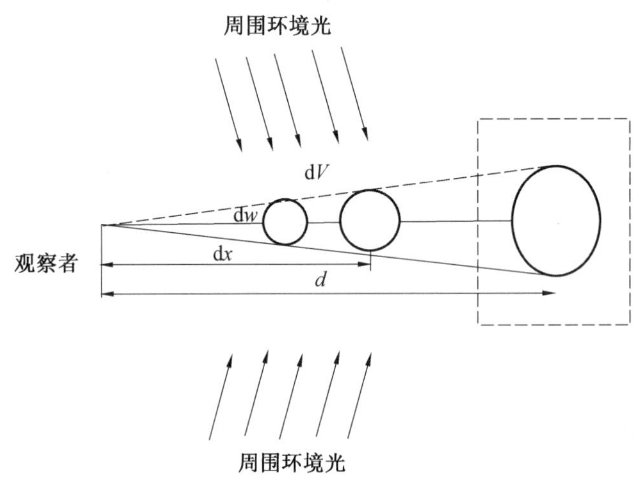

图 3.3　大气光成像模型

设观察者的观测立体角为 dw，将景深 d 处的一个截断的大气椎体视为光源，则距观测者 x 处微元体积 dV 可表示为

$$\mathrm{d}V = \mathrm{d}w \cdot x^2 \cdot \mathrm{d}x \tag{3.6}$$

在观测方向上由散射得到的光通量微元 $\mathrm{d}I(x,\lambda)$ 为

$$\mathrm{d}I(x,\lambda) = \mathrm{d}V \cdot k \cdot \beta(\lambda) = \mathrm{d}w \cdot x^2 \cdot \mathrm{d}x \cdot k \cdot \beta(\lambda) \tag{3.7}$$

式中，k 为比例常数；dV 为光通量微元 $\mathrm{d}I(x,\lambda)$ 的点光源。

则此点光源发出的光线经过衰减后到达观察者处的辐射度 $\mathrm{d}E(x,\lambda)$ 可以表示为

$$\mathrm{d}E(x,\lambda) = \frac{\mathrm{d}I(x,\lambda) \cdot \mathrm{e}^{-\beta(\lambda) \cdot x}}{x^2} \tag{3.8}$$

点光源的强度 $\mathrm{d}L(x,\lambda)$ 可表示为

$$\mathrm{d}L(x,\lambda)=\frac{\mathrm{d}E(x,\lambda)}{\mathrm{d}w}=\frac{\mathrm{d}I(x,\lambda)\cdot \mathrm{e}^{-\beta(\lambda)\cdot x}}{\mathrm{d}w\cdot x^2}=k\cdot\beta(\lambda)\cdot \mathrm{e}^{-\beta(\lambda)\cdot x}\cdot \mathrm{d}x \tag{3.9}$$

对式(3.9) 在 $x\in(0,d)$ 上积分可得

$$L(d,\lambda)=k(1-\mathrm{e}^{-\beta(\lambda)\cdot d}) \tag{3.10}$$

$L(d,\lambda)$ 为到达观察者时所具有的总光强；k 的值可视为无穷远处的景物到观测者处的总强度，即 $k=L_{\infty}(\lambda)$，代入式可得

$$L(d,\lambda)=L_{\infty}(\lambda)(1-\mathrm{e}^{-\beta(\lambda)\cdot d}) \tag{3.11}$$

由此，对于任意景深为 d 的大气光辐射度为

$$E_a(d,\lambda)=E_{\infty}(\lambda)\cdot(1-\mathrm{e}^{-\beta(\lambda)\cdot d}) \tag{3.12}$$

3.2.3　图像去雾评价方法

评价图像处理的相关算法，处理之后的图像性能优劣性的重要指标是相比于原图，图像质量相对提升值的评价。目前，图像质量的评价方法主要分主观评价及客观评价两种。对于处理后直观可感受出处理前后图像效果明显有所增益的算法，即可采用主观评价法。主观评价法使用直接、简单，通常关注于图像的清晰度、噪声、亮度和颜色对比度，这些参数直接影响人眼观察图像的视觉效果，但不同的人对于图像处理结果的主观评价不一定相同，评价差异较大时则缺乏科学统一评价，因此会对图像处理结果评判出现偏差。客观评价法是利用与图像质量相关性强的参数特性，通过具体的方法得出的数值对处理前后的图像进行图像质量评价。当算法处理后的结果可能出现细节，甚至像素级的差异，主观评价难以统一正确判别时，可以考虑选用客观评价方法。

主要的客观评价指标包括均方误差、峰值信噪比和结构相似度，详细介绍如下。

1. 均方误差

均方误差是一种基于图像像素统计的评价指标，其主要比较原始参考图像和处理后图像之间像素值差异的均方值，用于衡量图像的失真程度。当图像的均方误差越大时，表示图像的失真程度越高，图像的质量越差；反之，均方误差越小，则说明处理后的图像与原始参考图像的一致性越好，图像质量越高。因此，均方误差越小越有利。其计算公式为

$$\mathrm{MSE}=\frac{1}{MN}\sum_{i=1}^{M}\sum_{j=1}^{N}\left|R(i,j)-F(i,j)\right|^2 \tag{3.13}$$

式中，M 和 N 表示图像的长和宽；$R(i,j)$ 表示原始参考图像的像素值；$F(i,j)$ 表示处理后待评图像的像素值。

2. 峰值信噪比

与均方误差一样，峰值信噪比也是基于像素统计的一个评价指标，用于反应信号与噪声之间的比值。处理后的图像其峰值信噪比越大，说明去雾后待评价的图像与原始清晰图像在细节上越接近，图像的处理效果也就越好。其计算公式为

$$\mathrm{PSNR}=10\lg\frac{L^2}{\mathrm{MSE}} \tag{3.14}$$

式中，MSE 表示均方误差；L 代表图像的最大像素值，通常取值为 255。

3. 结构相似度

结构相似度是衡量图像处理前后结构信息相似程度的一个指标，通过该指标可以判定处理后的图像是否存在大量细节损失的情况，如果该数值越大，说明比较的两幅图像越类似；去雾后的图像质量越好，结构相似度在取值上最多为 1。

设给定的两幅图像 X 和 Y 的尺寸均是 $M \times N$，它们的均值分别为 u_x 和 u_y，它们的方差分别为 σ_x 和 σ_y，它们的协方差为 σ_{xy}，那么定义亮度对比函数 $l(X,Y)$、对比度对比函数 $c(X,Y)$ 和结构比较函数 $s(X,Y)$ 分别如下：

$$l(X,Y)=\frac{2u_x u_y+c_1}{u_x^2+u_y^2+c_1} \tag{3.15}$$

$$c(X,Y)=\frac{2\sigma_x\sigma_y+c_2}{\sigma_x^2+\sigma_y^2+c_2} \tag{3.16}$$

$$s(X,Y)=\frac{\sigma_{xy}+c_3}{\sigma_x\sigma_y+c_3} \tag{3.17}$$

上面公式中的 c_1、c_2 和 c_3 是常数，用来避免公式中的分母为 0 的情况。综合考虑亮度对比函数、对比度对比函数以及结构比较函数之间的权重影响，定义结构相似度函数为

$$\mathrm{SSIM}(X,Y)=[l(X,Y)]^{\alpha}\,[c(X,Y)]^{\beta}\,[s(X,Y)]^{\gamma} \tag{3.18}$$

公式中的 α、β 和 γ 均是大于 0 的数，用于调整 3 个参数的不同权重值。一般情况，为了简化，取 $\alpha=\beta=\gamma=1$，且令 $c_2=2c_3$，于是可以得到简化的结构相似度函数为

$$\mathrm{SSIM}(X,Y)=\frac{(2u_x u_y+c_1)(2\sigma_{xy}+c_2)}{(u_x^2+u_y^2+c_1)(\sigma_x^2+\sigma_y^2+c_2)} \tag{3.19}$$

通常情况下，可以按照 $c_1=(k_1L)^2$，$c_2=(k_2L)^2$ 的方式对 c_1 和 c_2 进行取值，其中常取 $k_1=0.01$，$k_2=0.03$，L 是像素值的动态范围，例如 8 位灰度图像的像素值最大动态范围是 255。

3.3 基于暗原色先验和多尺度 Retinex 的管道图像去雾算法

3.3.1 暗原色先验的管道图像去雾算法基础

根据大气散射模型可知，为了从带雾图像中恢复出真实场景的清晰图像，需要优先计算全局大气光亮度以及场景对应的透射率分布图。在现有的估计大气光亮度和估计透射率的方法中，基于暗通道先验的去雾算法是目前较为简单高效的一种方法。

1. 暗原色先验理论

在一张带雾气的图片中，亮度值较低的暗原色像素由于雾气的散射作用变得发白，我们利用这些暗原色来估计场景中的透射率。为了估计透射率 $t(x)$，可以假定大气光 A 的强度已知。A^c 是 A 的颜色通道 c，将式(3.1)取最小值，然后两边除以 A^c，再用 I^c 表示 3 个颜色通道中的最小值，可以得到

$$\min\left(\min_{y\in\Omega(x)}\left(\frac{I^c(y)}{A^c}\right)\right)=\tilde{t}(x)\min\left(\min_{y\in\Omega(x)}\left(\frac{J^c(y)}{A^c}\right)\right)+(1-\tilde{t}(x)) \tag{3.20}$$

根据暗原色理论，J^{dark} 接近于 0。大气光是一个全局常数且是一个较大的正数。对于雾气图像的非明亮区域，被大气光整除并不影响暗原色变得接近于 0。因此，可以推导出

$$\tilde{t}(x)=1-\min_{c}\left(\min_{y\in\Omega(x)}\left(\frac{I^{c}(y)}{A^{c}}\right)\right) \tag{3.21}$$

在实际应用中，如果将雾完全去除，恢复后的图像会显得不真实。为了让图像看起来更自然。何恺明博士在公式(3.21) 中引入了一个强度系数冗余($0<\omega<1$) 来保留图像中的一些雾，使远处的物体具有一定的深度信息。一般情况下，雾浓度越高，值越大，故有

$$\tilde{t}(x)=1-\omega\min_{c}\left(\min_{y\in\Omega(x)}\left(\frac{I^{c}(y)}{A^{c}}\right)\right) \tag{3.22}$$

在该公式中，ω 是一个范围在 0 到 1 之间的一个强度系数，目的是保留图像中的部分雾气，使得图像带有一定的深度信息。

本章使用的大气光强估计方法是：首先计算 J^{dark} 图像中亮度值最大的前千分之一像素，将获取到的像素在原图像中对应像素集合中亮度最大的值作为大气光的估计值。此外，当环境中透射率特别低的时候，衰减项对应的相对很低，如果在此时直接计算去雾后图像，获取的 $J(x)$ 图像更接近于雾气图像，而不是我们希望获取的清晰图像。因此，在暗原色算法中设置了一个透射率的阈值 t_0 来防止去雾后的结果被过度放大，去雾后图像 $J(x)$ 可以通过公式(3.23) 进行恢复。

$$J(x)=\frac{I(x)-A}{\max(\tilde{t}(x),t_0)}+A \tag{3.23}$$

2. 透射率优化

何恺明博士提出的暗通道先验的图像去雾算法原理简单，易于实现，并且在户外场景下能取得较好的去雾效果，但该算法仍存在一些不足。为了提高该算法的实时性，使其更好地应用于地下管道场景，对透射率进行优化。

如果直接使用利用暗原色先验算法初步估计的透射率图进行清晰图像的恢复时，由于透射率的阻塞效应，去雾后的图像中会产生“块效应”，即在原始图像中的景深变化较大时，物体边缘部分会产生发白的光圈，这种现象产生的原因是在计算暗通道图时，在景深变化较大的地方像素值变化也较大，进而影响了计算结果，导致了对透射率图的不准确估计。何恺明博士最先提出的“软抠图” 方法和后续提出的引导滤波方法都具有较高的时间复杂度，虽然可以获得较为精细的透射率图，但是无法达到实时处理的效果。本章在综合考虑透射率图估计精细度和算法综合实时性能的同时，选用中值滤波算法对透射率图进行精细化操作，大大降低了整体算法的时间复杂度。中值滤波器估计的透射率图表达式如下：

$$\tilde{t}(p)=1-w\left(\frac{I'_{\text{med}}(p)}{A^{c}}\right) \tag{3.24}$$

$$I'_{\text{med}}(p)=\operatorname*{med}_{q\in\Omega(p)}(I_{\min}(q)) \tag{3.25}$$

根据公式(3.24) 和公式(3.25)，实验后发现在亮度值较高的区域会产生颜色对比度下降的情况，这是因为在原始场景中的明亮区域，利用暗原色先验算法估计的透射率图对真实场景透射率图的数据估计较少。在亮度值较高的区域，R、G、B 3 个颜色通道的图像

有很大的值，与大气光值非常接近，而且每个通道都有亮度的近似值，即使图像中存在雾气的干扰，也符合上述规律。因此，在使用中值滤波优化透射率图的过程中，本章引入了一个额外参数 K，通过比较 $|I(p)-A|$ 和 K 值来判断原始像素是否处于亮度值较高区域。当 $|I(p)-A|<K$，判断为高亮区，并对这些像素的透射率图进行优化，否则保持不变。但是在 $|I(p)-A|$ 的像素位置，有些颜色通道满足 $|I(p)-A|<K$，有些通道满足 $|I(p)-A|>K$。这样，3 个颜色通道计算出的透射率可能是不一样的，但实际上，不同颜色通道在同一像素位置上的透射率应该是相同的，这是造成颜色失真的主要原因。本章通过比较 $|M(p)-A|$ 和阈值 K 来判断图像中的像素点是否处于亮度值较高位置。当 $|M(p)-A|<K$ 时，可以将这些像素视为亮区像素，对这些区域的透射图进行校正，否则保持不变。该系统所采用的修正透射率可以用公式(3.26) 来表示

$$t(p)=\frac{K}{|M(p)-A|}\tilde{t}(p) \tag{3.26}$$

其中，$M(p)$ 为雾图像 $I(p)$ 对应的三通道灰度均值图像

$$M(p)=\frac{1}{3}\sum_{c} I^{c}(p) \tag{3.27}$$

现阶段，利用中值滤波算法优化透射率，能够在获取较为精细的透射率的同时，兼顾图像去雾算法的实时性能。利用排水管道机器人采集到的管道内部有雾视频图像进行暗原色先验处理，其原图、处理后的效果图、透射率图如图3.4 所示。

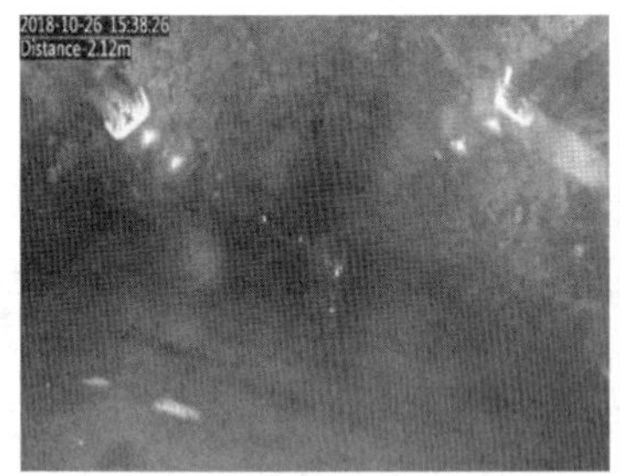

(a) 原图

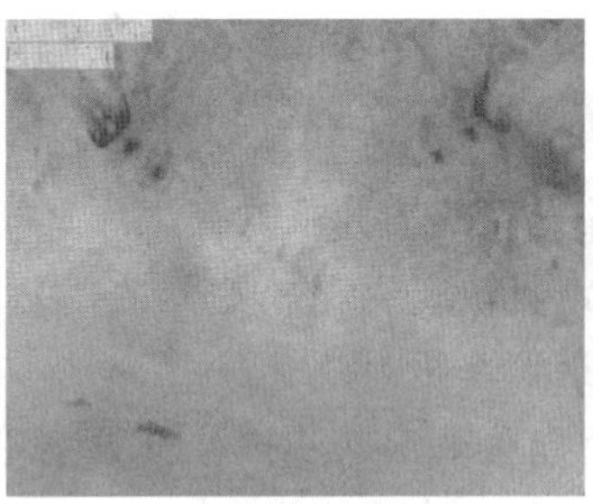
(b) 透射率图

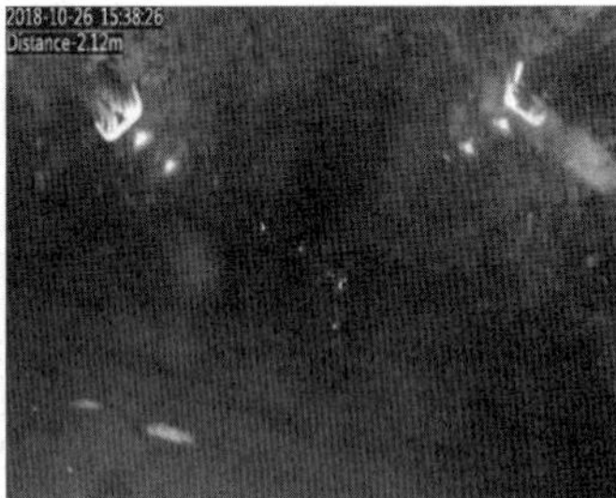

(c) 暗原色处理效果图

图 3.4　透射率图优化

由处理后的效果图可见，暗原色处理算法处理后的有雾图像去雾效果较好，但是其缺点也十分明显。其处理后的图像出现细节过暗，对比度不够，亮度较低的问题。

3. 大气光的自适应

在一幅带有天空场景的室外图像中，天空区域的亮度值通常是最高的，因此现有的室外环境去雾算法中通常选择整体像素值中最亮的一部分像素作为估计的大气光值。但是在管道环境中没有天空场景，管道环境图像中最亮的像素通常为机器人自带光源在机器人本体或者管壁的反射区域，在封闭的管道中，管道机器人通常采用单光源的照射方式，类似于点光源。然而，管道机器人的场景是动态的。当病害部位需要充分检查时，摄像机和照明设备会旋转，光源直接照射管壁。这使得拍摄图像的背景光更强。另外，在真实的管道环境中观察管道机器人传输的照片后，我们发现照明设备在机器人身上反射的光点更高。这种大气光值的估计算法严重影响了管道环境图像的大气光值估计准确度。

图 3.5 中标注的红色像素为暗原色算法大气光估计的参考像素。由于参考像素位于这些明亮的区域，用一个不准确的大气光参考值的结果来估计大气光，导致估计误差很大。大气光值通常采用的是原始图像中亮度值最高的像素，因为大量的雾会导致明亮的颜色，这种大气光值的估计方式显然不适用于管道环境下。为了准确估计大气光值，本章采用了一种改进的大气光估计方法。首先，将输入图像划分成 4 个矩形区域。接着，定义每个区域的得分，该得分由像素平均值减去该区域内像素值的标准差计算而得。然后，选择得分最高的区域，将其进一步划分为 4 个较小的区域。最后，重复上述过程，直到选定区域的大小小于预先指定的阈值。该大气光值估计算法可以根据场景的动态变化选择合适的大气光值，更适合于管道场景去雾中的大气光值估计过程，从而达到更好的去雾效果。

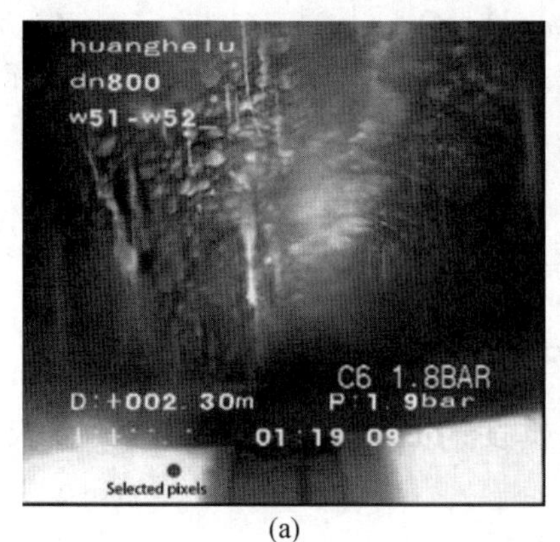

(a)

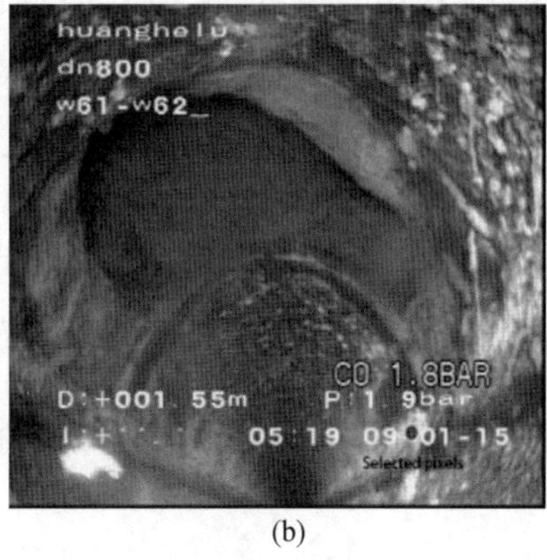

(b)

图 3.5　暗原色算法大气光值参考像素

3.3.2　基于多尺度 Retinex 策略的颜色恢复

1. 多尺度 Retinex 策略

人类视觉系统获取到的物体颜色主要取决于目标物体对于光线的反射能力。Retinex 理论是一个描述人类视觉系统对于目标物体颜色反射能力的理论。它解释了同一个物体如何在不同的光环境中保持颜色不变。暗原色先验图像恢复算法基于大气散射模型，往往会导致恢复图像颜色不平衡和整体变暗的现象。为了保持原始图像中不同颜色通道之间的原始关系，增强细节、颜色等方面，采用多尺度 Retinex 策略作为颜色恢复算法对恢复后的图像进行增强。

基于 Retinex 的图像增强算法能够对图像进行亮度和对比度的提升。模糊和亮度较暗的图像可以通过去除图像上的噪声干扰获取视觉效果良好和细节信息突出的清晰图像。对于细节不清、噪声影响较大的图像，增强处理过后的图像可以看出对比度明显，亮度适宜，细节突出，人眼视觉结果良好。

图像的视觉表现取决于两个部分：一是入射光源的照度分布，这对应于频域图像的低频分量；另一种是现场的反射特性，它对应于图像的高频成分在频域。该过程的数学表达式为

$$I(x,y)=R(x,y)L(x,y) \tag{3.28}$$

式中，(x,y) 为图像的二维坐标；R 和 L 分别为其反射图像和光照图像。

Retinex 增强手段的实质是去除或减弱图像中的照度分量，增强图像中的反射分量。由于对数域处理可以降低计算复杂度，且对数曲线近似于人眼对场景亮度的感知能力，因此将公式放入对数域进行处理

$$i(x,y)=r(x,y)+l(x,y) \tag{3.29}$$

式中，$i(x,y)=\log I(x,y)$，$r(x,y)=\log R(x,y)$，$l(x,y)=\log L(x,y)$。

研究表明，在原始图像的卷积过程中，高斯卷积函数会对卷积结果有帮助，因为高斯卷积函数使光照分量更加相似，对图像有更好的增强。这是一种单尺度 Retinex 策略，它已被用于处理初始去雾后的地下管道图像。数学表达式为

$$R_{SSR_i}=\lg Q_i(x,y)-\lg\{F(x,y)*Q_i(x,y)\} \tag{3.30}$$

式中，$i\in\{r,g,b\}$；Q_i 表示图像的颜色通道 i；R_{SSR_i} 表示颜色通道分量 i 的结果；$*$ 表示卷积过程，可用于场景中光照的估计。

$F(x,y)$ 表示高斯卷积函数，表示为

$$F(x,y)=P\exp\left(\frac{-(x^2+y^2)^2}{c^2}\right) \tag{3.31}$$

式中，c 为滤波器半径；P 为常数，由归一化条件 $\iint F(x,y)\mathrm{d}x\mathrm{d}y=1$ 决定。

为了解决单尺度 Retinex 的尺度和色彩保真度问题，将该策略推广到多尺度 Retinex，其公式为

$$R_{MSR}(x,y)=\sum_{n=1}^{N}\omega_n\{\lg Q(x,y)-\lg[F_N(x,y)*Q(x,y)]\} \tag{3.32}$$

式中，N 为总量表；ω_n 为量表结果的权重，满足归一化条件 $\sum_{n=1}^{N}\omega_n=1$。

2. 颜色恢复过程

为了解决经过多尺度 Retinex 策略后的图像颜色失真问题，采用颜色恢复方法对图像进行处理。该过程的表述如下

$$R_{MSRCR}(x,y)=C_i(x,y)R_{MSR}(x,y) \tag{3.33}$$

式中，$C_i(x,y)$ 为颜色恢复系数，公式为

$$C_i(x,y)=\beta\{\lg[\alpha Q_i(x,y)+1]-\lg[\sum_{i=1}^{3}Q_i(x,y)+1]\} \tag{3.34}$$

式中，α 和 β 为调节参数，β 为增益常数，α 为非线性强度的调节参数因子。

3.3.3 管道图像去雾算法流程与实时性分析

原暗通道先验去雾算法速度慢，不具备实时视频处理能力。如果将该算法应用于管道图像去雾系统中，对于分辨率小于 640 像素 × 480 像素的视频，系统可以通过改进算法实现实时去雾。然而，当处理 720 P 或 1 080 P 视频时，计算量大大增加，其中透射率优化过程最为明显。如果对视频中每一帧的透射率图进行优化，将难以实现实时处理。在研究中发现，由于视频通常为每秒 25 帧或 30 帧，帧间的透射率图分布变化很小，所以在处

理视频时不需要估计每一帧的透射率。为了对视频快速去雾，本章降低了计算基于像素的透射率的复杂度。此外，为了进一步降低复杂度，本算法在计算透射率时对输入图像进行下采样操作。

本实验运行在 Windows 10 操作系统、3.4 GHz 处理器频率和 16 G 系统内存的 PC 上。实验数据为城市地下管线图像。实验结果表明，改进的暗原色算法在不使用多尺度 Retinex 颜色恢复增强算法的情况下，能有效地达到去雾效果，且单帧处理时间仅为 15 ms，视频的帧数及其去雾效果如图 3.6 所示。

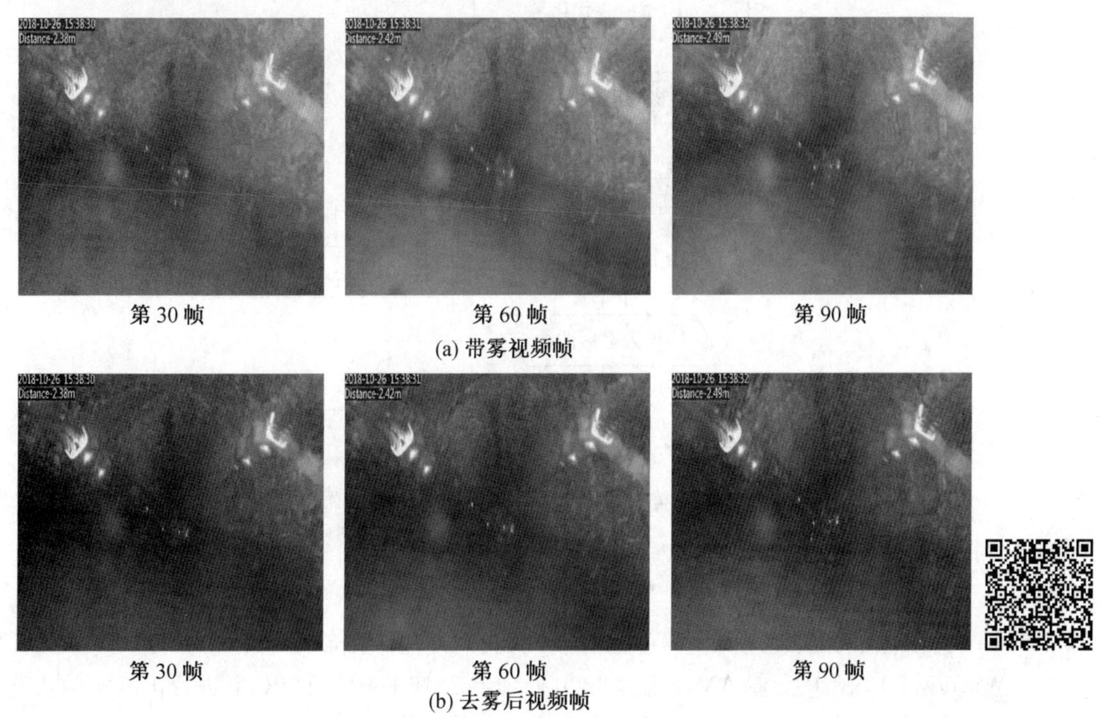

图 3.6　管道视频去雾效果图

针对视频去雾实时性的需求，对算法的流程予以优化，当需要达到实时去雾的要求时，采用基于暗原色的管道视频去雾算法。对于图像去雾效果和颜色恢复视觉可视化有较高要求的情况，采用带有颜色恢复的图像去雾算法。图 3.7 为管道视频去雾系统去雾算法流程图。

3.3.4　实验结果与分析

1. 数据准备

在实验数据的准备过程中，我们收集了城市地下管线视频约 60 段，从 5 个不同的城市段采集。这些视频的平均长度为 5 min，每个视频片段大约有 7 500 帧。这些真实的城市地下管线数据可以验证算法的有效性，并保证算法在未来应用到实际场景时将具有良好的去污效果，从而保证算法满足实际需求。

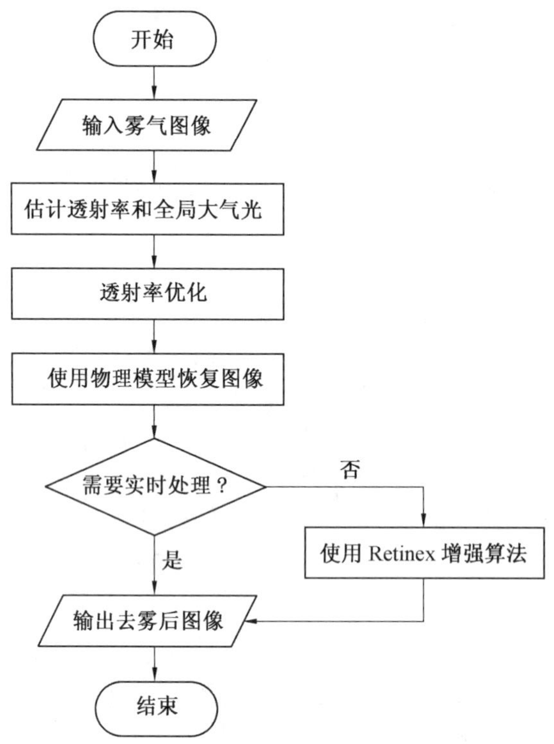

图 3.7　管道视频去雾系统去雾算法流程图

2. 性能分析

(1) 主观评价效果。

为了保证算法在现实世界中的有效性，我们使用 Visual Studio 2015 Professional 在 Windows 10 操作系统、AMD 锐龙 3600 处理器和 16 G 内存的 PC 上进行仿真实验。选取 4 幅具有代表性的典型图像进行实验比较。这些图像是从真实的地下排水管道环境中采集的，我们在大量的图像上进行了实验。同时，选取了一些浓雾图像进行对比，以体现算法在极端雾条件下的鲁棒性。在图 3.8 中，我们提出的方法对反射光源较强的图像有很好的处理效果。

(a) 原图

(b) 效果图

图 3.8　带有颜色恢复的去雾算法效果图

为了验证管道去雾算法在浓雾情况下的去雾鲁棒性，图 3.9 挑选了管道场景中带有重度雾气的图像，实验表明该算法在重度雾气条件下依然工作良好。

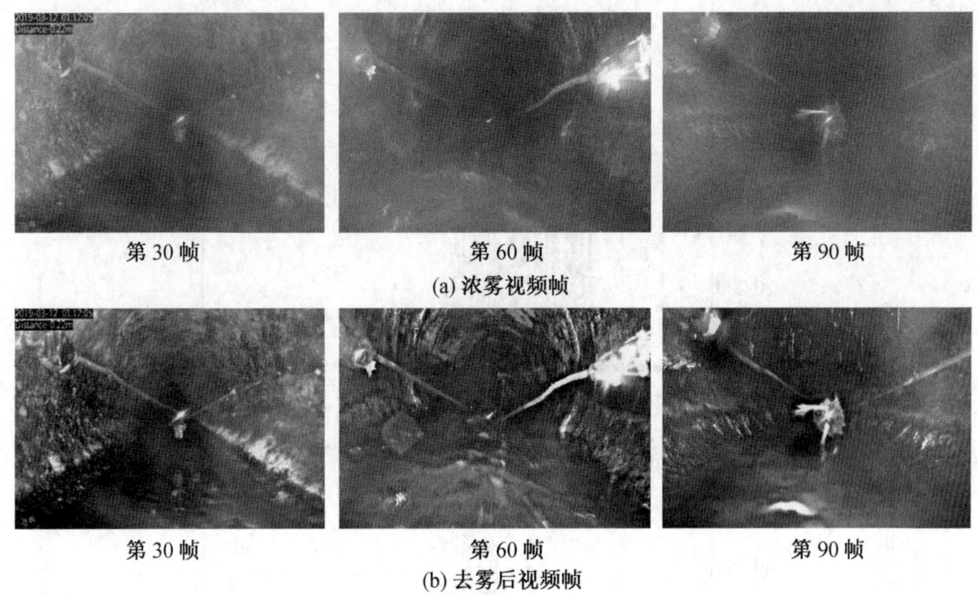

第 30 帧　第 60 帧　第 90 帧

(a) 浓雾视频帧

第 30 帧　第 60 帧　第 90 帧

(b) 去雾后视频帧

图 3.9　重雾管道视频去雾效果图

在图 3.9 中，对比了原始图像和效果图像的灰度直方图，结果表明，改进的暗原色去雾算法结合多尺度 Retinex 颜色恢复算法的管道图像去雾方法处理后的图像对比度增加，图像的清晰度明显。本章的图像处理结果足够好，克服了上述缺点，恢复后的图像可见性高，适合进一步的图像处理。

灰度直方图比较如图 3.10 所示。

(2) 客观评价结果。

用客观的评价标准来判断该算法去除雾霾的有效性。我们还进行了均方误差、峰值信噪比、信息熵和平均梯度的图像质量分析。均方误差（mean square error, MSE）是对图像处理的有效信息保留能力的度量，它表示输入图像和输出图像的均值方差。峰值信噪比（peak signal-to-noise ratio, PSNR）是描述最大像素值与噪声的比值，值越高，抗噪能力越强。图像的信息熵（IE）用于表示图像的平均信息量。图像的熵值越高，意味着图像包含的信息越多，细节也就越丰富。结构相似度指数测量（SSIM）用向量表示图像，用向量之间的余弦距离表示两幅图像之间的相似度，速度较慢，但更可靠。数据表明，该方法在管道场景中，去雾效果优于暗原色去雾方法。

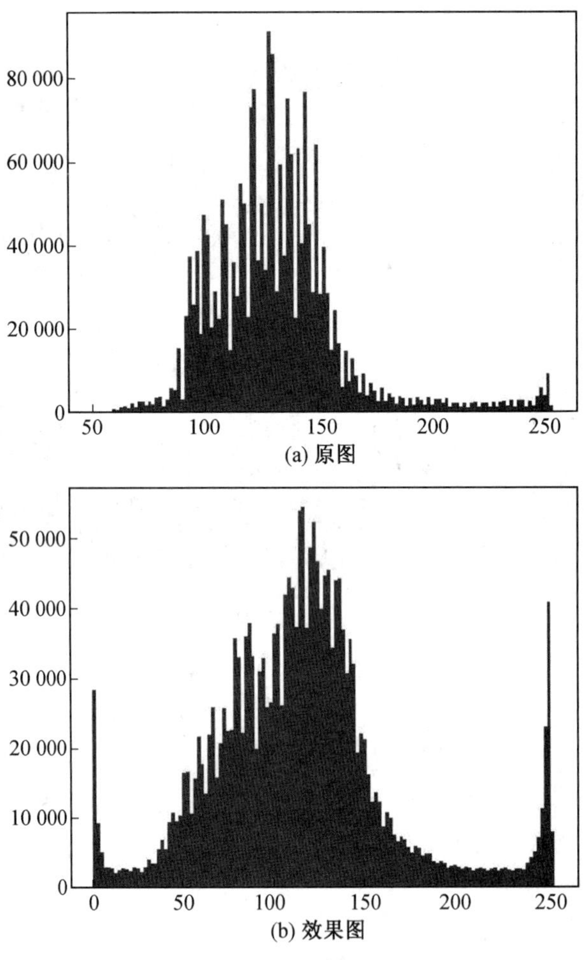

图 3.10　灰度直方图比较

在表 3.1 中，将本节提出的管道图像去雾算法与暗原色去雾算法进行比较，可以得出该方法在管道环境图像中取得良好的效果。

表 3.1　图像客观评价标准

方法	客观评价指标			
	MSE	PSNR	IE	SSIM
暗原色去雾算法	109.39	27.74	7.15/7.66	0.88
管道图像去雾算法	110.04	27.86	7.15/7.68	0.77

在黑暗、水雾、雾霾等复杂的管道环境中，去雾是管道图像处理与检测研究的一个热点研究课题。本节提出了一种基于大气散射模型和多尺度 Retinex 策略的算法。首先，利用阈值对模糊图像中的大气光进行选择；该算法利用估计的深度信息计算传输图，并将其代入大气散射模型中。为了克服图像对比度低的问题，增加了损耗补偿因子来改进透射率计算。此外，采用多尺度 Retinex 策略作为颜色恢复算法，对改进的暗原色方法进行

了增强,进一步提高了图像的清晰度。此外,使用多尺度 Retinex 策略与颜色恢复增强改进的暗原色方法,进一步提高图像的清晰度。我们在大量真实图像上进行了实验,这些图像中的雾度各不相同。该算法也适用于浓雾图像,体现了算法良好的鲁棒性。结合客观评价标准,在实际场景中验证了该方法的有效性。

3.4　基于深度学习的 DCPDN 管道图像去雾网络算法

传统的基于大气散射模型的去雾研究很多,在这些工作中,估计透射率图放在了比估计自然光更重要的位置,在 3.1 节中对于大气光的估计采用的是一种基于四叉树细分的分层搜索方法,由于在传统的方法中,缺少对自然光信息的像素级估计,也没有将透射率与大气光之间建立有效的联系,因此,为了解决透射率与大气光值之间缺乏联系、大气光值估计不够准确的问题,本节在去雾系统中引入了 DCPDN 去雾网络。该网络结构主要由金字塔形密集连接的透射率估计网络、大气光值估计网络、联合鉴别器 3 个模块组成。

3.4.1　DCPDN 去雾网络结构

1. 透射率估计网络

我们使用了密集连接的编码器解码器结构,利用多个将稠密块作为基本结构的卷积神经网络层。利用稠密块来确保网络的收敛。利用多尺度的金字塔特征提取模块细化全局特征的提取。为了利用预训练权重的 Dense-Net 卷积神经网络,网络采用第一个卷积层和前 3 个密集块,以及它们对应的下采样操作的预训练密集块作为编码器结构。编码部分末尾的特征大小是输入大小的 1/32。为了重建透射率图到原始分辨率,我们堆叠 5 个稠密块与上采样过渡层作为解码模块。此外,还对同一维的特征使用了连接。图 3.11 展示了所提出的金字塔稠密连接透射率估计网络。

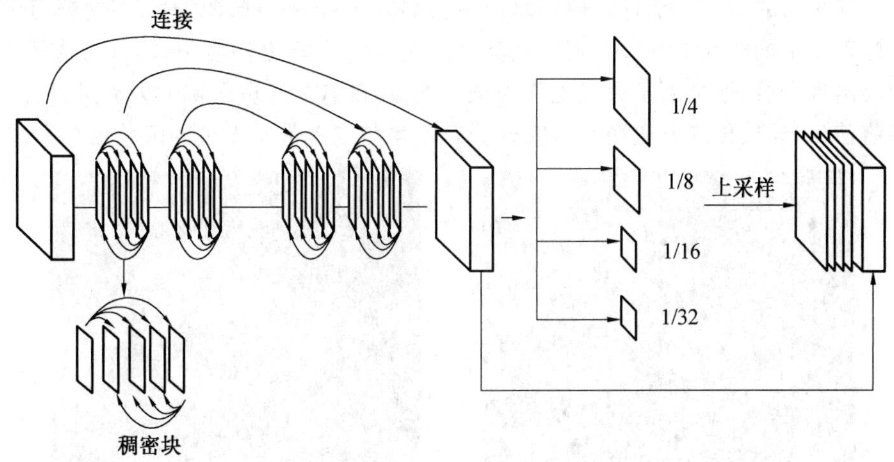

图 3.11　金字塔稠密连接透射率估计网络

尽管所提出的稠密编码解码器结构结合了网络内的不同特征，但仅由稠密结构产生的结果仍然缺乏不同尺度物体的“全局”结构信息。这可能是由于不同比例尺的特征没有被用来直接估计最终的透射率图。为了有效地解决这一问题，采用多层次的金字塔池化模块，以确保不同尺度的特征被嵌入到最终的结果中。这是受到在分类和分割任务中使用全局上下文信息的启发。与其使用非常大的池大小来捕获不同对象之间的更多全局上下文信息，还不如使用更多的“局部”信息来描述每个对象的“全局”结构。因此，采用池化大小为1/32、1/16、1/8和1/4的四级池化操作。然后，所有4个层次特征向上采样到原始特征大小，并在最终估计前与原始特征连接。图3.12为原图与透射率图的比较。

(a) 原图

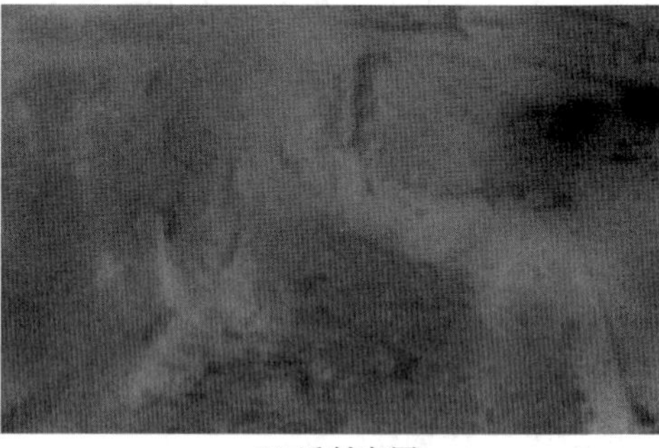

(b) 透射率图

图3.12　原图与透射率图的比较

2. 大气光值估计网络

在传统遵循雾气图像退化模型的去雾方法中，通常假设大气光图A是均匀的，预测的大气光A对于给定的图像是均匀的。也就意味着预测的A是一个全局变量，其中每个像素$A(z)$都有相同的值。因此，真实图像A与输入图像具有相同的特征大小，并且A中的像素被填充为相同的值。这也导致了传统方法在带有光斑的区域去雾效果不佳，缺少了对于大气光值的像素级估计。使用暗原色去雾方法对带有光斑的地下排水管道图像进行去雾处理效果如图3.13所示，可以观察到在地下排水管道环境中，雾气分布不均匀并且可能会出现光斑，但是由于大气光值为全局变量，没有为光斑区域的去雾进行针对性的大气光值估计，导致传统方法在针对雾气分布不均匀或者带有光斑的区域效果不佳。

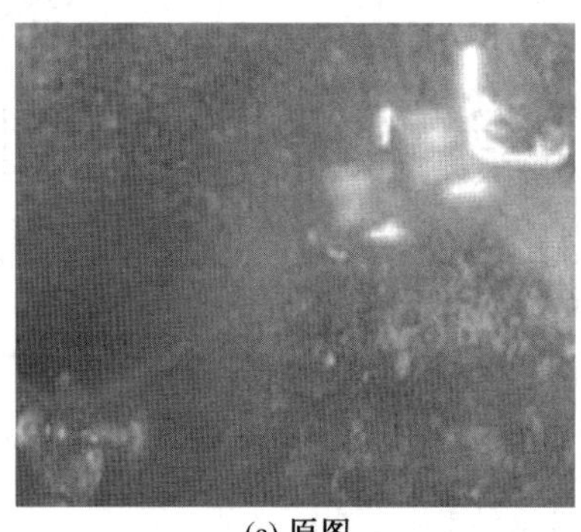

(a) 原图

(b) 效果图

图3.13　带有光斑的管道带雾图像处理效果

为了更准确地估计大气光值，将大气光值的估计精确到像素级，本节在网络中引入了 U－net 结构，U－net 大气光值估计网络如图 3.14 所示，是一个编解码结构，左半部分利用卷积、池化操作将输入图像进行下采样并提取相关特征。右侧部分为解码结构，对图片进行上采样操作直到恢复到原图的形状，最终给出针对每个像素的预测。

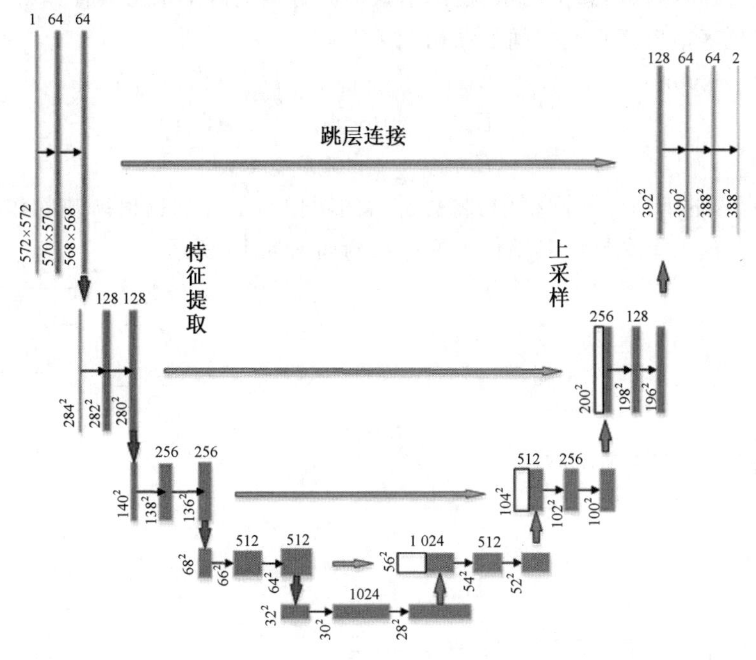

图 3.14　U－net 大气光值估计网络

在图 3.14 中，左半部分视作编码器，编码器包括 4 个子模块，每个子模块由两个卷积层组成，并在每个子模块之后通过最大池化实现下采样。从左至右的 5 个模块的分辨率依次为 572×572、284×284、140×140、68×68 和 32×32。在网络中引入了跳跃连接，将上采样的结果与编码器中具有相同分辨率的子模块的输出连接起来，作为解码器中下一个模块的输入。架构上的上采样过程涉及大量的特征通道，这些通道有助于将上下文信息传播到具有更高分辨率的层。因此，整体结构形成了一个 U 形，其中的拓展路径在一定程度上与收缩路径相对称。

在 U－net 结构中，没有设置全连接层，并且仅使用每个卷积的有效部分。分割映射仅包含输入图像中可以获取完整上下文像素的信息。这种设计允许通过重叠平铺策略对任意大小的图像进行无缝分割。

3. 生成对抗式网络

生成对抗式网络是近几年发展迅速的深度学习模型，该网络的主要思想是构建两个网络：一个是生成图片的网络，另一个则是判别网络。训练过程是生成网络和判别网络的博弈过程，在最理想的情况下，生成网络最终可以生成符合判别要求的图片。网络中增加了一个鉴别器来完善生成的透射率图和大气光值，该鉴别器的作用是让生成的透射率图和大气光值在博弈的过程中更加接近场景中的真实情况。

让 G_t 和 G_d 分别表示生成透射率图和去雾结果的网络。为了细化输出，并确保估计

的透射图 $G_t(I)$ 和去雾图像 $G_d(I)$ 分别与它们对应的真实图像 t 和 J 无法区分，DCPDN 网络利用了一种具有新型联合鉴别器的生成对抗式网络。

由于估计的透射率图像 $\hat{t}=G_t(I)$ 与去雾图像 $\hat{J}$ 结构信息高度相关。因此，为了充分利用这两种模式在结构信息上的依赖性，引入了联合鉴别器来学习联合分布，通过联合布局优化，可以更好地发挥它们之间的结构相关性。

$$\begin{aligned}\min_{G_t,G_d}\max_{D_{\text{join }t}} & E_{I\sim p_{\text{data}(I)}}[\log(1-D_{\text{join }t}(G_t(I)))]+\\ & E_{I\sim p_{\text{data}(I)}}[\log(1-D_{\text{join }t}(G_d(I)))]+\\ & E_{t,J\sim p_{\text{data}(t,J)}}[\log D_{\text{join }t}(t,J))]\end{aligned} \tag{3.35}$$

在本节引入的 DCPDN 网络中，将去雾后的图像与估计的透射率映射作为一对样本连接，然后将其送入鉴别器。其整体的网络结构如图 3.15 所示。

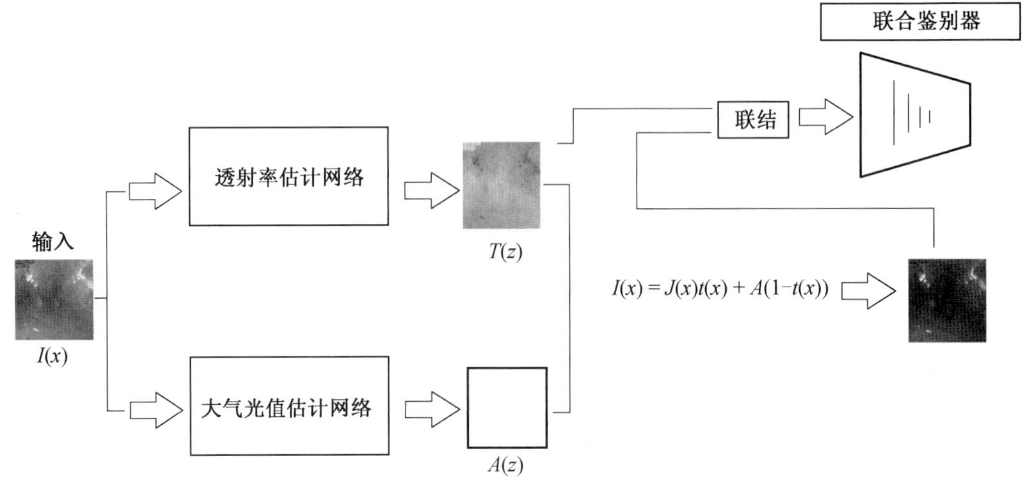

图 3.15　DCPDN 去雾网络结构

3.4.2　去雾模型损失函数设计

在损失函数中，欧几里得损失会造成最终去雾结果产生模糊。因此，如果仅对 l_2 损失的透射率图进行不准确的估计可能会导致细节的丢失，导致去雾图像中的残影现象。为了有效地解决这一问题，DCPDN 去雾网络提出一个新的损失函数，由 3 个不同的部分组成，定义如下：

$$L^E=\lambda_{E,l_2}L_{E,l_2}+\lambda_{E,g}L_{E,g}+\lambda_{E,f}L_{E,f} \tag{3.36}$$

式中，L^E 为整体保边损失；L_{E,l_2} 为 l_2 损失；$L_{E,g}$ 为双向梯度损失，$L_{E,g}$ 的定义如下：

$$L_{E,g}=\sum_{w,h}(\|(H_x(G_t(I)))_{w,h}-(H_x(t))_{w,h}\|_2+\|(H_y(G_t(I)))_{w,h}-(H_y(t))_{w,h}\|_2) \tag{3.37}$$

式中，H_x 和 H_y 分别为计算图像沿水平和垂直梯度的算子；w、h 为输出特征图的宽度和高度。

特征丢失定义为

$$L_{E,f}=\sum_{c_1,w_1,h_1}\|(V_1(G_t(I)))_{c_1,w_1,h_1}-(V_1(t))_{c_1,w_1,h_1}\|_2+\sum_{c_2,w_2,h_2}\|(V_2(G_t(I)))_{c_2,w_2,h_2}-(V_2(t))_{c_2,w_2,h_2}\|_2 \tag{3.38}$$

式中，V_i 表示 CNN 结构，c_i，w_i，h_i 是 V_i 中对应的底层特征的维数。

所提出的 DCPDN 网络结构使用以下 4 个损失函数：

$$L=L^t+L^a+L^d+\lambda_j L^j \tag{3.39}$$

式中，L^j、L^t 由损失 L^E 组成；L^a 由预测大气光时的传统 l_2 损失组成；L^d 为去雾损耗，也仅由 l_2 损失组成；λ_j 是一个常数。

L^j 为联合鉴别器损失，定义如下：

$$L^j=-\log(D_{\text{join }t}(G_t(I))-D_{\text{join }t}(G_d(I))) \tag{3.40}$$

3.4.3　实验结果与分析

1. 实验环境

为了验证算法的去雾能力，本节在 Ubuntu16.0.4 平台上对算法进行仿真实验。运行算法代码的计算机硬件配置为 AMD Ryzen 5 3600 6－Core CPU、16 GB 内存和 10 606 GB 显卡。算法仿真依赖的环境为 Python2.7、Pytorch0.3.1 框架、CUDA9 和 CUDNN7。

2. 模型训练

现有的网络模型通常使用公开的户外图像数据集，例如 NYU－depth2 数据集等，在本节中，使用自建的地下排水管道数据集进行网络模型的训练。

将地下排水管道带雾数据集中的 1 000 张图片利用公式(3.1)合成 4 种不同大气光值的雾气图像，组成 4 000 张图像的训练集进行网络模型的训练。同样的，测试集由 400 张不同大气光值的图像组成。

对于模型训练，将 $\lambda_{E,l_2}=1$，$\lambda_{E,g}=0.5$，$\lambda_{E,f}=0.8$ 代入损失函数中估计透射率图，将 $\lambda_j=0.25$ 用来优化联合鉴别器。网络模型在经过 400 000 次网络迭代后，网络模型中的各参数得到验证。

3. 性能分析

(1) 主观评价效果。

本节主要内容是对管道雾气图像进行清晰化处理，对本节所提出的算法进行实验验证。在实验数据的准备过程中，我们收集了城市地下管线视频约 60 段，从 5 个不同的城市段采集。这些视频的平均长度为 5 min，每个视频片段大约有 7 500 帧。这些真实的城市地下管线数据可以验证算法的有效性，并保证算法在未来应用到实际场景时将具有良好的去雾效果，从而保证算法满足实际需求。

(2) 客观评价结果。

用客观的评价标准来判断该算法去除雾霾的有效性。还进行了均方误差、峰值信噪比和平均梯度的图像质量分析。均方误差(mean square error，MSE)是对图像处理的有效信息保留能力的度量，它表示输入图像和输出图像的均值方差。峰值信噪比(peak signal-to-noise ratio，PSNR）是描述最大像素值与噪声的比值，值越高，抗噪能力越强。结构相似度指数测量（SSIM）用向量表示图像，用向量之间的余弦距离表示两幅图像之间的相似度，速度较慢，但更可靠。

DCPDN 网络去雾效果如图 3.16 和图 3.17 所示。图像客观评价标准如表 3.2 所示。

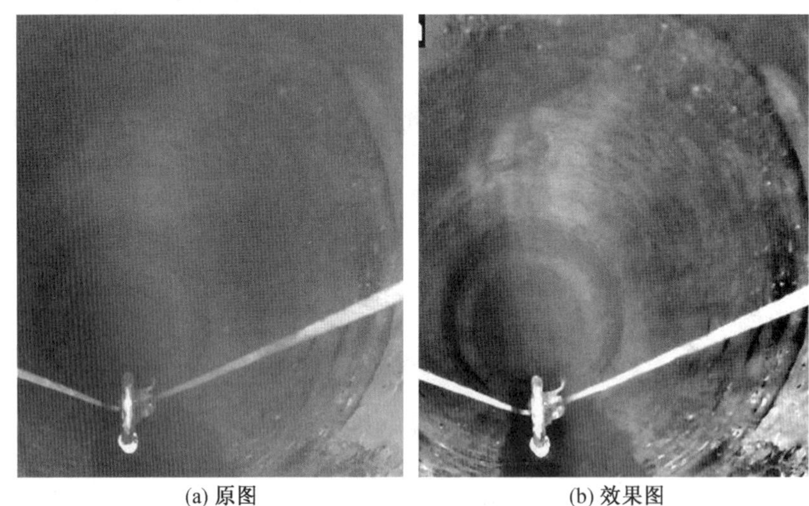

(a) 原图　　(b) 效果图

图 3.16　DCPDN 网络去雾效果

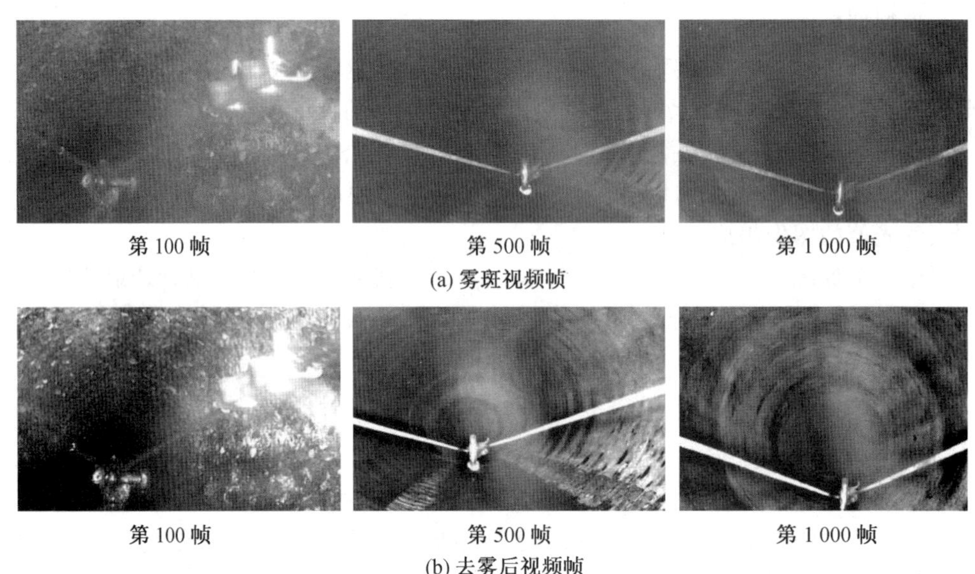

第 100 帧　　第 500 帧　　第 1 000 帧

(a) 雾斑视频帧

第 100 帧　　第 500 帧　　第 1 000 帧

(b) 去雾后视频帧

图 3.17　DCPDN 网络去雾效果

表 3.2　图像客观评价标准

方法	客观评价标准		
	MSE	PSNR	SSIM
暗原色去雾算法	109.39	27.74	0.88
基于暗原色先验和多尺度 Retinex 的管道图像去雾算法	110.04	27.86	0.77
基于深度学习的 DCPDN 管道图像去雾网络算法	106.81	28.98	0.75

通过主观去雾效果和客观评价标准比较，DCPDN 深度学习去雾算法可以取得良好的去雾效果，相比较于第 3 章中提出的改进暗原色的传统图像去雾算法，深度学习方法在不均匀雾气和带有光斑的带雾图像中，表现更佳。本节介绍的是一种新的基于端到端的深度学习去雾算法，该网络模型将公式(3.1) 直接嵌入网络中进行优化，并且使用 GAN 来将透射率图像与大气光值进行联合训练。此外，针对边缘亮度值的不连续的情况提出了损失函数。该网络模型将透射率与大气光值通过联合训练建立了联系，相较于传统方法中的独立估计，DCPDN 方法将大气光值从全局大气光优化到针对每个像素独立估计大气光值，并且构建了一个端到端的图像去雾模型，实验证明，该模型能够在管道环境中取得良好的去雾效果。

第 4 章　排水管道图像修复技术

由于管道环境复杂，众多障碍物层出不穷，无绳索牵引的机器人往往难以依靠自身能力顺利穿越障碍。因此，在现阶段，大量管道机器人仍采用具有较强机械拉力的绳索拖拽式动力源。这种拖拽式排水管道机器人使用计算机视觉技术，通过搭载摄像头捕捉人眼可能看不到的堵塞物、裂缝等病害信息。由于排水管道机器人在真实管道环境内（大部分为混凝土管道）采集图像时，会展开机械部件以抓住管道内壁不断前行。然而其自身的机械构造特点会导致其采集图像存在部分区域被机器人元件遮挡的问题，进而影响后期病害检测系统对图像的分析和判断。因此，需要尽量还原被遮挡区域部分原本的管道内壁情况，获取排水管道遮挡修复的结果，进而达到最终可以清晰检测识别管道中裂缝、破损等病害的目的，为后续管道病害检测提供基础支撑。

4.1　排水管道图像修复算法综述

4.1.1　排水管道图像修复的主要问题

由于排水管道环境复杂，采集到的数据差异较大，既存在障碍物遮挡又有水汽模糊镜头，单种增强方法往往难以应对复杂的管道环境，不能取得很好的效果。本书为解决以上问题，将联合多种图像增强和修复方法共同对排水管道数据进行预处理，以适应复杂多变的管道环境。遮挡情况往往如图 4.1(a) 所示，其中绿色标出的部分是由绳索造成的图像遮挡区域，红色标出的部分是由机器人连接件造成的遮挡区域。本书研究的目的是尽量还原被遮挡区域部分原本的管道内壁情况，获取如图 4.1(b) 所示的排水管道遮挡修复的结果，为后续管道病害检测提供基础支撑。

(a) 排水管道遮挡图

(b) 排水管道遮挡修复图

图 4.1　排水管道遮挡图像修复前后

4.1.2　基于传统方法的图像修复算法

图像修复的本质是为图像缺失像素的部分生成合理的内容进行填充。其典型应用包括老旧照片修复以及移除图像中不需要的对象等。本研究中的排水管道图像遮挡修复问题，其本质就是在识别出排水管道图像被遮挡的区域的基础上，采用修复模型在对应缺失像素的位置生成合理的填充内容。如图 4.2(a) 所示，图中白色部分为分割阶段标出的被遮挡区域，修复模型的任务是以左图中未被遮挡的非白色区域像素为已知条件，生成用于填充白色区域的像素，使得整体视觉效果和谐一致，如图 4.2(b) 所示。

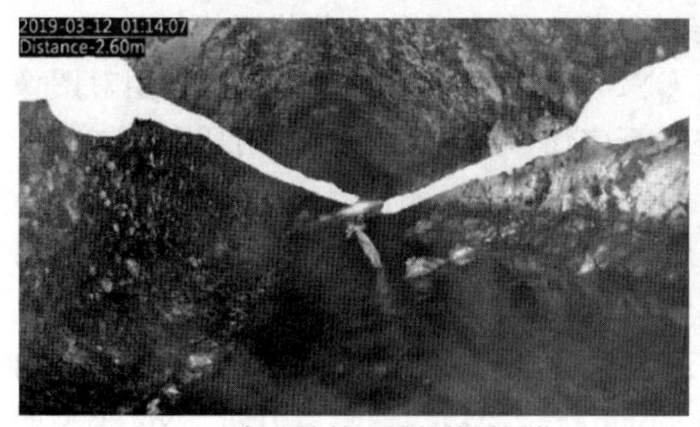

(a) 标出遮挡区域的管道图像

(b) 输出修复后图像

图 4.2　管道图像中造成遮挡的连接件部分

传统的图像修复方法，按照修复时采用的依赖信息源可以分为图像内部参考修复和图像外部参考修复，其中图像内部参考修复是指通过只参考输入图像内的可见部分像素信息，填充缺失区域。其主流方法包括基于扩散和基于补丁两种。基于扩散的方法仅使用缺失孔洞邻域像素填充缺失部分，导致这些方法只能处理背景修补任务中的小孔，并且难以把握图像中一些长距离依赖的结构信息。而基于补丁的方法则可以克服基于扩散方法的局部局限性，通过从源图像的未损坏区域搜索和复制相似的图像补丁来填充目标区域。并且这种利用远程信息来恢复缺失区域的方法对一些大面积的缺失区域处理效果也更佳。

以上两种方法都有一个共同的缺点是在原样照抄图像中可见部分的内容，无法生成可见部分中没有的独特内容。除此之外由于无法参考图像的高级语义结构信息，常常导致不合理的生成结果。

为了改善这些问题，早期的图像外部参考修复方法希望借助大数据集的统计信息进行修复。比如 Hays 和 Efros 应用图像检索方法直接从一个巨大的数据集中搜索最相似的图像，然后通过从检索图像中删除相应的区域并粘贴到缺失的区域来填充新的内容。但是，这不仅要求数据集足够大，以包含类似于任意掩蔽输入图像的图像，还要考虑到每一张待修复图像都要为此支付的查询成本。

最重要的是以上传统方法把修复问题的核心看作是一个在不同的可参考数据空间里按照一定的公式进行机械的相似度比对，并且据此进行复制粘贴的过程。这大大限制了修复操作的实际泛化性和生成的图像质量。即便为了改善复制粘贴带来的图像边缘质量问题，再进行一次额外图像融合操作，也往往无法得到期望的修复效果，并且还带来了另外一次计算开销。

4.1.3 基于深度学习的图像修复算法

近年来，受益于深度学习的蓬勃发展，一些基于 CNN 的方法也被应用于对缺失区域进行预测。Pathak 首先将对抗性学习应用于图像的修复，在大规模的数据集上训练之后的模型，在提取可见部分像素的上下文信息后生成填充信息。Iizuka 在常规的图像判别器外，还引入了一个额外的判别器来执行局部一致性。Liu 设计了部分卷积和门控卷积以减少正常卷积造成的视觉伪影。为了生成合理的结构和纹理，Nazeri 使用边缘图作为结构信息来指导图像的修复。CTSDG 把图像的纹理和结构解耦，分别进行修复并融合。尽管这些 CNN 的方法取得了许多成就，但其 CNN 固有的局部归纳先验使得模型对图像的全局结构建模困难，且 CNN 滤波器具有空间不变性，即相同的卷积核对所有位置的特征进行操作。这会导致生成的结果中出现明显的重叠的图案或模糊的伪影。除此之外，这些基于方法对每个输入只产生一个最佳结果。它们的重点是重建而不是创造合理的结果，使得修复的性能一直存在这种瓶颈问题。

最近，由于 Transformer 的优异表现，一些方法将 CNN 和 Transformer 的混合架构应用于图像的修复。ICT 作为第一个把 Transformer 全局结构理解能力和 CNN 模型的局部纹理细化能力和效率结合起来的模型，对图像修复的精度和多样性取得了前所未有的成就。在此基础上 TFILL 在使用部分卷积，并减少了初次量化造成的损失上进一步提升了修复效果。VQGAN通过基于CNN的自动编码器或者 VIT 的补丁式映射，获得尽可能多的图像信息的标记表示，随后变换器在此基础上推导出对应于缺失区域的标记，最后将所有标记送入解码器以重建修复的完整图像。显然，保留更多信息的标记可以在推理阶段提供更好的支持，同时最大限度地减少重建损失，使得生成的图像更接近原始真实图像。

然而，这两种方法在处理实际应用中最常见的不规则随机待修复区域的图像时，在生成的结果与可见的原始图像进行像素级融合后，仍有一些轻微的色差、伪影和不协调的边缘。为了改善管道内斑驳的图像细粒度纹理修复精度问题，本章重点研究基于深度学习的管道图像修复算法，将在下文详细描述。

4.2 排水管道图像修复算法基础

4.2.1 基于线性灰度变换的管道图像增强算法

线性灰度变换增强技术是对图像像素灰度值的处理，所以要先将采集到的原始数据处理为灰度图。由于摄像机在光照不均、曝光不均或者环境存在雾气时，采集的图像灰度值分布范围会局限在一个很小的范围内，会导致图像中的细节信息难以辨识，所以我们通过线性灰度变换方法对图像进行处理，拉高其对比度范围，这将对图像的显示效果有着很大的改善。线性灰度变换的公式一般为

$$g(x,y)=f(x,y)*C+R \tag{4.1}$$

式中，$f(x,y)$ 代表输入的像素的灰度值；$g(x,y)$ 是最后想要得到的图像灰度值；C 和 R 的值需要先考虑出想要得到的图像的灰度值范围然后计算得出。

$[f_{\min},f_{\max}]$ 是原始数据中像素灰度的最大值和最小值，$[g_{\min},g_{\max}]$ 为输出的图像数据中像素灰度值的最大值和最小值，那么变换公式为

$$g(x,y)=\frac{f(x,y)-f_{\min}}{f_{\max}-f_{\min}} * (g_{\max}-g_{\min})+g_{\min} \tag{4.2}$$

如图 4.3 所示，原始的管道数据的灰度分布范围大都在[100－200]，在线性灰度变换处理之后，原始数据的灰度分布拉伸为[50－200]。该方法在一定程度上可以去除雾气对图像数据的影响，但不是从雾气产生机理上解决问题，去雾的效果距离理想效果还有一定差距。该方法在去雾时有一定副作用，容易引起图像的过度增强导致图像失真。

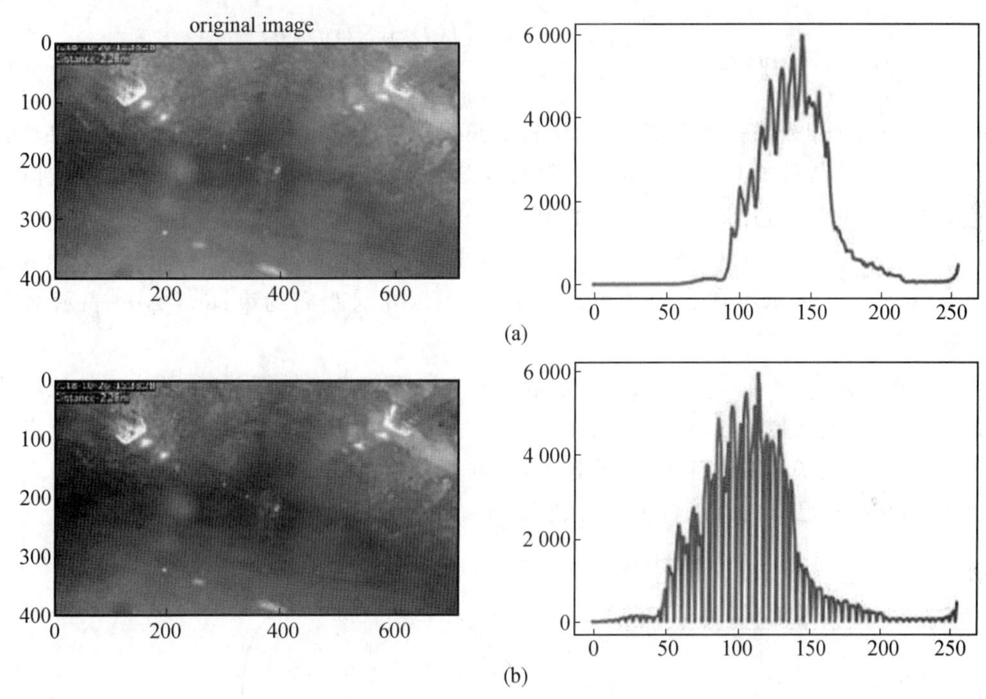

图 4.3　线性灰度变换增强

4.2.2　基于快速行进的管道图像修复算法

管道机器人使用绳索作为动力源前进，导致管道机器人采集的排水管道图像数据中存在缆绳干扰，影响病害的边缘信息。一些人认为该种动力方式可以被改进，动力的来源可以更换为动力轮，来自动向前行进。然而管道内部环境十分复杂，一旦前方存在较大的堵塞物，那么用该种动力方式的机器人很难依靠自身的力量去越过障碍。因此，绳索动力源的方法还将继续存在一段时间。所以排水管道数据进行图像修复显得十分必要。

快速行进修复算法是一种性能良好的图像修复算法。该算法的基本思想是：找到图像中的待修复区域，然后顺着该区域的边界一圈一圈逐个像素地向内推进直到完成整个图像的修复。首先解释一下算法中的参数，Ω 是图像的破损区域，也可以是自定义的想修

复的区域，$\partial\Omega$ 是待修复区域和外部完好区域的边界线。快速行进的本质是求解 Ω 区域内所有的像素点到 $\partial\Omega$ 边界的距离 T，并根据 T 的大小确定行进顺序，然后不断修复直到 Ω 内所有像素都被修复。

如图 4.4 所示，对于一个破损区域 Ω，在该破损区域边界 $\partial\Omega$ 上的破损点 p 创建一个邻域 $B_\varepsilon(p)$。如公式(4.3)，通过统计在这个范围内所有的已知的像素点 q 来计算出像素点 p 的灰度值

$$I_q(p) = I(q) + \nabla I(q)(p - q) \tag{4.3}$$

式中，$I(q)$ 是像素点 q 的灰度值；$\nabla I(q)$ 是像素点 q 的梯度值。

要想计算出 p 的灰度值就需要把该范围内所有的完好的像素点的信息代入 $B_\varepsilon(p)$ 区域中。该区域中的像素点在计算中没有固定的权重，因此采用如下公式来计算：

$$I(p) = \frac{\sum_{q \in B_\varepsilon(p)} w(p,q)\left[I(q) + \nabla I(q)(p - q)\right]}{\sum_{q \in B_\varepsilon(p)} w(p,q)} \tag{4.4}$$

式中，$w(p,q)$ 代表像素的权值函数，该权值函数用来计算出邻域 $B_\varepsilon(p)$ 中各个像素的贡献的大小。其结果参考了破损点 p 的等照度参数，破损点 p 参数在被计算求解的过程中，使用该方法可以保证部分纹理数据的保留。$w(p,q)$ 函数的定义如下：

$$w(p,q) = \mathrm{dir}(p,q) * \mathrm{dst}(p,q) * \mathrm{lev}(p,q) \tag{4.5}$$

式中，$\mathrm{dir}(p,q)$ 表示纹理方向约束；$\mathrm{dst}(p,q)$ 表示几何距离约束；$\mathrm{lev}(p,q)$ 表示水平集约束。

其意义如下：$\mathrm{dir}(p,q)$ 含义是点 p 和点 q 在纹理信息上的相关度，两个点的纹理越相似，那么相关度就越高。$\mathrm{dst}(p,q)$ 体现了点 p 和点 q 的几何距离的关联程度，两个点的距离越小，那么关联程度就越高；距离越大，关联程度就越低。$\mathrm{lev}(p,q)$ 代表了已知点对其的影响，越靠近已知的点该权值就会越大。

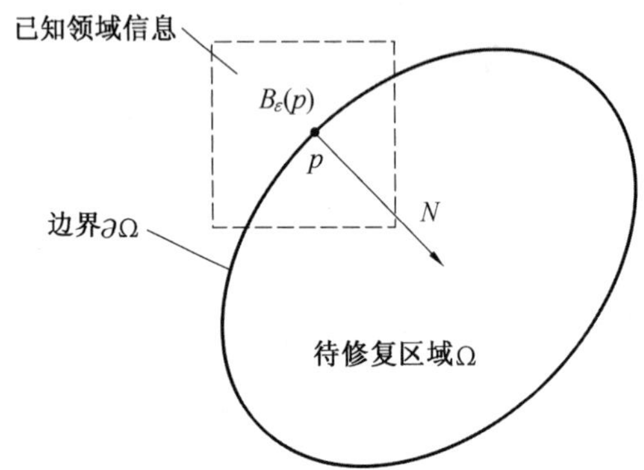

图 4.4　FMM 算法基本原理

以上 3 个约束的公式为

$$\begin{cases} \mathrm{dir}(p,q)=\dfrac{p-q}{\| p-q \|}\cdot N(P) \\ \mathrm{dst}(p,q)=\dfrac{d_0^2}{\| p-q \|^2} \\ \mathrm{lev}(p,q)=\dfrac{T_0}{1+| T(p)-T(q) |} \end{cases} \tag{4.6}$$

式中，d_0 与 T_0 分别为距离约束参数和水平集约束参数。

这两个参数默认值设置为 1。$\mathrm{dir}(p,q)$ 纹理相关度可以使得越靠近发现 $N=\nabla T$ 的已知像素点的贡献越大。$\mathrm{dst}(p,q)$ 几何距离关联度可以使得离破损点 p 更近的已知点在灰度值更新的计算中占有更大的权值。$\mathrm{lev}(p,q)$ 已知信息可以使得在边界 $\partial\Omega$ 的外部，越是靠近该边界越有更大的贡献。

FMM 算法依据 T 域的计算获取等照度线方向的更新，为了保证修复的过程中从初始边界 $\partial\Omega$ 开始，并且排除掉与修复无关的像素，需要在图像待修复区域的边界 $\partial\Omega$ 两侧计算出一个距离宽度 T。由以上计算得出，利用领域 $B_\varepsilon(p)$ 内的已知像素可以得到像素点 p 的灰度值，则在边界区域 $\partial\Omega$ 的外侧同时也要在 $T\leqslant\varepsilon$ 的限定范围内计算得到 T_{out}，那么使用如上方法在 $\partial\Omega$ 的里侧进行同样的计算就可以得到 T_{in}，以上步骤把 T 域内外的所有范围都包含了进来。这样就确保了 FMM 算法是在待修复区域边界 $\partial\Omega$ 两侧宽度为 ε 的区域上进行图像数据修复。T 域的定义为

$$T(p)=\{T_{\mathrm{in}}(p), p\in\Omega - T_{\mathrm{out}}(p), p\notin\Omega \tag{4.7}$$

在大量科研人员实验后得出 $B_\varepsilon(p)$ 中 ε 的值设置为 3 ～ 10 个像素比较好，设置为该值会在修复速度和质量之间取得平衡。

图 4.5 为从两端视频中截取出的排水管道图像修复示意图，可以看出快速行进算法（FMM）可以有效地去除绳索干扰，但是其对纹理的填充效果一般，并且修复区域有明显的边缘干扰。

4.3　基于计算机视觉的排水管道遮挡分割算法

管道机器人对管道内壁遮挡部分主要包括两个组件：绳索部分和连接件部分。由于管道环境中的机器人具有独特的语义特征，并且可用的标注数据量相对较少，如果不将这两部分拆分，就需要投入大量人力和物力进行标注。此外，通常的分割模型对于结构复杂的目标识别精度较低，而对于结构简单、清晰、一致的目标则较高。本书的最终目标是修复图像，因此分割要求仅需尽可能覆盖定位区域。基于此，在分割阶段本书采用解耦合并方法处理管道图像的分割问题。

首先，4.2 节介绍了管道绳索的分割算法，其生成的绳索掩码如图4.6(a) 所示（其中白色为管道图像遮挡部分）。然后，4.3 节介绍了本书设计的基于可变形卷积的机器人连接件分割算法，其生成的连接件掩码如图 4.6(b) 所示。绳索分割掩码和连接件分割掩码单纯相加合并之后如图 4.6(c) 所示，尽管其定位出遮挡物的粗略范围，但绳索部分和连接件部分连接处仍然可能存在缝隙。为尽可能覆盖到图像中所有的被遮挡区域，本书对

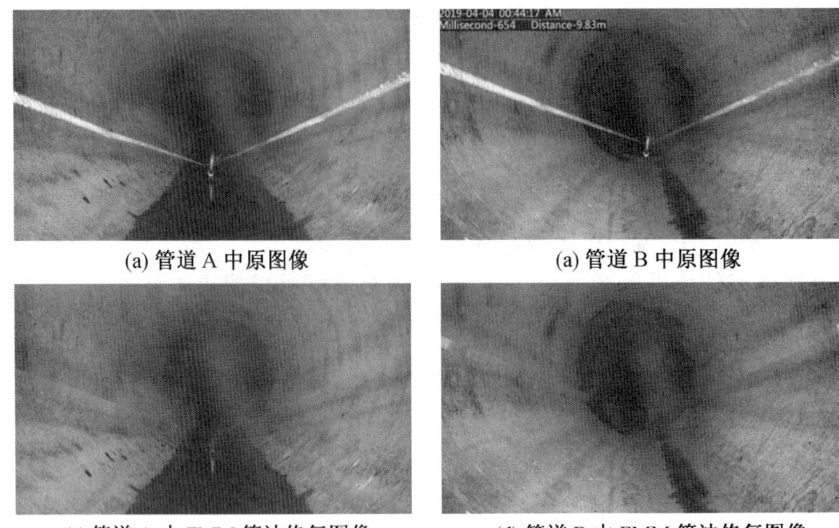

(a) 管道 A 中原图像　(a) 管道 B 中原图像

(c) 管道 A 中 FMM 算法修复图像　(d) 管道 B 中 FMM 算法修复图像

图 4.5　FMM 修复算法结果

绳索分割掩码和连接件分割掩码合并之后图像进行形态学操作，获取的整幅图像中全部遮挡区域的信息掩码图如图 4.6(d) 所示。形态学操作前后的差别如图 4.6(e) 所示，可以看出，形态学操作后的掩码图更为接近真实标准掩码图像，如图 4.6(f) 所示。

随后本章分割模型使用的损失函数和实验结果与分析将分别于 4.3.4 节、4.3.5 节介绍。

4.3.1　基于 CLIPSEG 的绳索分割算法

为降低标注成本，本书使用 CLIPSEG(image segmentation using text and image prompts) 模型分割造成管道遮挡的绳索组件，这些组件具有常见语义信息。如图 4.7 所示，模型输入包括要分割的查询图像和用于告知模型分割目标的文本查询提示。CLIPSEG 模型由冻结的 CLIP Visual Transformer 网络 T_{text}、冻结的 CLIP Text Transformer 网络 T_{vision} 和 De_{seg}(CLIPSeg Decoder 解码器)3 个主要部分组成。T_{text} 用于提取查询图像特征，T_{vision} 用于提取文本提示特征，De_{seg} 通过类 U－Net 的跳跃连接结合文本提示和查询图像特征生成分割掩码图。T_{text} 和 T_{vision} 采用的主干网络是包含 12 个 Transformer 块的 ViT－B/16，T_{vision} 指定了其中的 N 个激活块 $V_i(i=1,2,\cdots,N)$，用于与 De_{seg} 交换信息，因此，De_{seg} 也只包含 N 个 Transformer 块记为 $D_i(i=1,2,\cdots,N)$。本书实际使用的 N 为 3，分别是 T_{vision} 中的第 3、5、7 个 Transformer 块。

具体来说，输入文本提示 t 到 T_{text} 提取特征后，被映射到与 De_{seg} 令牌相同维度的空间中记为 T。而 T_{vision} 在获取输入的遮挡图像 $x \in R^{W\times H\times 3}$ 后，首先将 V_N 的输出与 T 一起输入到 De_{seg} 中的条件网络层，将文字提示信息和查询图像信息结合起来，输出内含分割目标条件限制的 d，随后 d 被输入 D_1，其输出再与 V_{N-1} 进行跳跃连接，连接后的结果作为 d_2 的输入，直到最后一个 D_N 的输出通过映射层输出最终的分割结果 $m_1 \in \{0,1\}^{H\times W\times 1}$

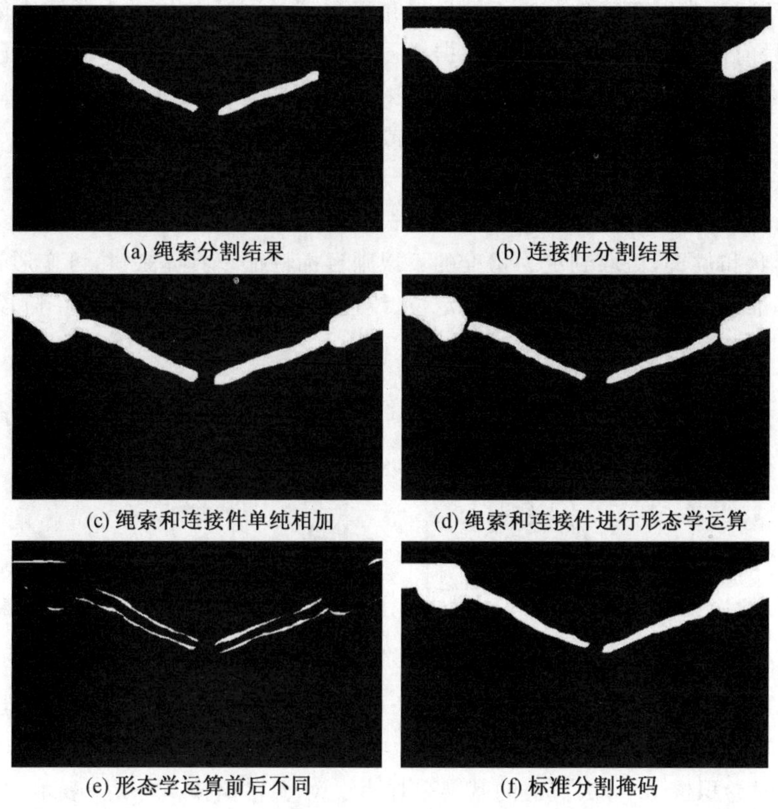

(a) 绳索分割结果
(b) 连接件分割结果
(c) 绳索和连接件单纯相加
(d) 绳索和连接件进行形态学运算
(e) 形态学运算前后不同
(f) 标准分割掩码

图 4.6　分割模型的分割目标和流程

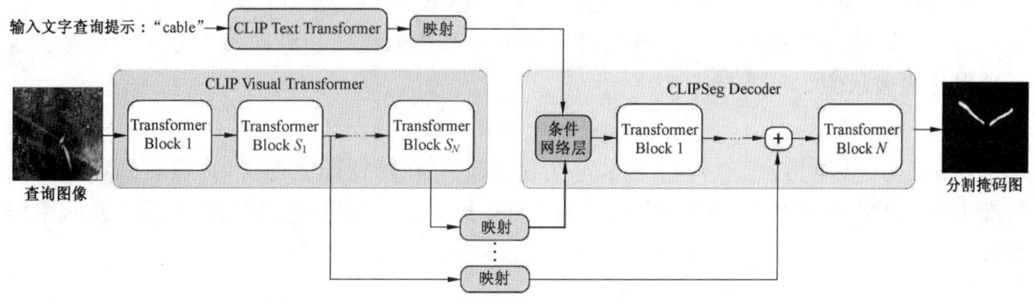

图 4.7　基于 CLIPSEG 的绳索分割算法

(1 表示此处像素属于绳索类,反之为 0)。其公式表示如下:

$$T = \mathrm{T}_{\text{text}}(t) \tag{4.8}$$

$$m_1 = \mathrm{De}_{\text{seg}}(\mathrm{T}_{\text{vision}}(x), T) \tag{4.9}$$

4.3.2　基于可变形卷积的机器人连接件分割算法

可变形卷积是一种新型的卷积方法,旨在解决传统卷积神经网络处理不规则形状图像时遇到的问题。在传统卷积操作中,每个卷积核只能固定覆盖固定形状的区域,因此难以获取不规则物体比较精准的特征,这导致网络在进行不规则物体(比如本书的连接件)

的识别和分割时，难以精确地判断不同场景和视角下的同一物体。为了解决传统卷积的这个问题，目前常规的解决方法包括数据增强和设置针对几何变换不变的特征或算法(例如 SIFT 和滑动窗口)。然而，这些方法都存在一些局限性。数据增强的样本局限性会导致模型的泛化能力不佳，而手工设计的特征或算法无法处理过于复杂的变换。最近，可变形卷积提供了一种更合适的思路来解决这个问题。可变形卷积通过一个额外的卷积层，预测基准采样点的偏移量，使得卷积核可以根据输入图像的几何结构进行变形，以适应不同的物体形状和位置，提取到更为精准的不规则目标特征。具体来讲，可变形卷积的实现关键分为基准采样点定位、偏移采样点定位、线性插值，以及卷积计算四个阶段，如图 4.8 所示。

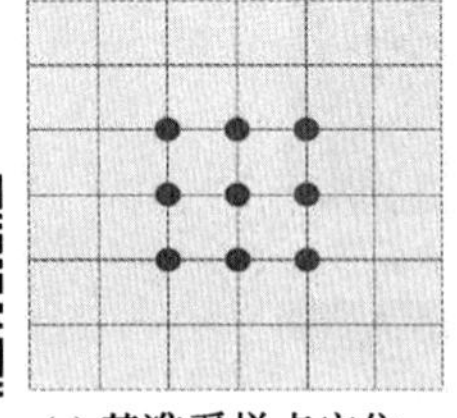
(a) 基准采样点定位

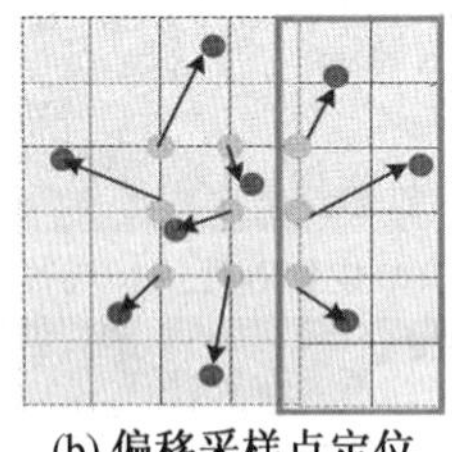
(b) 偏移采样点定位

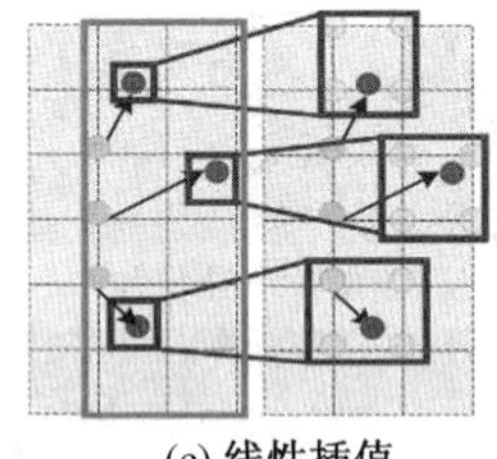
(c) 线性插值

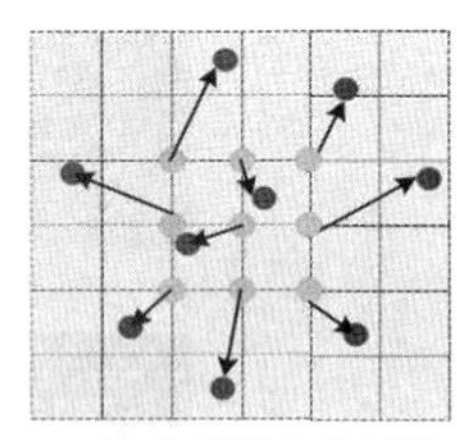
(d) 偏移采样点特征值

图 4.8　可变形卷积计算过程图

具体来讲，首先要确定尺寸大小为 $k\times k$ 的卷积核 W 覆盖区域的一组基准采样点，与普通卷积一样，它们在特征图上 $O\in R^{H\times W\times C}$ 相对位置依然是矩形，如图 4.8(a) 中红色点即为 $k=3$ 时卷积核 W 每次覆盖的基准采样点。对于卷积核 W，$W_{i,j}$ 表示卷积核在第 i 行、第 j 列位置上的值，$i\in[1,k]$，$j\in[1,k]$。

随后，对于每个基准采样点 $r_{i,j}$，通过一个偏移量回归网络预测其偏移量$\Delta r_{i,j}{}^{H\times W\times N}$，$N=k\times k\times 2$，即为卷积核覆盖区域的每个基准点都预测横向和纵向两个方向的偏移。这个过程公式表示为

$$\Delta r_{i,j}=\Delta p_{\text{reg}}(O,r_{i,j};\Theta_{\Delta})\tag{4.10}$$

式中，$r_{i,j}$，$i\in[1,k]$，$j\in[1,k]$ 表示每次卷积核 K 在特征图上遍历时，覆盖到特征图上基准采样点的在卷积核内的第 i 行、第 j 列；Δp_{reg} 表示偏移量回归函数；Θ_{Δ} 表示网络参数。

在此基础上计算出理论上的偏移后采样点位置坐标$\hat{r}_{x,y}$，即为图 4.9(b) 中蓝色点，其公式为

$$\hat{r}_{i,j}=r_{i,j}+\Delta r_{i,j}\tag{4.11}$$

但卷积得出的偏移量 $\Delta r_{i,j}$ 往往是小数，$\hat{r}_{i,j}$ 在特征图 O 中并不一定存在真实对应的像素点，所以采用双线性插值的方法计算理论上在偏移点位置的特征值 $O(\hat{r}_{i,j})$。

$$O(\hat{r}_{i,j})=\sum\nolimits_{q}G_{bi}(q,\hat{r}_{i,j})\cdot O(q)\tag{4.12}$$

式中，q 是特征图 O 的所有空间坐标为整数的基准采样点(也就是特征图 O 存在真实像素的点)；G_{bi} 为二维的双线性插值核，在行列方向可分解为

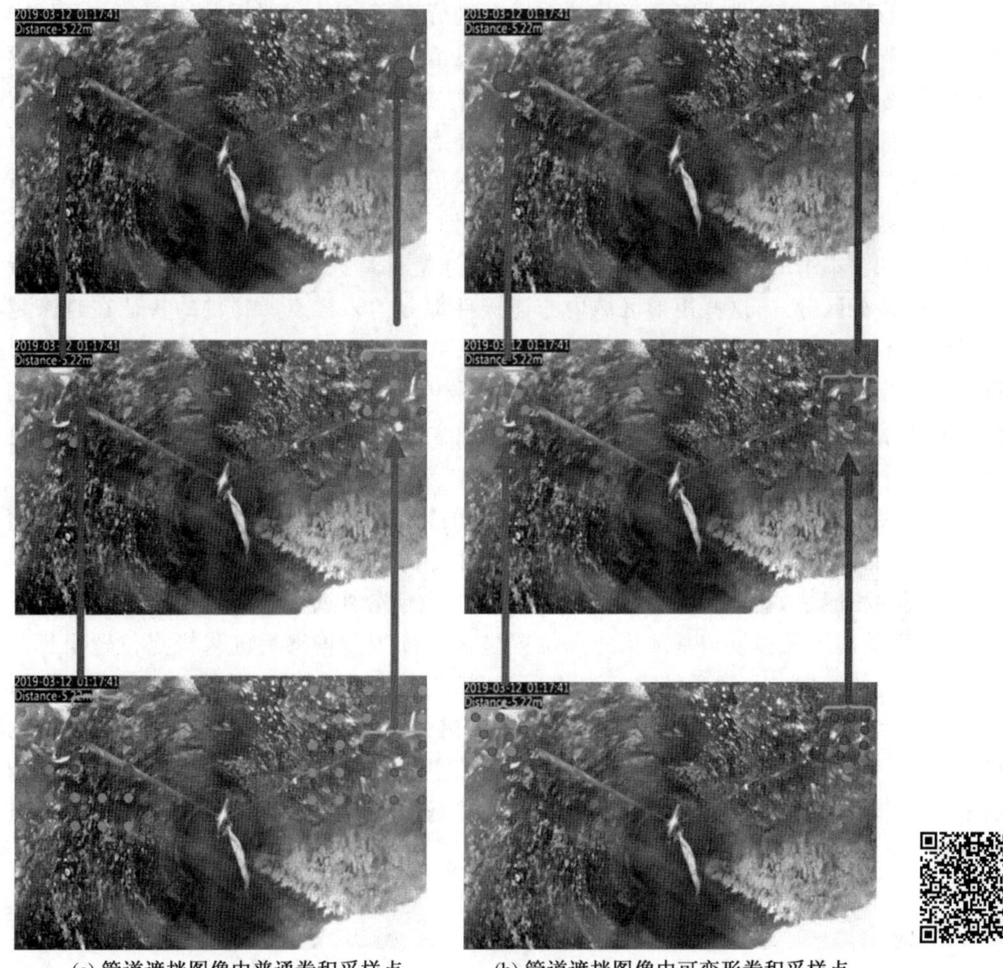

(a) 管道遮挡图像中普通卷积采样点　(b) 管道遮挡图像中可变形卷积采样点

图 4.9　普通卷积和可变形卷积在管道图上的深层卷积对比

$$G_{bi}(q,\hat{r})=g_{bi}(q_x,\hat{r}_i)\cdot g_{bi}(q_y,\hat{r}_j) \tag{4.13}$$

式中，g_{bi} 是一个简单的线性插值函数，定义为

$$g_{bi}(a,b)=\max(0,1-|a-b|) \tag{4.14}$$

$g_{bi}(q_x,\hat{r}_x)$、$g_{bi}(q_y,\hat{r}_y)$ 分别计算与$\hat{r}_{i,j}$ 点对应的行方向和列方向插值。

最后以 $O(\hat{r})$ 与权重卷积核 K 进行卷积操作，得到输出特征图 Y 中对应的值 $Y(r_{i,j})$。

$$Y(r_{i,j})=\sum_{i\in[1,k]\,j\in[1,k]} W_{i,j}\cdot O(\hat{r}_{i,j}) \tag{4.15}$$

如图 4.8(c) 中左图最右橙色框中 3 个蓝色偏移点为例，其特征值是通过 4.8(c) 右图中 3 个红色方块中距离偏移点最近的 4 个黄色点线性插值算出。可变形卷积的偏移采样点特征值最后的计算结果为 4.8(d)。

在管道遮挡图像中，卷积核尺寸为 3 × 3 的普通卷积网络的计算过程如图 4.9(a) 所示，每一层都只能对相对排成矩形形状的采样点进行特征提取，这些采样点覆盖的区域中存在大量的非连接件特征，导致连接件特征中也混淆了管道内壁。最浅层（从下往上数第一层）绿色花括号内 9 个排成矩形的红色采样点对中层的红色点特征贡献了同等重要程度特征，中层的绿色花括号里 9 个排成矩形的采样点对深层中红色连接件部分的红色原点处特征也同样提供了相同权重的信息，这导致深层中位于连接件区域内的红色采样点实际提取到的特征其实是受到中浅层不具有连接件语义信息采样点的影响，混淆了连接件的特征信息。本书的目标是提取尽可能精准的连接件特征，尤其是要与纹理非常接近的管道内壁特征区分开，这些矩形区域内非连接件部分的采样点所提供的特征在越来越深的网络中不断加深对目标连接件特征的影响，最终会影响网络的分割精度。而可变形卷积网络的计算过程如图 4.9(b)，浅层绿色花括号内 9 个变形后的红色采样点摆脱了相对位置的桎梏，中层的深红色点处的特征基本都建立在连接件语义信息上，而中层的绿色花括号里 9 个变形后的采样点对深层的连接件红点处特征也基本都位于连接件内，这使得深层中连接件区域内的红色采样点实际提取到的特征在最大限度避免收到其他语义信息的干扰，从而提取到可用于分割的高精度连接件特征。

可变形卷积网络如图 4.10 所示，对于输入特征图，先通过一个卷积层预测基准采样点的偏移量，随后用偏移量与基准采样点位置坐标相加得到偏移后的采样点位置坐标。最后将偏移后的采样点与卷积核进行卷积运算，输出可变形卷积的输出特征图。可以看出，相比于传统的卷积操作，可变形卷积自适应性更强，传统的卷积操作只能处理规则的矩形区域，而可变形卷积可以自适应地调整卷积核中心位置和形状，从而更好地适应图像中的不规则形状，尤其是面对本书需要处理的不规则形状连接件时，更合乎语义的采样点使得网络获取到了更准确的连接件特征信息。

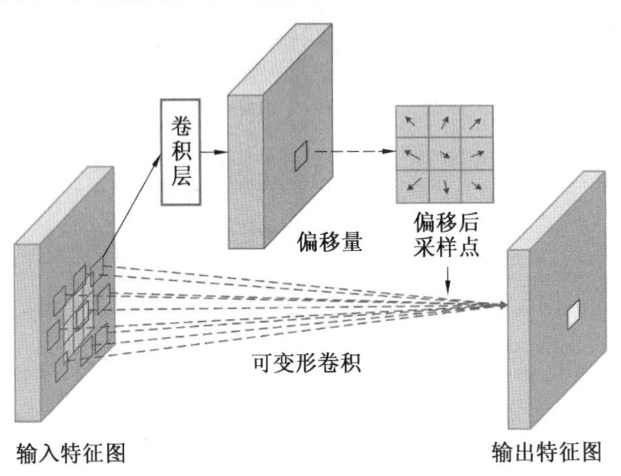

图 4.10　可变形卷积网络

4.3.3　形态学融合模块设计

考虑到本研究标注的连接件数据集规模相对较小，机器人连接件本身形状不规则，以及遮挡图像中存在连接件纹理与背景（管道内壁）高度相似，导致边缘模糊、难以分割的问题，本研究设计了一个连接件分割网络。

特别地，在特征提取阶段，本书采用可变形卷积网络替代传统卷积，以便在采样过程中尽可能选择具有一致语义信息的点，从而获取更完整的语义信息。

输入的遮挡图像 $x \in R^{W\times H\times 3}$ 经过基于可变形卷积的 ResNet 网络，分别提取 5 个不同分辨率的特征 $\{f_i, i=1,2,3,4,5\}$，并将 f_i 特征分为低级特征 $\{f_i, i=1,2\}$ 和高级特征 $\{f_i, i=3,4,5\}$ 两组。然后，使用一个部分解码器 PD，并行地聚合第 3、4、5 层高级特征，即由 PD 得到粗略全局注意图

$$S_g = \mathrm{PD}(f_3, f_4, f_5) \tag{4.16}$$

尽管粗略全局注意图 S_g 显示了连接件的大致位置范围，但它丢失了许多结构细节，边缘模糊。为了进一步细化连接件的边缘并提高分割精度，本书使用反向注意力模块 RA 通过三次级联操作，逐步挖掘深层和浅层特征图中的边缘细节。

具体而言，RA 模块第一次计算精细轮廓边缘的过程如下：

$$A_5 = \Theta(\sigma(S_g^{\downarrow \mathrm{Down}})) \tag{4.17}$$

$$R_5 = f_5 \otimes A_5 \tag{4.18}$$

$$S_5 = R_5 \oplus S_g^{\downarrow \mathrm{Down}} \tag{4.19}$$

式中，$S_g^{\downarrow \mathrm{Down}}$ 是粗略定位的粗略全局注意图 S_g 下采样到与参加运算的特征图同一尺寸后的特征图；$\sigma(\cdot)$ 是 Sigmoid 函数；$\Theta(\cdot)$ 是从全 1 矩阵 $\boldsymbol{E}$ 中减去输入的反向运算符；$\oplus$ 为元素级相加；$\otimes$ 为元素级相乘。

RA 模块通过反向注意力权重 A_5 与可变形卷积获取的第五层特征 f_5 来获得输出的反向注意力特征 R_5，R_5 即为第一次挖掘出的轮廓边缘细节。其与 $S_g^{\downarrow \mathrm{Down}}$ 相加的结果即为第一次分割出的精细激活图 S_5。

接下来，对可变形卷积提取的第 3、4 层特征 $f_i, i=3,4$ 依次进行两次精细轮廓边缘的计算，公式如下：

$$A_i = \Theta(\sigma(S_{i+1}^{\uparrow \mathrm{Up}})) \tag{4.20}$$

$$R_i = f_i \otimes A_i \tag{4.21}$$

$$S_i = R_i \oplus S_{i+1}^{\uparrow \mathrm{Up}} \tag{4.22}$$

式中，$S_{i+1}^{\uparrow \mathrm{Up}}$ 是 S_{i+1} 的上采样图，其尺寸与每次参加运算的特征图相同。

最后，将 S_3 输入 Sigmoid 函数，获取最终的连接件分割图 $m_2 \in \{0,1\}^{H\times W\times 1}$(0、1 分别表示此处像素是否属于连接件类)。其公式表示如下：

$$m_2 = \sigma(S_3) \tag{4.23}$$

如图 4.11 所示，本章设计的连接件分割网络结构包含以下几个步骤：

首先，输入的遮挡图像通过基于可变形卷积的 ResNet 模块进行特征提取，得到一组特征表示。

其次，这些特征被送入部分解码器模块，输出连接件的粗略位置定位图。

再次，通过 3 个并行的 RA 模块，实现了对高级特征和连接件粗略全局注意图的自适应反向注意力学习。在此基础上，分割网络逐步将初步的估计细化为精确且完整的精细激活图。该网络结构通过从高级特征中消除已估计的连接件显著区域，有序地挖掘模糊区域的细节信息，从而使得网络能够不断强化连接件模糊边缘，最终输出更为完整的分割结果。

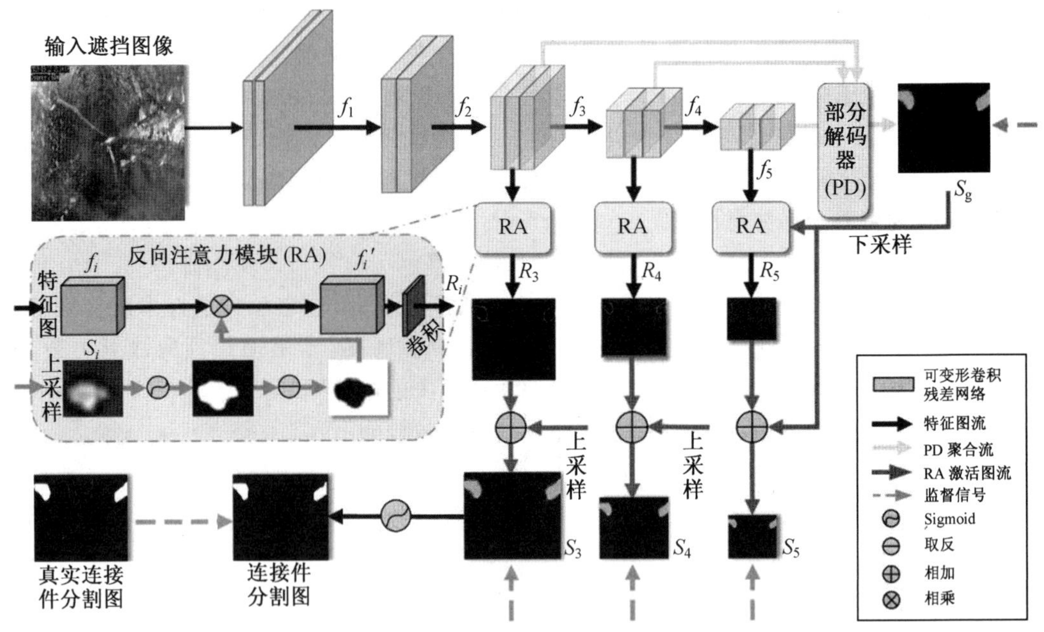

图 4.11　连接件分割网络

最后，如图 4.12(a) 所示，由于绳索分割掩码 m_1 和连接件分割掩码 m_2 在单纯的叠加后的掩码图 $m_3 \in \{0,1\}^{H\times W\times 1}$(0、1 分别表示此处像素是否被遮挡) 中难免存在边缘连接处的缝隙，导致全图中实际被遮挡的区域没有被定位。所以，为使得修复所需的掩码图像尽量覆盖到被遮挡的全部区域，本书采用形态学开运算对边缘进行小范围的扩张，以尽量分割出全部被遮挡区域。经过两次形态学开运算 $P(\cdot)$ 后，得到如图 4.12(b) 所示的全图遮挡区域分割掩码图 $m \in \{0,1\}^{H\times W\times 1}$(0、1 分别表示此处像素是否被遮挡)。图4.12(c) 表现了形态学运算前后，被覆盖区域的边缘变化。图 4.12(d) 为全图遮挡区域标准分割图。

整个过程公式如下：

$$\begin{cases} m_3 = m_1 + m_2 \\ m = P(m_3) \end{cases} \tag{4.24}$$

4.3.4　分割模型损失函数设计

本节使用对第 3、4、5 层可变形卷积网络输出的特征图进行反向注意力后的精细激活图 $S_i, i=3,4,5$ 和全局粗略定位图 S_g 作为监督信号。将四者分别进行上采样到与真值图 Ground 相同的长宽 H、W，随后将三层的损失和与粗略预测图的损失相加就是本书连接件分割的总损失，如公式(4.25) 所示

$$L_{\text{total}} = L_{\text{loss}}(G, S_g^{\text{up}}) + \sum_{i=3}^{i=5} L_{\text{loss}}(G, S_i^{\text{up}}) \tag{4.25}$$

式中，L_{loss} 为 L_{BCE} 交叉熵损失(分类损失函数) 和 L_{IoU} 交并比损失(回归损失) 之和，如公式(4.26) 所示

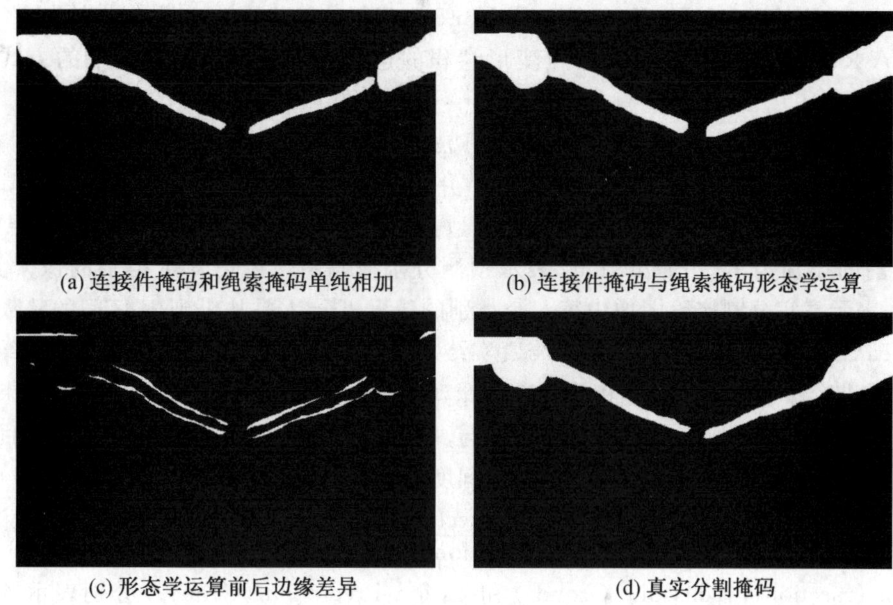

(a) 连接件掩码和绳索掩码单纯相加　(b) 连接件掩码与绳索掩码形态学运算

(c) 形态学运算前后边缘差异　(d) 真实分割掩码

图 4.12　形态学处理结果

$$L_{\text{loss}} = L_{\text{BCE}} + L_{\text{IoU}} \tag{4.26}$$

L_{BCE} 体现了局部(像素级)的约束,L_{IoU} 体现了全局级别的约束,其公式分别如下:

$$L_{\text{BCE}} = -\sum_{h=1}^{h=H}\sum_{w=1}^{w=W}\left[G(h,w)\lg(S(h,w)) + (1-G(h,w))\lg(1-S(h,w))\right] \tag{4.27}$$

$$L_{\text{IoU}} = 1 - \frac{\sum_{h=1}^{h=H}\sum_{w=1}^{w=W} S(h,w)\text{Ground}(h,w)}{\sum_{h=1}^{H}\sum_{w=1}^{W}\left[S(h,w) + \text{Ground}(h,w) - S(h,w)\text{Ground}(h,w)\right]} \tag{4.28}$$

式中,h 和 w 分别为从 1 到 H 和 W 的整数;$\text{Ground}(h,w) \in \{0,1\}$ 表示真实分割掩码 Ground 在第 h 行第 w 列处的真实值;$S(h,w) \in \{0,1\}$ 表示预测分割掩码图像在第 h 行第 w 列处的预测分割类概率值。

4.3.5　实验结果与分析

1. 实验环境

绳索掩码分割阶段中,本节仅使用了基于 CLIPSEG 的文字提示直接完成分割。为验证不同文字提示的分割效果,标注了绳索分割数据集 100 张用于测试分割的效果。连接件掩码分割阶段的实验数据的准备过程中,本节针对管道机器人连接件标注了语义分割数据集共 300 张,其中训练集 250 张,测试集 50 张。这些真实的城市地下管线数据可以验证算法的有效性,并保证算法在未来应用到实际场景时将具有良好的分割效果,从而保证算法满足实际需求。

分割阶段的模型均运行于 Ubuntu 18.04 系统下进行训练或测试,其硬件环境为一张内存为 30 G 的 Intel(R) Xeon(R) CPU E5－2680 v8 以及一个显卡内存为 12 G 的 NVIDIA RTX A4000。其中,基于可变形卷积的连接件分割网络以端到端的方式进行训练。

为客观验证本章分割模型与其他相关方法的分割精度。本书使用的客观评价指标为 Mean IoU、Mean Dice、MAE、F_β、S_α、$E_\phi^{\max}$。并记预测分割掩码图像为 Prediction,真实分割掩码图像为 Groud,二者尺寸皆为 $H\times W$,均有 $H\times W=M$ 个像素点。图像中需要进行识别分割的类别为 K。Prediction_k 表示预测分割掩码图像中第 k 个类别的像素集合,Groud_k 表示真实分割掩码图像中第 k 个类别的像素集合,k 是从 1 到 K 区间的整数。

Mean IoU 是用于评估预测结果与真实结果之间重叠程度的指标,它是将预测结果和真实结果进行像素级别的交集和并集进行计算,其值越大表示预测结果与真实结果越接近。尽管其可以衡量所有类别的预测区域与真实区域的重叠程度,反映了模型对目标的定位能力,然而,它不考虑分割边界的精确程度。计算公式如下:

$$\text{Mean IoU}=\frac{1}{K}\sum_{k=1}^{k}\frac{\text{Intersection}(\text{Prediction}_k,\text{Groud}_k)}{\text{Union}(\text{Prediction}_k,\text{Groud}_k)} \tag{4.29}$$

式中,$\text{Intersection}(\text{Prediction}_k,\text{Groud}_k)$ 和 $\text{Union}(\text{Prediction}_k,\text{Groud}_k)$ 分别表示预测分割掩码图像 Prediction 与真实分割掩码图像 Groud 中第 k 个类别的像素的交集和并集。

Mean Dice 是用于评估预测结果与真实结果之间相似度的指标,其对预测分割掩码图像 Prediction 中与真实分割掩码图像 Groud 中每一类进行像素级别的交集计算,对类别不平衡问题具有较好的鲁棒性,其值越大代表预测结果与真实结果越接近。Mean Dice 的公式为

$$\text{Mean Dice}=\frac{1}{K}\sum_{k=1}^{k}\text{Dice}(\text{Prediction}_k,\text{Groud}_k) \tag{4.30}$$

$$\text{Dice}(\text{Prediction}_k,\text{Groud}_k)=\frac{2\mid \text{Prediction}_k\cap \text{Groud}_k\mid}{\mid \text{Prediction}_k\mid+\mid \text{Groud}_k\mid} \tag{4.31}$$

MAE 是用于衡量预测像素类别与真实像素类别之间的差异,由真实分割图像与预测分割图像中每个像素点的误差绝对值取平均得到。其值越小表示预测结果与真实结果越接近。MAE 的公式如下:

$$\text{MAE}=\frac{1}{M}\sum_{i=1}^{M}\mid \text{Prediction}_i-\text{Groud}_i\mid \tag{4.32}$$

式中,Prediction_i 表示第 i 个像素的真实类别;Groud_i 表示第 i 个像素的预测类别。

尽管以上三种像素级指标可以反映预测结果与真实结果之间的差异程度,但都只能反应全局级别的约束,忽略了分割目标结构的相似性、空间位置信息以及图像的高级语义特征。因此本书还是用以下三种指标进一步强化模型对分割目标的关注。

F_β 综合考虑分割算法的精度和召回率衡量模型的风格结果质量。在图像分割中,算法的精度表示正确分割的像素数与预测分割的像素数之比,而召回率表示正确分割的像素数与真实分割的像素数之比。其综合考虑了模型对负样本和正样本的识别能力,是两者的调和平均值,其数值越高,说明模型越稳健。其公式如下:

$$F_\beta=(1+\beta^2)\cdot\frac{\text{precision}\cdot\text{recall}}{(\beta^2\cdot\text{precision})+\text{recall}} \tag{4.33}$$

$$\text{precision}=\frac{TP}{TP+FP} \tag{4.34}$$

$$\text{recall}=\frac{TP}{TP+FN} \tag{4.35}$$

式中，TP 表示真正例；FP 表示假正例；FN 表示假负例；β 是一个权重参数，本书取值为 0.2。

$E_{\phi}^{\max}$ 是一种基于边缘匹配情况评估图像分割质量的指标，综合考虑了图像的全局均值和局部像素匹配程度，更关注分割结果的边缘与真实分割图像的边缘之间的相似性。其值越大，表示分割结果与真实结果之间的边缘对齐程度越高，即分割结果越接近真实结果。

$$Q_S=\frac{1}{W\times H}\sum_{i=1}^{W}\sum_{j=1}^{H}\varphi_S(i,j) \tag{4.36}$$

式中，$\varphi_S(i,j)$ 为图像中第 i 行第 j 列的对齐矩阵。

$E_{\phi}^{\max}$ 值越大表示分割结果与真实结果之间的边缘对齐程度越高，即分割结果越接近真实结果。

S_{α} 通过综合评估目标结构相似性 S_{object} 和区域结构相似性 S_{region}，更准确地反映图像分割结果与真实结果之间的相似度，其值越大表示预测分割结果更佳。其公式如下：

$$S_{\alpha}=\alpha\cdot S_{\text{object}}+(1-\alpha)\cdot S_{\text{region}} \tag{4.37}$$

S_{object} 关注的是 Prediction 与 Groud 中每个位置像素的相似性，S_{region} 则关注的是二者中局部区域的相似性，这使得 S_{α} 具有较高的准确性和鲁棒性。α 是一个用于调整目标结构相似性和区域结构相似性的权重，本节取值 0.5。

2. 性能分析

(1) 绳索分割结果分析。

在实际分割过程中，本书发现对于同一张输入图像，当使用表示绳索的不同英文单词(如“rope”“cordage”“twine”“knot” 和“cable”) 作为文字提示进行分割时，得到的结果各有差异。其中，“rope” 概念主要强调可用于捆绑大物件的粗壮且坚固的绳子，通常由棉、毛、麻、金属等材料制成；“twine” 着重表现其由两个或多个纱线或纤维扭曲在一起制成的细、轻便、柔韧特点，通常用于捆扎包裹、捆绑物品以及手工艺和园艺领域；“knot” 强调带有绳结的绳子；“cable” 主要描述由多股金属线或光纤线缆组成的绳索，通常用于传输电力、通信信号或承受拉力；“cordage” 是一种泛指的通用术语，涵盖了各种材料、尺寸和用途的绳索，其语义范围最广泛。

如表 4.1 所示，CLIPSEG 网络在不同提示词下对绳索分割精度的影响中，“knot” 的像素级指标(如 mean Dice、mean IoU 和 MAE) 偏差最大。这是因为在排水管道的真实场景中，两根绳索的中间部分可能在行进过程中被垃圾附着，导致垃圾被错认为绳结，从而使分割出的掩码偏差最大。由于偏差区域面积较大，进一步导致绳索分割的边缘过于模糊，使得 F_{β}^{w}、S_{α}、$E_{\phi}^{\max}$ 表现不佳。

表 4.1 管道绳索分割过程中不同提示词的分割结果对比

	mean Dice	mean IoU	F_{β}^{w}	S_{α}	$E_{\phi}^{\max}$	MAE
rope	0.618	0.616	0.694	0.718	0.723	0.301
cordage	0.623	0.613	0.708	0.712	0.719	0.294
twine	0.594	0.591	0.615	0.646	0.618	0.648
knot	0. 417	0.472	0.526	0.521	0.537	0.551
cable	0.652	0.68	0.713	0.721	0.730	0.295

“twine”的各项指标偏差比“knot”稍小，但可能受到雾气的影响，导致部分图像中管道内壁的一些细微纹理也被识别为绳索，从而使部分管道内部区域也被识别为分割区域。尽管“twine”的 mean Dice、mean IoU 和 MAE 低于“knot”，但仍存在较大偏差，这同样导致了其 F_{β}^{w}、S_{α}、$E_{\phi}^{\max}$ 偏低。

“rope”和“cordage”对于机器人钢绳的概念来说属于上位词，因此它们的各项指标均优于“twine”。由于“rope”和“cordage”的语义概念相近，两者的各项数据较为接近，识别精度整体差异不大。在全局级和局部级约束下，“cable”的提示词取得了最佳表现。这可能是因为钢筋绳、电缆的语义信息与本书中金属绳索的实际语义概念最为接近，从而实现了最佳分割效果。

如图 4.13 所示，输入“rope”“cordage”和“twine”时，尽管能分割出绳索的粗略位置，但模型关注区域的面积明显比实际要大，边缘也较为模糊。而输入“knot”则几乎将全图都视为关注重点，这大大影响了识别准确度。显然，在绳索分割方面，“cable”取得了最佳效果。

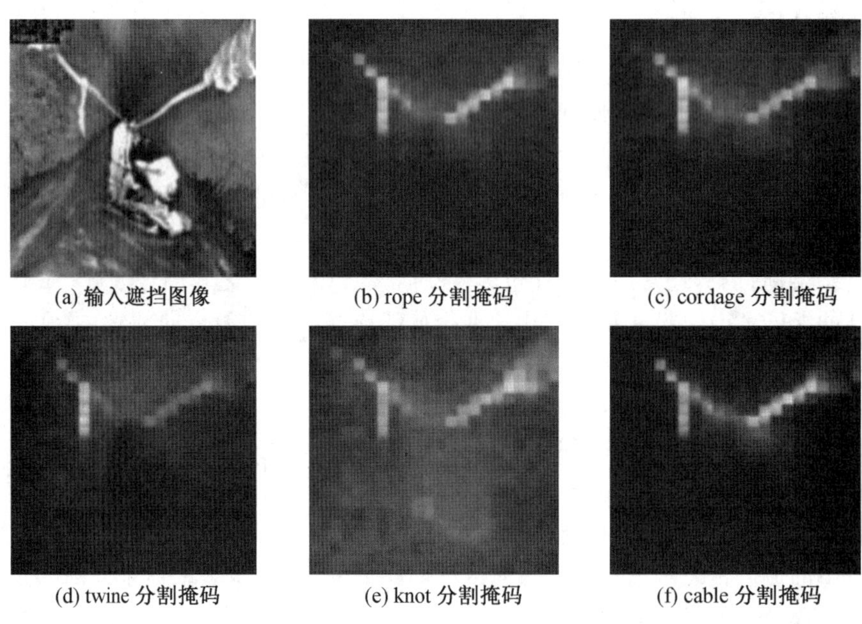

图 4.13 CLIPSEG 不同提示词的绳索分割激活图

这可能是因为预训练的 CLIP 模型在对比学习过程中学习到了不同材质绳索的精微单词语义之间的相同与不同之处，并在预训练过程中将这些语义概念与图像对齐。总体来说，通过这些主观与客观对比，本书使用“cable”作为文字提示，直接进行绳索分割生成的掩码与真实情况最为接近。

(2) 连接件分割结果分析。

为客观衡量连接件分割网络模型的分割精度，本章提出的可变形卷积连接件分割方法将与当前现有方法 BGNet、SiNet、C2FNet、PraNet 同在本书标注的管道连接件数据集测试集上进行对比实验。使用的客观评价指标为 Mean IoU、Mean Dice、MAE、F_β^w、S_α、E_ϕ^{max}，其结果如表 4.2 所示。

表 4.2　管道连接件上本章方法和其他方法不同评价指标的比较

	Mean Dice	Mean IoU	F_β^w	S_α	E_ϕ^{max}	MAE
BGNet	0.718	0.716	0.794	0.758	0.723	0.055
SiNet	0.623	0.723	0.808	0.762	0.752	0.048
C2FNet	0.692	0.611	0.685	0.746	0.718	0.051
PraNet	0.723	0.672	0.726	0.721	0.737	0.057
Ours	0.720	0.728	0.835	0.771	0.780	0.045

由于 Mean IoU、Mean Dice、MAE 这三种指标主要专注于像素级的评估，尽管本书的连接件分割算法通过多次细化边缘获取了更为精细完整的连接件分割效果，但边缘处的像素点数目占比并不多，所以其像素总数目并没有显著增加，表 4.2 中可见本方法的表现与其他方法差距不大。F_β^w 数值越高，说明模型越稳健，在这个评价标准内，由于模型之间的训练策略大同小异，所以本书的方法与其他方法近似。E_ϕ^{max}、S_α 更关注分割目标的边缘对齐精度，表 4.2 表明本书连接件分割方法优于原生的 PraNet，取得了最佳效果，这是因为本书引入的可变形卷积在特征提取阶段采样到更具语义信息的点，在此基础上提取到更有代表性的特征，所以在 RA 模块显式的三次监督下本书的连接件分割方法对于图像边缘处那些似是而非的像素识别能力最佳。总体来说，通过这些评估指标的对比，可以看出本书提出的方法在连接件分割数据集上具有更优秀的性能。

如图 4.14 为主观结果分析，可见 BGNet、SiNet 、C2FNet 虽然识别出了右边的大致轮廓，但左边连接件的上侧和下侧边缘，都存在不同程度的凹陷，这是由于 BGNet、SiNet 和 C2FNet 对边缘的监督都只进行了一次，而本书采取的级联式边缘监督，不断细化连接件的轮廓，使得模型获得左侧连接件更真实位置。PraNet 在左边连接件效果误差稍小一些，但右侧上半部分也出现了明显的缺失，这是由于 PraNet 采用普通卷积网络进行特征提取，图 4.14 中可见，本书的方法利用可变形卷积获取更有代表性的不规则的连接件特征，使得模型输出的分割结果中连接件的左侧和右侧边缘识别都存在最小的误差。实验证明本书设计的连接件分割方法更适合排水管道场景下机器人连接件分割。

本节介绍了管道遮挡物分割的全流程，以及分别使用的算法、数据集和结果。首先使用 CLIPSEG 对绳索进行分割，随后，使用本书涉及的基于可变形卷积的连接件网络分割得到连接件对应的掩码。为了进一步覆盖到所有被遮挡的区域，最后采用形态学聚合模

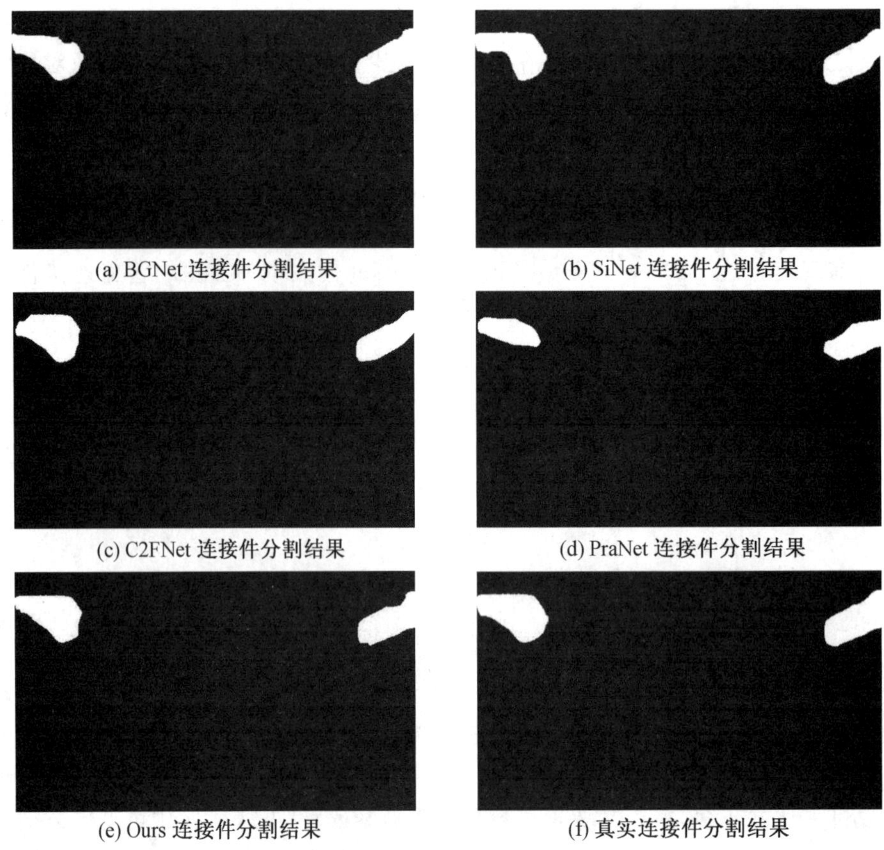

(a) BGNet 连接件分割结果
(b) SiNet 连接件分割结果
(c) C2FNet 连接件分割结果
(d) PraNet 连接件分割结果
(e) Ours 连接件分割结果
(f) 真实连接件分割结果

图 4.14　主观对比结果

块来处理这两部分掩码,生成最终的全图待修复区域的掩码。本节还介绍了连接件分割算法的损失函数,在实验中验证了连接件分割算法取得的效果,并将其分别与其他现有方法对比,主观和客观的实验结果都证明,本节的方法效果更适合管道场景。

4.4　基于部分卷积的排水管道图像修复算法

由于排水管道视觉增强技术中图像修复部分存在很多不足,本节针对视觉增强中的图像修复技术做了大量的研究,提出了一种基于部分卷积的排水管道图像修复方法。

如图 4.15 所示,首先根据预处理后的排水管道图像制作掩膜数据集,随后判断图像中是否存在缆绳,如果不存在就将该张图像加入训练集训练,最后得到图像修复模型。

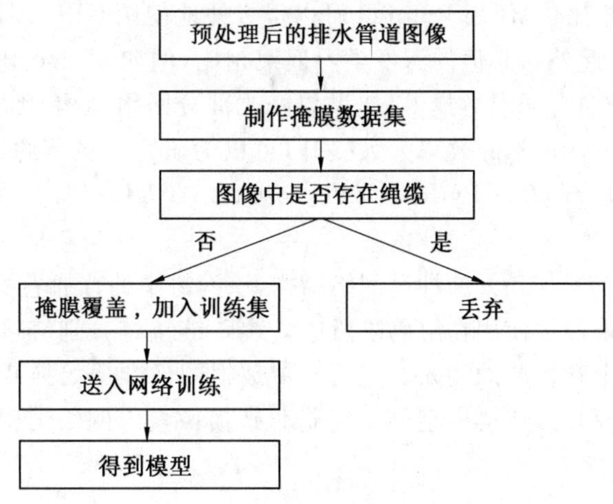

图 4.15　图像修复流程图

4.4.1　部分卷积层设计

本节提出的模型使用了部分卷积操作和掩膜更新操作来进行图像修复。本小节首先介绍部分卷积和掩膜更新操作，随后介绍网络的架构和损失函数的定义。本书在接下来的叙述中将把部分卷积操作和掩膜更新操作统一称之为部分卷积层。

W 为卷积层的卷积权重，b 为它的相对应的偏置，X 表示当前卷积窗口的像素值，M 是相对应的像素值为 0 的掩膜。在图像中的每个位置，部分卷积可以表达为

$$X'=\begin{cases}W^{\mathrm{T}}(X\odot M)\dfrac{\mathrm{sum}(1)}{\mathrm{sum}(M)}+b, & \text{if } \mathrm{sum}(M)>0\\ 0, & \text{otherwise}\end{cases}\tag{4.38}$$

$\odot$ 代表着两个矩阵逐元素相乘，式(4.38) 中的 1 代表与 $\boldsymbol{M}$ 矩阵相同大小的矩阵，不过该矩阵内元素数值都为 1。如式(4.38) 所示，部分卷积输出的值只依赖于为被掩膜覆盖的输入像素。比例因子$\dfrac{\mathrm{sum}(1)}{\mathrm{sum}(M)}$用来动态调整未被掩膜覆盖的有效输入像素的数量。本书使用式(4.39) 的方式来进行部分卷积操作之后的掩膜更新操作。

$$M'=\begin{cases}1, & \text{if } \mathrm{sum}(M)>0\\ 0, & \text{otherwise}\end{cases}\tag{4.39}$$

通过 CHW 的顺序定义二进制掩膜，其特征大小与相关的图像相同。然后使用固定的卷积层实现掩膜更新，其卷积核的大小与部分卷积层大小相同，但是掩膜更新的卷积层的权重设置为 1，同时将偏差删除。

如果在卷积中，它的输出至少有一个有效的输入值，也就是 $\mathrm{sum}(M)>0$，那么就可以把这个位置标记为一个有效的位置。该方法可以轻易地在任何深度学习框架中实现前向传播。

4.4.2　部分卷积网络结构与实现

本节使用了 Pytorch 深度学习框架，实现了模型的搭建与训练，与 Python 中的

numpy 科学计算库相比较，使用 Pytorch 可以很方便地使用 GPU 加速计算过程，使得模型可以训练得更快。此外与其他的深度学习框架相比，例如 Tensorflow，Pytorch 深度学习框架使用了一种反向自动求导技术，如果想修改部分网络结构，无须像 Tensorflow 一样重新构建，这使得 Pytorch 的效率大大提升，可以为研究人员节约大量时间，提高更多的效率。本实验搭建环境为 Python3.8、Pytorch1.6、CUDA11.1，并同时安装对应的 Cudnn 并行计算库。

本节设计了一个类似 Unet 的神经网络结构，该网络中的普通卷积层被部分卷积层所替代，而且最近邻上采样被使用在解码阶段中。跳跃链接将分别链接两个特征图和两个掩膜，将其作为下一个卷积层的输入。把原始带破损图像和原始掩膜拼接在一起的数据输入到最后一部分卷积层，使得模型可以复制非破损像素。网络结构图如图 4.16 所示，网络详细结构见表 4.3。

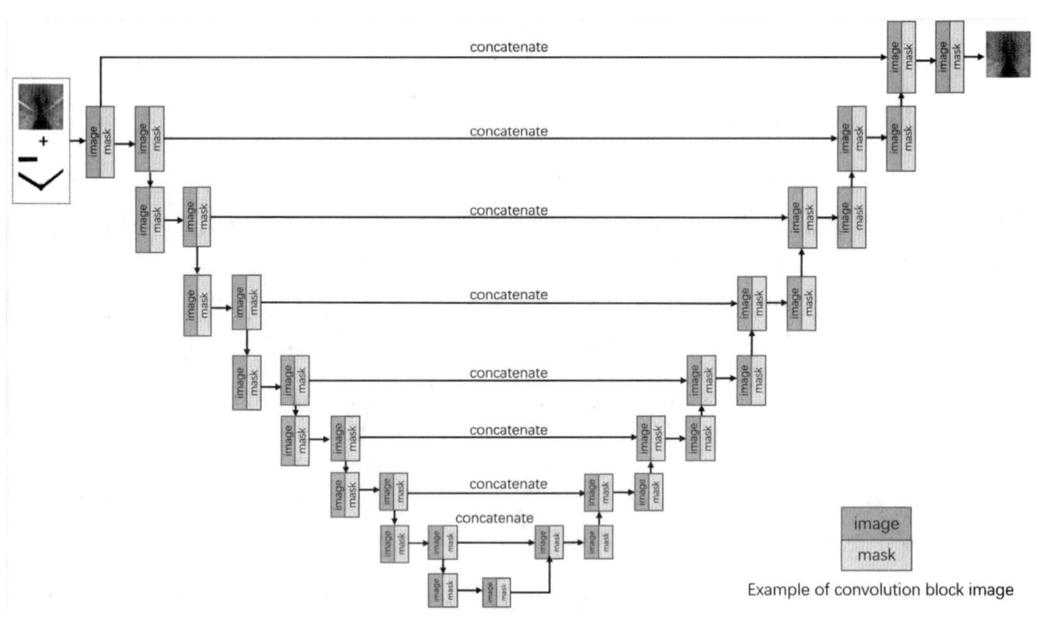

图 4.16　网络结构图

表 4.3　网络详细结构

Module Name	Filter Size	Filters	Up Factor	Batch Norm	Nonlinearity
PConv1	7×7	64	2	—	ReLU
PConv2	5×5	128	2	Y	ReLU
PConv3	5×5	256	2	Y	ReLU
PConv4	3×3	512	2	Y	ReLU
PConv5	3×3	512	2	Y	ReLU
PConv6	3×3	512	2	Y	ReLU
PConv7	3×3	512	2	Y	ReLU
PConv8	3×3	512	2	Y	ReLU

续表4.3

Module Name	Filter Size	Filters	Up Factor	Batch Norm	Nonlinearity
NearestUpSample1		512	2	—	—
Concat1(w/PConv7)	3×3	512＋512		—	—
Pconv9		512	1	Y	LeakyReLU(0.2)
NearestUpSample2		512	2	—	—
Concat2(w/PConv6)		512＋512		—	—
Pconv10	3×3	512	1	Y	LeakyReLU(0.2)
NearestUpSample3		512	2	—	—
Concat3(w/PConv5)	3×3	512＋512		—	—
Pconv11		512	1	Y	LeakyReLU(0.2)
NearestUpSample4		512	2	—	—
Concat4(w/PConv4)	3×3	512＋512		—	—
Pconv12		512	1	Y	LeakyReLU(0.2)
NearestUpSample5		512	2	—	—
Concat5(w/PConv3)	3×3	512＋256		—	—
Pconv13		256	1	Y	LeakyReLU(0.2)
NearestUpSample6		256	2	—	—
Concat6(w/PConv2)	3×3	256＋128		—	—
Pconv14		128	1	Y	LeakyReLU(0.2)
NearestUpSample7		128	2	—	—
Concat7(w/PConv1)	3×3	128＋64		—	—
Pconv15		64	1	Y	LeakyReLU(0.2)
NearestUpSample8		64	2	—	—
Concat8(w/input)	3×3	64＋3		—	—
Pconv16		3	1	—	—

PConv 是有着特殊的卷积核大小、步长、卷积核数量的部分卷积层。PConv1－8 层处于编码器阶段，PConv9－16 处于解码器阶段。BN 代表在部分卷积层后加入了 BatchNormalization 层，BN 层最重要的作用是让网络加速收敛。使用 BN 可以使网络训练变得更容易，不使用 BN 时大的学习率就可能导致训练发散。跳跃链接使用 Concat 表示，它将之前最近的上采样结果与相对应的编码阶段的部分卷积层的结果拼接起来。在 PConv1－8 中采用了 ReLU 激活函数。

$$\mathrm{ReLU}(x)=\begin{cases}x & \text{if } x>0\\ 0 & \text{if } x\leqslant 0\end{cases}\tag{4.40}$$

在公式中可以看出，ReLU 是一个分段函数，当 $x>0$ 时，值不变；$x\leqslant 0$ 时，值变为

0。该种操作被称为单侧抑制，赋予了神经元稀疏激活性。对比于其他的激活函数比如 Sigmoid 等，ReLU 有很多优势，其表达能力在线性函数上有显著提升，网络越深效果越明显。

在之后使用了 LeakyReLU 激活函数，LeakyReLU 的提出就是为了解决 ReLU 中神经元死亡的问题，LeakyReLU 与 ReLU 十分相似，在输入大于 0 时，两个函数完全一致；当输入小于 0 时，LeakyReLU 函数将会做出改变。

$$\text{LeakyReLU}(x)=\begin{cases}x & \text{if} \quad x>0\\ 0.01x & \text{if} \quad x\leqslant 0\end{cases} \tag{4.41}$$

LeakyReLU 在输入小于 0 的部分为 $0.01x$。使用 LeakyReLU 的好处就是，在反向传播过程中，如果输入的值小于 0 也同样可以得到一个梯度信息。

4.4.3 修复模型损失函数设计

本书所使用的损失函数重点关注于预测出的修复像素与周围像素的平滑程度。I_{in} 为带有破损的输入图像，M 为初始的掩膜图像，I_{out} 为网络预测出的结果值，I_{gt} 为原始的完美图像。首先，定义逐像素损失

$$L_{\text{hole}}=\frac{1}{N_{I_{\text{gt}}}}\left\|(1-M)\odot(I_{\text{out}}-I_{\text{gt}})\right\|_1 \tag{4.42}$$

$$L_{\text{valid}}=\frac{1}{N_{I_{\text{gt}}}}\left\|M\odot(I_{\text{out}}-I_{\text{gt}})\right\|_1 \tag{4.43}$$

$N_{I_{\text{gt}}}$ 代表了 I_{gt} 中元素的数量，$N_{I_{\text{gt}}}=CHW$，C 表示图像的通道数量，H 和 W 表示图像的高度和宽度。如上就是在网络输出中对破损区域和非破损区域的损失函数。接下来，开始定义感知损失 perceptual loss。

$$L_{\text{perceptual}}=\sum_{p=0}^{P-1}\frac{\left\|\psi_p^{I_{\text{out}}}-\psi_p^{I_{\text{gt}}}\right\|_1}{N_{\psi_p^{I_{\text{gt}}}}}+\sum_{p=0}^{P-1}\frac{\left\|\psi_p^{I_{\text{comp}}}-\psi_p^{I_{\text{gt}}}\right\|_1}{N_{\psi_p^{I_{\text{gt}}}}} \tag{4.44}$$

I_{comp} 表示在原始输出图像的基础上，其与 I_{out} 相似，它的非破损区域直接由 groud truth 的像素值替换；$N_{\psi_p^{I_{\text{gt}}}}$ 表示 $\psi_p^{I_{\text{gt}}}$ 中的元素数量。感知损失计算了 I_{out}、I_{comp} 与 ground truth 之间的 L_1 距离。$\psi_p^{I_*}$ 代表原始输入 I_* 中选中的第 p 层的类激活图。本书使用第一层、第二层、第三层传入损失函数计算。本书还使用了与感知损失很相近的风格损失函数

$$L_{\text{style}_{\text{out}}}=\sum_{p=0}^{P-1}\frac{1}{C_pC_p}\left\|K_p((\psi_p^{I_{\text{out}}})^{\mathrm{T}}(\psi_p^{I_{\text{out}}})-(\psi_{p^{\text{gt}}}^{I})^{\mathrm{T}}(\psi_{p^{\text{gt}}}^{I}))\right\|_1 \tag{4.45}$$

$$L_{\text{style}_{\text{comp}}}=\sum_{p=0}^{P-1}\frac{1}{C_pC_p}\left\|K_p((\psi_p^{I_{\text{comp}}})^{\mathrm{T}}(\psi_p^{I_{\text{comp}}})-(\psi_{p^{\text{gt}}}^{I})^{\mathrm{T}}(\psi_{p^{\text{gt}}}^{I}))\right|_1 \tag{4.46}$$

随后，本书定义了总体变化损失(total variationloss)

$$L_{\text{tv}}=\sum_{(i,j)\in R,(i,j+1)\in R}\frac{\left\|I_{\text{comp}}^{i,j+1}-I_{\text{comp}}^{i,j}\right\|_1}{N_{I_{\text{comp}}}}+\sum_{(i,j)\in R,(i+1,j)\in R}\frac{\left\|I_{\text{comp}}^{i+1,j}-I_{\text{comp}}^{i,j}\right\|_1}{N_{I_{\text{comp}}}} \tag{4.47}$$

最后的总体损失 L_{total} 如下所示

$$L_{\text{total}}=L_{\text{valid}}+6*L_{\text{hole}}+0.05**L_{\text{perceptual}}+120*(L_{\text{style}_{\text{out}}}+L_{\text{style}_{\text{comp}}})+0.1**L_{\text{tv}} \tag{4.48}$$

各个损失项的参数由在超过 100 张图像上超参数搜索所确定。

4.4.4　实验结果与分析

1. 实验环境

经过设计的神经网络 100 万轮的训练，得到了排水管道图像修复模型。

如图 4.17 所示，第一张图像为原始的排水管道内部图像，第二张为手动制作的掩膜图像，第三张为掩膜覆盖过的排水管道图像，第四张为使用了传统的 FMM 修复算法的结果图，第五张为使用了本书修复算法的结果图。

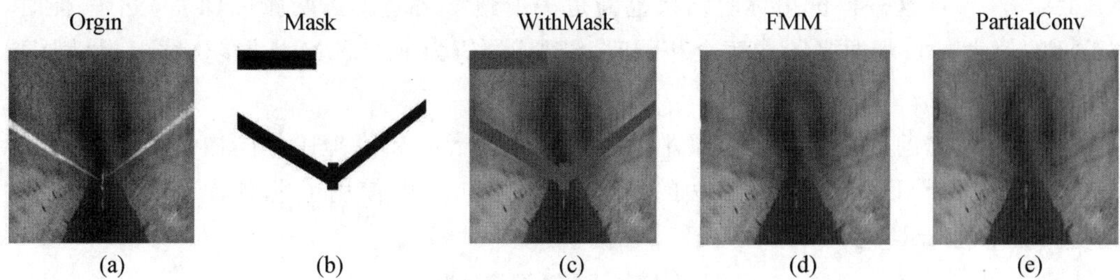

图 4.17　排水管道图像修复效果展示图

峰值信噪比(PSNR) 是一个非常具有参考性的图像质量评估指标，广泛地应用在图像的评价上。该指标的值的意义是：先求出原始图像与处理后图像之间的均方误差，随后计算这个均方误差相对于$(2^n-1)^2$ 的对数值，这个值的单位是 dB。其公式如下：

$$\mathrm{MSE}=\frac{1}{H\times W}\sum_{i=1}^{H}\sum_{j=1}^{W}(X(i,j)-Y(i,j))^2 \tag{4.49}$$

$$\mathrm{PSNR}=10\lg\left(\frac{(2^n-1)^2}{\mathrm{MSE}}\right) \tag{4.50}$$

式中，MSE 表示两个图像之间的均方误差。

随后把 MSE 代入公式(4.50) 得到 PSNR 的值。如果 PSNR 指标在 30 ~ 40 dB 表明图像质量很好，可以检测出图像有变动但是可以令人接受。如果 PSNR 指标在 20 ~ 30 dB，表明图像质量很差。如果 PSNR 指标在 20 dB 以下表明该图像质量极差，是无法被人接受的。

2. 性能分析

本节在测试集中随机选取 5 组差异较大的图像(每组 100 张) 进行评测。

如表 4.4 所示，带有掩膜遮挡的图像的 PSNR 指标都在 14 dB 左右，图像质量极低。使用 FMM 传统图像修复算法修复之后图像的 PSNR 指标在 22 dB 左右。使用本书的部分卷积图像修复方法之后平均的 PSNR 指标可以达到 34 dB，对比 FMM 传统的图像修复算法，修复质量有了极大的提高。

表 4.4　PSNR 评价数据

PSNR	Image1	Image2	Image3	Image4	Image5	Average
Withmask	16.49	13.74	15.35	14.09	10.54	14.042
FMM	23.24	21.32	22.08	22.41	20.97	22.004
PartialConv	32.72	34.65	35.62	35.02	33.01	34.204

结构相似性(SSIM),该指标可以判断给定的两张图像的相似程度。给定两张图像 x 和 y,两张图像的结构相似性:

$$\mathrm{SSIM}(x,y)=\frac{(2\mu_x\mu_y+c_1)(2\sigma_{xy}+c_2)}{(\mu_x^2+\mu_y^2+c_1)(\sigma_x^2+\sigma_y^2+c_2)} \tag{4.51}$$

式中,μ_x 是 x 的平均值;σ_x^2 是 x 的方差;σ_y^2 是 y 的方差;σ_{xy} 是 x 和 y 的协方差;$c_1=(k_1L)^2$,$c_2=(k_2L)^2$ 是两个用来防止公式值波动过大的常数值,L 是图像中像素的取值范围,$k_1=0.01$,$k_2=0.03$。

结构相似性这一评价指标的结果范围是 −1 到 1 之间。当两张图像完全不一样时,SSIM 的值为 −1;当两张图像完全相同时,SSIM 的值为 1。SSIM 指标越接近 1 代表图像质量越高。

再次使用之前抽取的 5 组图像评价。如表 4.5 所示,带有掩膜的图像平均 SSIM 指标为 0.736,使用 FMM 传统修复方法的平均 SSIM 为 0.819,使用了本书的部分卷积算法的修复方法平均 SSIM 为 0.923。

表 4.5 SSIM 评价数据

SSIM	Image1	Image2	Image3	Image4	Image5	Average
Withmask	0.728	0.727	0.734	0.750	0.741	0.736
FMM	0.808	0.835	0.834	0.805	0.812	0.819
PartialConv	0.918	0.936	0.932	0.911	0.919	0.923

经过 PSNR、SSIM 两种评价指标的评价,可以看出本书提出的修复方法有着出色的修复性能,其修复能力远远高于传统的 FMM 修复方法。

本章对排水管道视觉增强技术进行了研究,其中包括线性灰度变换增强技术、暗通道先验去雾技术、FMM 图像修复技术,同时针对视觉增强中图像修复技术的不足进行了排水管道修复算法的研究。构建了排水管道图像修复数据集,其中使用随机游走方法构建了掩膜数据集。介绍了本算法中的部分卷积操作的具体实现方式,以及整个网络的具体实现方法,详细地介绍了本算法中损失函数的构成。同时,对于训练出的排水管道图像修复模型进行了性能评估,在 PSNR、SSIM 两个评价指标上相比于 FMM 传统图像修复算法都有着明显的性能提升,完善了排水管道视觉增强处理技术中的不足。

4.5 基于 PLSA－VQGAN 的排水管道图像修复算法

管道图像分割的掩码结果用于定位管道遮挡图像内需要进行修复的位置。本节描述的是将第 4.3 节得到的掩码与管道遮挡图像输入修复模型得到最终修复结果图的过程,如图 4.18 所示。本节介绍整个 PLSA－VQGAN(path-wise local spatial attention-vector quatization generative adversarial network)修复模型,包括用于提升细粒度纹理修复质量的码本学习阶段、内容推理阶段、修复模型训练的相关损失函数,以及修复模型的实验结果分析。

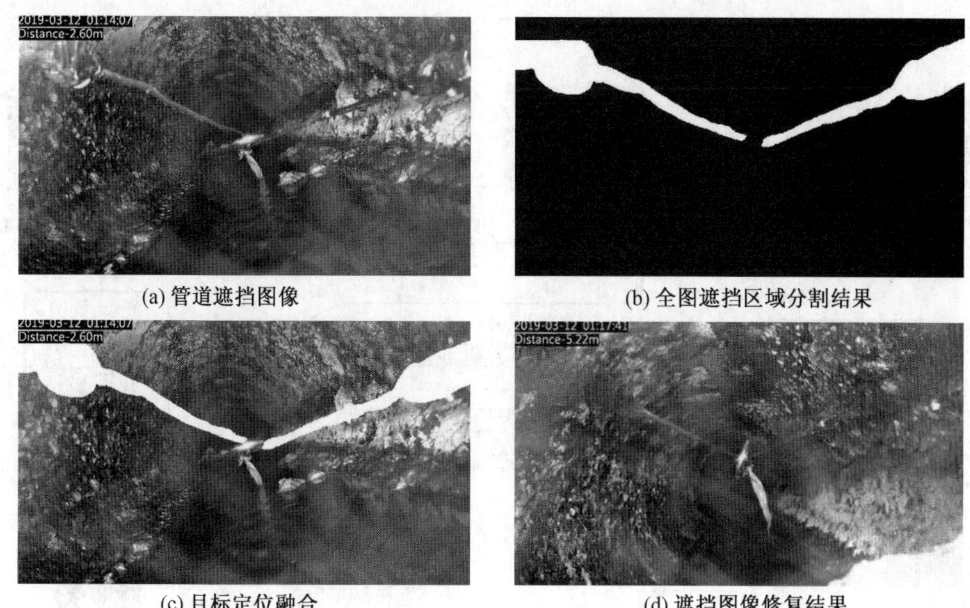

(a) 管道遮挡图像　(b) 全图遮挡区域分割结果

(c) 目标定位融合　(d) 遮挡图像修复结果

图 4.18　管道遮挡图像修复过程

4.5.1　PLSA－VQGAN 网络结构

基于 PLSA－VQGAN 的修复模型如图 4.19 所示，其训练过程包含两个阶段。首先码本学习阶段，如图 4.19(a) 所示，通过图像特征提取、量化、重建过程获取一个能够表示图像底层信息的块级量化特征的量化码本，以及可以进行图像特征提取和重建的解码器编码器。在内容推理阶段，如图 4.19(b) 所示，本书使用一个基于 Transformer 架构的内容推理网络，以遮挡图像对应的遮挡索引表为输入，经内容推理网络结合全局上下文关系，预测推理结果索引表。最后经过码本学习阶段学习到的潜在空间码本 Z 和解码器 G 生成管道遮挡图像修复结果。

具体来说，在修复过程中，全图遮挡区域分割掩码图 $m \in m^{H\times W\times 1} \in \{0,1\}$(0、1 分别表示是否需要对此处进行修复）和管道遮挡图像 $x \in R^{H\times W\times 3}$ 进行元素级的乘法，表示为 $\otimes$，获取管道遮挡区域定位图像$x_m = x \otimes m$。随后将x_m 输入到 PLSA－VQGAN 编码器模块，如图 4.19(b) 中绿色立方体代表编码特征，每个绿色小格子代表从遮挡图像中对应位置的图像块中提取到的特征，白色格子代表对应位置存在被遮挡像素，也就是修复模型需要在此处生成对应的内容。随后，在码本 Z 中寻找每个与编码特征最接近的码本向量，生成一个遮挡图像编码特征索引表并展平为序列 s_m，输入基于 Transformer 的内容推理网络，预测遮挡部分对应的码本向量索引序列 s_q。码本 Z 包含Num 个 C 维码本向量，本书中Num 为 1 024，C 为 256。然后，根据输出的 s_q 在 Z 中找出对应的码本向量，生成一个量化特征$z_q \in R^{\frac{H}{r}\times\frac{W}{r}\times C}$，如图 4.19(b) 中蓝色立方体。最后，把量化特征输入到解码器 G 中生成管道遮挡图像修复结果图$\hat{x}$。

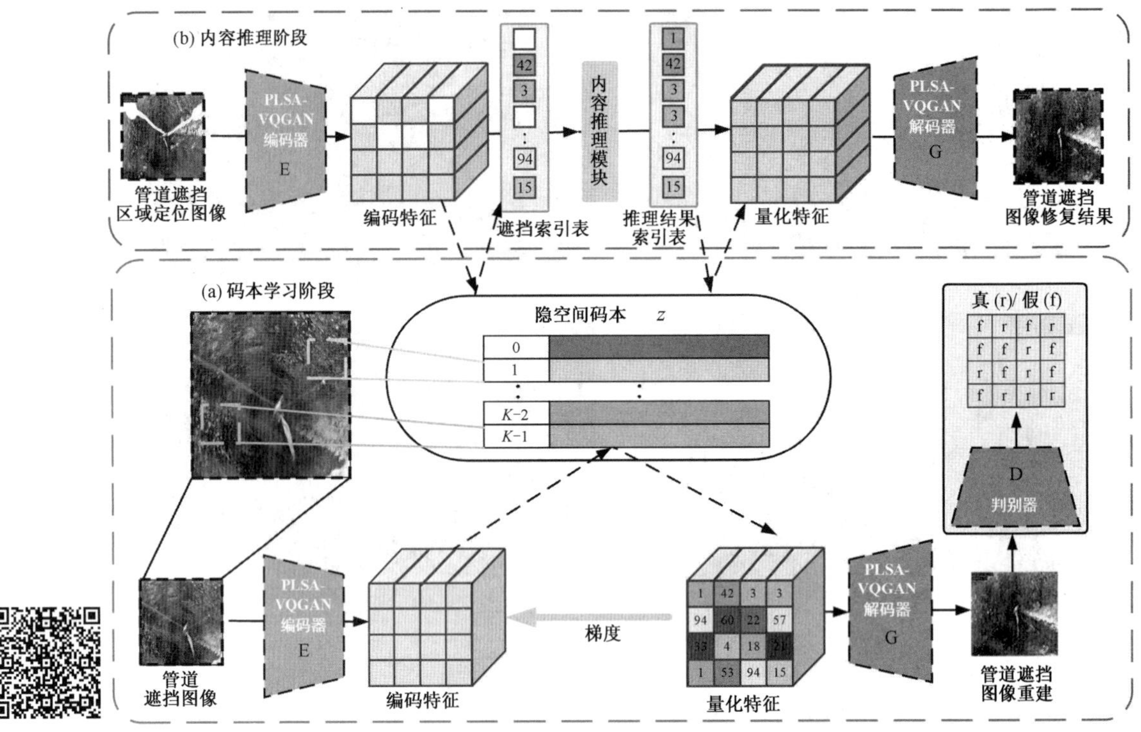

图 4.19　管道遮挡图像修复网络修复流程图

修复过程中，编码器 E、解码器 G 和码本 Z 的训练都是在码本学习阶段完成的。基于 Transformer 的内容推理网络的训练在内容推理阶段完成。其中，码本学习阶段的核心关键在于通过对图像进行特征提取量化和重建，为推理模块提供基础信息。对于图像的生成质量来说，码本学习主要影响生成图像的清晰度、纹理细节等直接影响视觉效果的底层视觉信息。内容推理模块主要影响生成图像的高级语义信息是否与全局上下文一致。当两者都发挥良好作用时，修复模型才能生成令人满意的修复结果。

本书的管道图像修复任务由于存在管道内壁纹理斑驳复杂的特点，常规的基于 Transformer 和 CNN 混合架构的方法的修复结果存在伪影色差模糊等不良视觉效果。为了解决这个问题，本书设计了基于 PLSA－VQGAN 的修复模型，在码本学习过程中引入局部注意力机制，把全局视角下难以记录的图像高频细节内嵌入码本向量中，使得模型学习到更有代表性的潜在空间码本，生成更高精度的修复结果。以下将详细介绍码本学习阶段的特征提取模块和内容推理阶段的 Transformer 推理模块。

1. PLSA－VQGAN 特征提取模块

目前一些基于 CNN 和 Transformer 混合架构算法中，出现了几种不同的特征编码方法提取并保存图像底层信息。其中，ICT 直接把下采样后的单个像素当成一个特征向量输入内容推理模块中，如图 4.20(a) 所示，但这种显式的大规模的直接下采样丢失了图像中大量重要的纹理细节，严重影响修复图像的质量。还有一些基于 VQGAN 的方法把整个图像输入到一个普通卷积的编码器中获取对应的特征，每个编码特征在查找欧氏距离最近的码本向量，将码本向量的索引序列输入推理模块进行修复，如图 4.20(b) 所示。如

图 4.20(c) 所示，TFILL 使用基于部分卷积的编码器获得对应的编码特征，并将其直接送入内容推理模块中进行修复。但这两种方法都是将全图直接输入卷积编码器，受到深层卷积的影响，导致编码特征之间的信息可能存在重叠，导致重建图像和修复图像难以避免存在大面积的伪影和色差，影响图像细粒度，纹理修复结果不尽如人意。

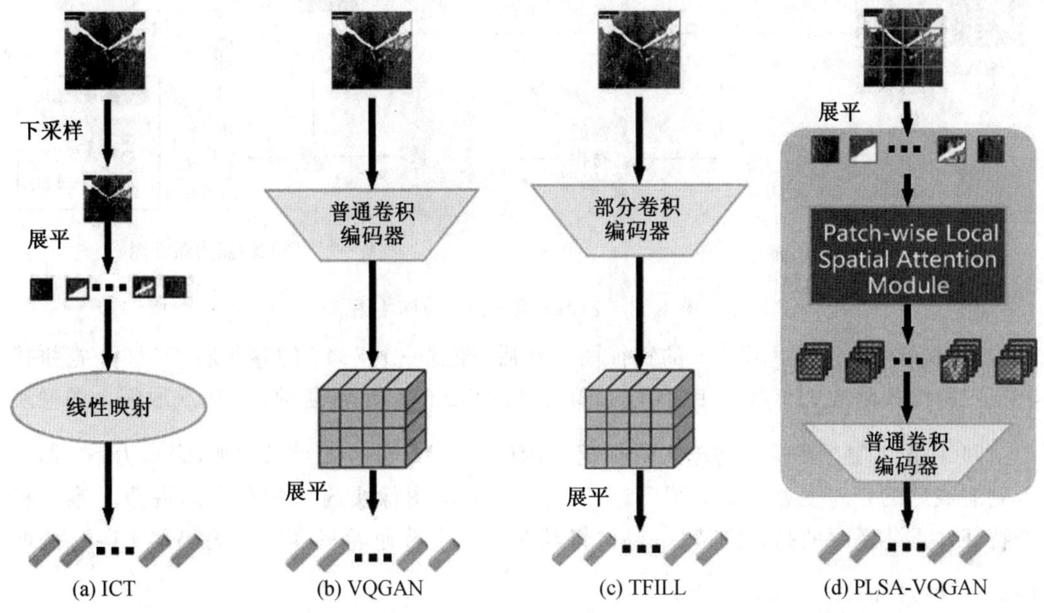

图 4.20　不同算法的特征令牌化过程

为获得有表现力的码本，减少重建过程的损失，促进修复结果的保真度和精度提升，本书引入了非局部的思想设计了 PLSA(path-wise local spatial attention) 编码器。将图像先划分为不重叠的小块，并利用空间注意力机制，压缩通道维度进而构造空间维度的信息，进行视角转换，把全局视角下难以保存的一些高频信息，转化为图像块局部视角下容易注意到的信息并嵌入到码本向量中，以获得保存更多图像语义和结构细节信息的码本，如图 4.20(d) 所示。

码本学习阶段通过对输入的遮挡图像 $x \in R^{W \times H \times 3}$ 进行重建，输出 $x_{\text{recon}} \in R^{W \times H \times 3}$ 的过程，依次进行图像特征提取、量化、重建，其公式如下：

$$\hat{f} = E(x) \tag{4.52}$$

$$z_q = Q(\hat{f}) \tag{4.53}$$

$$x_{\text{recon}} = G(z_q) \tag{4.54}$$

其中，式(4.52)、(4.54) 主要训练 PLSA 编码器 E 和解码器 G，式(4.53) 中的量化阶段 Q 主要用于训练潜在空间码本 Z。

PLSA 编码器模块网络图如图 4.21 所示。

具体而言，在 PLSA 编码器中，首先将 x 划分成 $N = \dfrac{H}{r} \times \dfrac{W}{r}$ 个图像块序列 S，每块尺寸为 $r \times r$，本书使用的 r 为 8。随后，对输入的 S 进行输入通道维度(本书为 3) 的最大池化 MaxPol 和平均池化层 AvgPol 得到两个 $H \times W \times 1$ 的特征图 F^S_{avg} 和 $F^S_{\max}$，并将二者沿着通

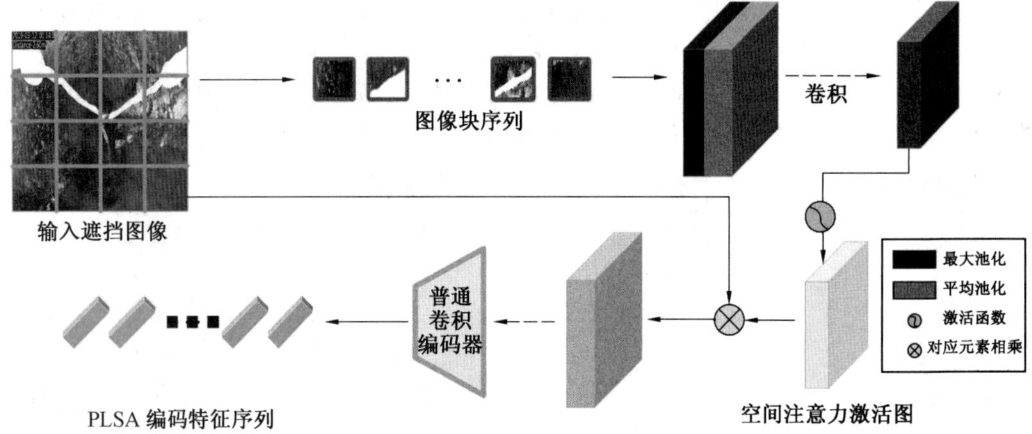

图 4.21 PLSA 编码器模块网络图

道维度拼接为一个 $H \times W \times 2$ 的特征图。然后，经过一个 7×7 的卷积层 $f^{7*7}(\cdot)$ 把拼接特征图降维压缩成 $H \times W \times 1$ 的信息，随后经过 Sigmoid 激活函数 $\sigma(\cdot)$，获取每个图像块的空间注意力特征图M_s。将输入的标记图像序列与M_s 进行元素级相乘，表示为 $\otimes$，即可得到缩放后的空间注意力激活图F_t。F_t 记录了对应图像块内一些在全局视角下难以提取特征并重建还原的高频细节。最后，将其输入一个普通卷积堆叠的编码器 $E(\cdot)$，获取 PLSA 编码特征 $\hat{f}$，其公式如下：

$$M_s = \sigma(f^{7*7}([\mathrm{AvgPol}(F), \mathrm{MaxPol}(F)])) = \sigma(f^{7*7}([F^S_{\mathrm{avg}}; F^S_{\mathrm{max}}])) \tag{4.55}$$

$$F_t = M_s \otimes F \tag{4.56}$$

$$\hat{f} = E(S) \tag{4.57}$$

量化阶段 Q 将连续的编码向量映射到离散的向量空间。具体而言，为使潜在空间码本 Z 中的码本向量与编码器的输出和解码器的输入对齐，将 Q 划分为两个操作$Q_E(\cdot)$ 和 $Q_S(\cdot)$ 。$Q_E(\cdot)$ 为每个编码特征向量找出与其最接近的码本向量，并记录码本向量的索引号，$Q_S(\cdot)$ 为每个索引号检索出对应的码本向量。

PLSA 编码器输出的编码特征$\hat{f}$ 在量化阶段首先与潜在空间码本中的码本向量对比，每个编码特征向量都找出与其最接近的码本向量，生成一个遮挡图像索引表 s_o，随后，根据 s_o 在码本中查找对应的码本向量生成量化特征z_q，其公式如下：

$$s_o = Q_E(\hat{f}) \tag{4.58}$$

$$z_q = Q_S(s_0) \tag{4.59}$$

将 z_q 送入解码器 G 中，得到重建图像 x_{recon}，其公式如下：

$$x_{\mathrm{recon}} = G(z_q) \tag{4.60}$$

训练后获取到的编码器、解码器和隐空间码本在修复流程中冻结使用。具体来说，修复过程中首先遮挡图像 $x \in R^{W \times H \times 3}$ 和全图遮挡区域分割掩码图 $m^{W \times H \times 1} \in \{0,1\}$，0、1 分别表示是否需要对此处进行修复，$x_m = x \otimes m$ 是包含遮挡信息的图像。随后在 PLSA 编码器中，如同训练过程中 x，也将 x_m 划分成 $N=\frac{H}{r}\times\frac{W}{r}$ 个图像块，并依次经过各个模块输出索引序列 s_m。

其公式如下：

$$s_m=E(x_m) \tag{4.61}$$

不同的是，x_m 分块后依据每个块内是否存在被遮挡的像素对其进行状态标记。最后输出序列 s_m，携带了是否需要进行修复的标志信息。随后，将其输入内容推理模块 T 中，输出修复图像的索引序列 s_q。最后，经过 $Q_S(\cdot)$ 生成量化特征 $z_q\in R^{\frac{H}{r}\times\frac{W}{r}\times C}$，并将 z_q 送入解码器 G 中，得到修复图像 $\hat{x}$，其公式如下：

$$z_q=T(s_m) \tag{4.62}$$

$$\hat{x}=G(z_q) \tag{4.63}$$

本节使用的高度浓缩信息的码本向量，显式增强了局部高频细节，保存了图像更多细节信息，获得了更细腻、更有代表性的码本，并在此基础上生成更保真的修复结果图像。

2. Transformer 推理模块

本节使用的内容推理网络由基于 Transformer 的推理模块 $T(\cdot)$ 和量化模块 $Q(\cdot)$ 两部分构成(图 4.22)。其接受码本学习阶段输入图像对应的序列索引 s_m 作为输入，预测遮挡区域中对应的每个码本向量的概率，输出修复图像对应的序列索引 s_q。首先将输入的 s_m 进行映射并加上一个可学习的位置嵌入(用于记录空间信息的编码)，并将其沿空间维度展平为一个序列，将此序列输入到堆叠的 24 个 Transformer 块。最后一个块输出的序列经过一个包含线性映射层和 softmax 函数的离散映射操作 $Q(\cdot)$ 后被量化到潜在空间码本 Z 的索引空间中，根据得到的修复图像离散索引表查询潜在码本 Z 即得到 z_q(潜在空间码本 Z 即为第 4.5.1 节中预训练的码本)。其过程公式描述如下：

$$s_q=Q(T(s_m)) \tag{4.64}$$

具体而言，本书在内容推理阶段使用的基于 Transformer 的推理模块是基于 GPT－2。GPT－2 是一种用于自然语言处理的深度学习模型，也可以用于图像生成以及修复，其本质是 Transformer 模型中的 Decoder 模块堆叠而成。但不同于 Transformer 中原生 Decoder 模块包含了多头交叉注意力层和多头掩码注意力层。GPT Decoder 去掉了多头交叉注意力模块，只保留多头掩码自注意力层，如图 4.23 所示。

由层归一化、多头掩码自注意力层和前馈网络组成的 GPT 块中，输入的索引序列经过映射和位置编码后首先进行归一化，然后将结果传递给多头掩码自注意力层。其中，归一化在神经网络中负责减少内部协方差偏移，从而提高训练稳定性和收敛速度，多头掩码自注意力层是 Transformer 的核心组件，用于分析和处理输入序列中的关系。随后，通过残差连接将原始输入与多头掩码自注意力层的输出相结合。之后，再进行一次归一化，将输出送入前馈神经网络层。前馈神经网络层用于学习输入数据的非线性表示，通过堆叠多个前馈神经网络层，模型能够学习更复杂的函数映射，从而有助于生成更复杂且逼真的图像。最后，为捕捉深层信息再次使用两次残差连接，输出本次预测的一个索引，并将其也作为已知在下次迭代时输入 Transformer，经过多次迭代后，生成修复图像的索引序列

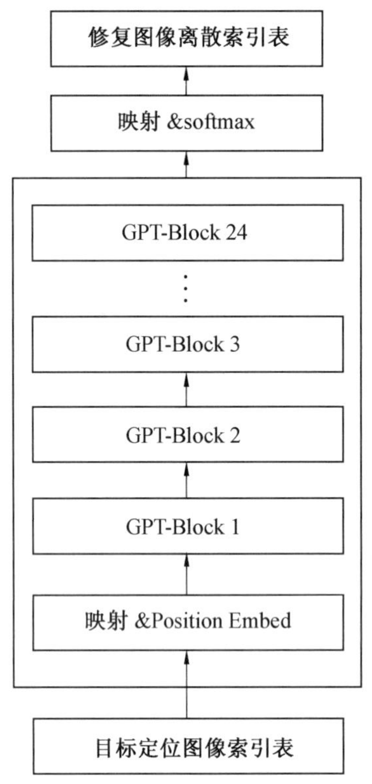

图 4.22　基于 Transformer 的内容推理网络

表。这种自回归的推理模块在大量数据预训练后，不仅保持了对不同数据集的迁移泛化能力，而且实现了当前最佳的生成效果，这也是本书采用GPT－2块作为内容推理模块的基础组成的原因。

4.5.2　修复模型损失函数设计

本书修复模型的训练在不同阶段采取不同的损失函数。在码本学习阶段，输入遮挡图像 x 并输出遮挡图像的重建图x_{recon}。通过对 x 进行特征提取、量化、重建以完成对编码器 E，解码器 G，以及潜在空间码本 Z 3 个模块的训练，其损失公式为

$$L_{\text{VQ}}(\text{E},\text{G},\text{Z})=L_{\text{rec}}+L_{\text{vq}}+L_{\text{adv}} \tag{4.65}$$

式中，$L_{\text{rec}}=\| x-x_{\text{recon}} \|^2$ 是重建损失，通过衡量输入图像 x 和重建输出的x_{recon}之间的像素级的差异训练编码器 E 和解码器 G。

L_{vq} 通过衡量编码特征$\hat{z}$ 和量化的特征 z_{q} 之间的差异训练码本 Z，其公式为

$$L_{\text{vq}}=\| sg\ [E(x)]-z_{\text{q}}\|_2^2+\beta\, \| sg\ [z_{\text{q}}]-E(x)\|_2^2 \tag{4.66}$$

其中，$sg[\cdot]$ 为梯度终止操作，这是由于编码器输出的编码特征 $z=E(x)$ 和量化特征 z_{q} 之间的量化操作，是通过码本 Z 查询完成的，此操作会导致神经网络梯度无法回传。因此使用这种方式将二者的梯度直接复制，使得模型可以正常完成反向传播。式(4.66) 中的第一部分训练码本中的向量使得其接近编码器生成的编码特征，式(4.66) 中的第二部分用于训练编码器使得其编码结果接近码本中的向量。β 是用于平衡编码器的权重，本书设

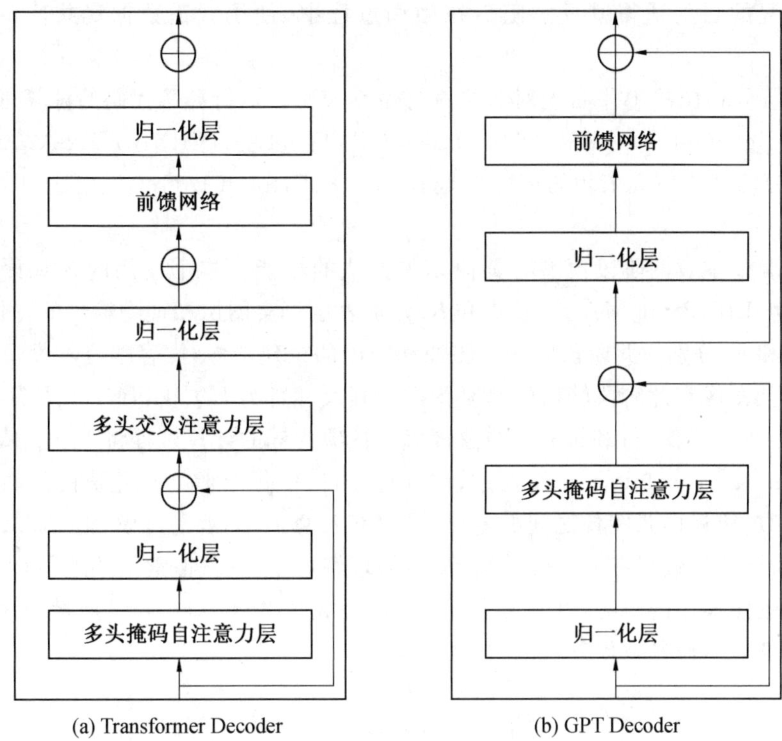

(a) Transformer Decoder　　(b) GPT Decoder

图 4.23　解码器对比图

为 0.25。

为了获取高精度的修复结果，码本学习阶段还引入了一种对抗性的训练损失 L_{adv}，如式(4.67)，其先固定生成器 G 训练判别器 D，随后固定判别器 D 训练生成器 G。通过这种对抗的方式使二者提升自己的能力。

$$L_{\text{adv}} = \underset{E,G,Z}{\arg\min}\ \underset{D}{\max}\ \mathbb{E}_{x\sim p(x)}[\lg D(x) + \lg(1 - D(x_{\text{recon}}))] \tag{4.67}$$

随后，在完成码本学习阶段后，推理模块使用冻结的编码器 E、生成器 G 和码本 Z，对在输入输出图像的量化编码序列的基础上进行训练。具体来说，修复模型输入的管道遮挡区域定位图像 x_m，依次经过 PLSA 编码器 E，离散量化阶段 Q，以及 Transformer 模块 T 后，获得一个修复图像的离散索引表 $s_{\text{q}} = T(E(x_m))$，原始遮挡图像 x 经过 PLSA 编码器 E 以及离散量化阶段 Q 后得到一个真实标准图像的离散索引表 $s_{\text{gt}} = Q(E(x))$。本书的修复模型损失为二者的交叉熵，其公式如下：

$$L_{\text{trans}} = L_{\text{entro}}(s_{\text{gt}}, s_{\text{q}}) \tag{4.68}$$

4.5.3　实验结果与分析

1. 实验环境

为了充分发挥修复模型对图像理解推理能力，本书采用 Places365 的自然风景数据集和随机掩码数据集对 PLSA－VQGAN 修复模型先进行预训练，这是因为如果只用管道和其对应的机器人掩码进行训练，模型会倾向于记住并重建出这个本来要被修复掉的机器人。对修复的目的适得其反。随后在微调过程中,使用管道数据集共 8 500 张进行微调。

本书在 Ubuntu18.0 平台上对算法进行仿真实验。运行算法代码的计算机硬件配置为 Intel(R) Xeon(R) CPU E5－2678, 100.0 GB内存,4块 NVIDIA RTX A2000 显卡(显卡内存 12 G)。算法仿真依赖的环境为 Python 3.8、Pytorch 1.11.0 框架、CUDA 11.3 和 cuDNN 8。

为客观验证本章两阶段模型与其他相关方法的性能。本书使用的客观评价指标为 PSNR、SSIM、LIPIPS 和 MAE。设 I 和 K 分别表示真实图像和模型输出的图像,码本学习阶段中 I 和 K 分别为此阶段的输入图像和输出的重建图像,内容学习阶段中 I 和 K 分别为管道遮挡图像和此阶段输出的修复图像。其尺寸皆为 $H\times W$,$I(i,j)$、$K(i,j)$ 分别表示图像 I、K 中位于第 i 行和第 j 列的像素值。各项指标的计算过程将于下文依次阐述。

MAE(mean absolute error) 通过计算两张图像中每个像素点差值的绝对值之和并除以像素总数,衡量两张图像之间的差异。MAE 计算简单,容易理解,但 MAE 对细节信息不敏感,对于感知效果有限。计算简单,容易理解,直接反映像素值的差异,但其缺点在于容易受到图像噪声的影响,且不考虑人类视觉系统的特性,对于视觉质量的评估可能不准确。其值低表示修复效果好,计算公式如下:

$$\mathrm{MAE}(I,K)=\frac{1}{H\times W}\sum_{i=1}^{H}\sum_{j=1}^{W}\mid I(i,j)-K(i,j)\mid \tag{4.69}$$

PSNR(Peak signal-to-noise ratio) 即峰值信噪比,通过比较两张图像的像素值之间的均方误差来衡量图像质量的指标。考虑了图像的噪声,与人类视觉系统的感知更一致。但仍然只关注像素值的差异,不考虑图像的结构信息。其计算公式如下:

$$\mathrm{PSNR}\ (I,K)=10\cdot\lg\frac{\mathrm{MAX}^2}{\mathrm{MSE}(I,K)} \tag{4.70}$$

式中,MAX 是图像的最大像素值;MSE 是均方误差。

通过计算两张图像对应像素值之差的平方和的平均值衡量图像之间的差异,其公式如下:

$$\mathrm{MSE}(I,K)=\frac{1}{M\times N}\sum_{i=1}^{M}\sum_{j=1}^{N}(I(i,j)-K(i,j))^2 \tag{4.71}$$

PSNR 和 MAE 计算过程中都直接比较两张图像中对应像素的差值,是基于像素差异的图像质量度量方法。然而,二者都不能很好地捕捉图像的结构信息,因此在评估视觉质量方面可能存在不足。因而本书还采用 SSIM 和 LPIPS 来评估图像质量。

SSIM(structural similarity index) 即为结构相似性,是一种通过比较图像的亮度、对比度和结构特征之间的相似性来衡量图像质量的指标,取值范围为[－1,1],其值越大代表两张图像越相似,其计算公式如下:

$$\mathrm{SSIM}(I,K)=\frac{(2\mu_I\mu_K+C_1)(2\sigma_{IK}+C_2)}{(\mu_I^2+\mu_K^2+C_1)(\sigma_I^2+\sigma_K^2+C_2)} \tag{4.72}$$

式中,μ_I 和 μ_K 分别是图像 I 和 K 的均值;σ_I^2 和 σ_K^2 分别是图像 I 和 K 的方差;$2\sigma_{IK}$ 是图像 I 和 K 的协方差;C_1 和 C_2 是常数,用于避免分母为零。

LIPIPS(learned perceptual image patch similarity) 即“感知损失”，使用基于学习的 VGG 模型 Φ 提取的特征图计算图像之间的 L_2 范数，衡量两张图像之间的感知相似度。LPIPS 比传统方法更符合人类的感知情况。其值越低表示两张图像越相似，反之，则差异越大。其公式如下：

$$\mathrm{LPIPS}(I,K)=\|\Phi(I)-\Phi(K)\|_2 \tag{4.73}$$

2. 性能分析

(1) 码本学习阶段的重建结果分析。

为了进一步增强码本的表现力，提高重建质量，减少重建损失，进而生成保真度更高的修复结果，本章引入空间注意力机制，在 VQGAN 的基础上设计了基于 PLSA－VQGAN 的码本学习方法，并在本书排水管道遮挡数据集上进行测试对比，其客观评价如表 4.6 所示。

表 4.6　管道数据集上本章码本重建图像质量和其他方法的各项指标比较

	PSNR	SSIM	LIPIPS	MAE
VQGAN	17.913	0.716	1.72	0.213
Ours	18.095	0.823	1.51	0.207

MAE 和 PSNR 由于对底层像素信息更为敏感，所以本章设计的 PLSA－VQGAN 方法与原生 VQGAN 表现比较接近，都存在可以接受的重建误差。在更接近人眼感知的指标 SSIM 和 LPIPS 下，本章设计的 PLSA－VQGAN 方法表现优于原生 VQGAN 方法，这是由于 VQGAN 虽然也可以保存图像的全局轮廓和高级语义信息，但由于对复杂纹理的表达和保存能力不佳。而 PLSA－VQGAN 方法为了缓解这一问题，引入空间注意力截止，采用视角转换的方式，码本中保留了更多图像鲜明细节，重建图像的质量更高。

如图 4.24(a) 中输入原图里黄色内右上角的黄色腐蚀处存在扭曲的轮廓，而红色框中则存在复杂的紫黄色块交织纹理。重建阶段如果无法保存并提取这些复杂的高频图像

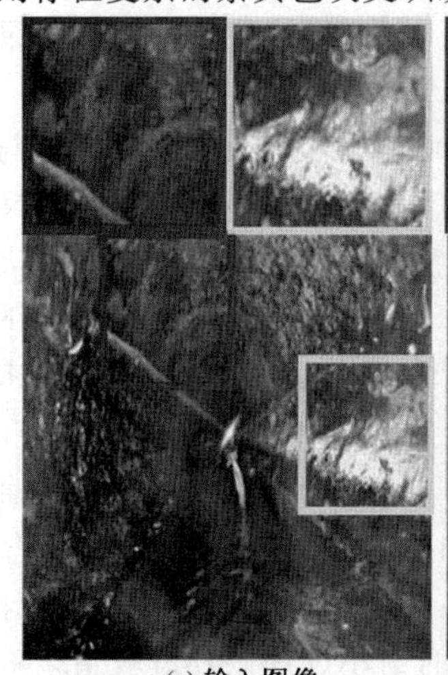
(a) 输入图像

(b) VQGAN

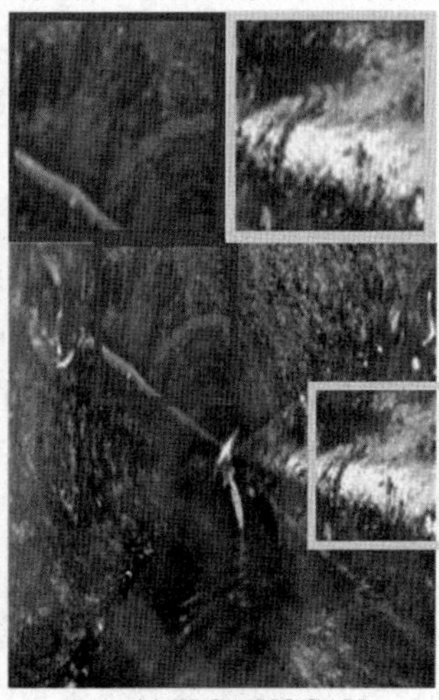
(c) PLSA-VQGAN

图 4.24　重建对比图

特征，会进一步隐形后续图像修复的保真度和精度。基于 VQGAN 的重建结果 如图 4.24(b) 所示，其黄色框内向右侧凹陷的程度明显超过原图，轮廓变形更大。除此之外，红色框内原本颜色形状不同的紫色纹理小块明显更模糊，与紫色区域交织的黄色区域也发生了明显的色差。而图 4.24(c) 所示基于 PLSA－VQGAN 的方法黄色框内的腐蚀纹理轮廓与原图更为接近，红色框内紫色区域交织的黄色区域基本保留了原图的色彩，没有造成明显的色差。

本章设计的 PLSA－VQGAN 对于管道内壁斑驳纹理的把握更精准，虽然重建的过程中，图中央绳索连接处与原图仍然存在一定程度的不同，但整体的图像保真度和纹理的还原度，依然明显更优，更适用于排水管道图像数据。

(2) 内容推理阶段的重建结果分析。

本节在本书排水管道遮挡数据集上进行测试，将当前方法 EC、ICT、VQGAN、TFILL、CTSDG 与本章提出的可变形卷积连接件分割方法进行对比，涉及的客观评价指标为 PSNR、SSIM、LIPIPS 和 MAE，其结果如表 4.7 所示。

表 4.7　管道数据集上本章修复图像结果和其他方法各项指标比较

	PSNR	SSIM	LIPIPS	MAE
EC	22.491	0.698	0.328	0.193
CTSDG	25.263	0.715	0.319	0.181
ICT	26.312	0.720	0.327	0.188
TFILL	29.173	0.722	0.304	0.182
VQGAN	31.054	0.739	0.298	0.178
Ours	32.246	0.801	0.221	0.169

表 4.7 中，本书的 PLSA－VQGAN 修复算法在四项指标中都取得了最佳结果，这是由于本书的 PLSA 模块在令牌中保留了更多的高频细节，使得生成的修复结果更为细腻真实。MAE 对细节信息不敏感，对于本书设计的 PLSA－VQGAN 模块的感知效果有限。由表 4.7 可见，本书的 MAE 值与其余方法伯仲之间，差距不大。

图 4.25 为在管道遮挡数据集上，现有方法 EC、CTSDG、ICT、TFILL、VQGAN 与本书的PLSA－VQGAN 方法的主观对比结果。其中，EC和CTSDG方法受限于纯CNN 架构的归纳偏置，在左侧和右侧连接件的修复部分存在非常严重伪影，尤其是右侧，放大的图中可以明显看到存在与管道内壁格格不入的透明纹理。ICT 方法由于其采用直接下采样的令牌化方法丢失了大量细节，正如两侧的放大图所示，修复的结果中存在非常密集的、带有奇怪纹理的小色块。TFILL 的修复如图 4.25(e) 所示，左侧、右侧修复部分和可见部分的衔接处，仍然存在部分突兀的伪影，尽管其保留了大量管道内壁的颜色信息。VQGAN 的修复如图 4.25(f) 所示，左侧、右侧修复部分和可见部分的衔接处尽管仍然存在类似水波纹的伪影，伪影的纹理比 TFILL 更轻微。如图 4.25(h) 所示，本章设计的 PLSA－VQGAN 修复结果最为接近管道内壁真实复杂的细小纹理以及斑驳错杂的颜色，尤其是左侧的放大图，可见部分和生成部分的衔接处没有出现大量的伪影和色差，本书的方法在管道数据集上生成了最高保真性的结果。

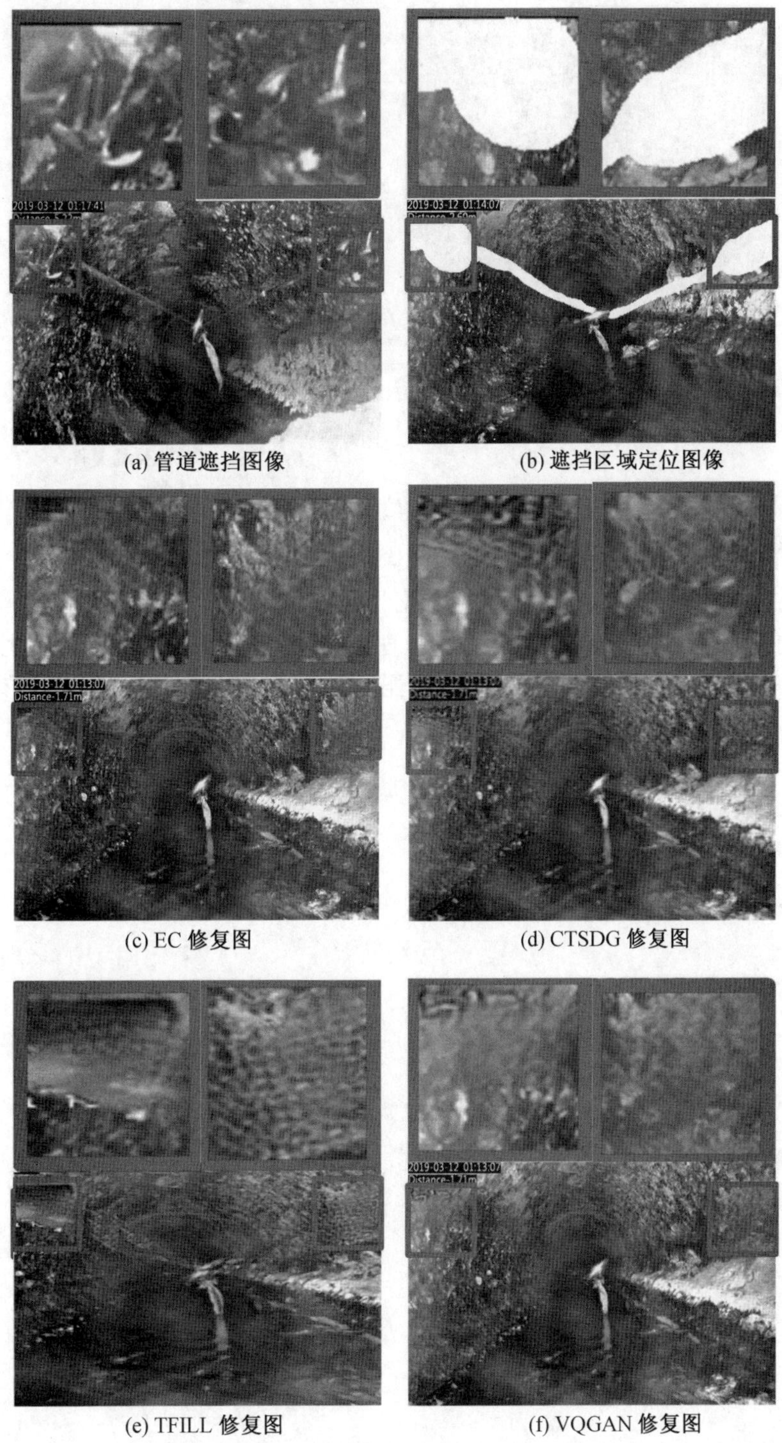

(a) 管道遮挡图像　(b) 遮挡区域定位图像

(c) EC 修复图　(d) CTSDG 修复图

(e) TFILL 修复图　(f) VQGAN 修复图

图 4.25　管道修复对比图

(g) ICT **修复图**

(h) PLSA-VQGAN **修复图**

续图 4.25

本节介绍的是一种基于 VQGAN 的图像修复算法，该网络模型引入了 PLSA 模块，通过视角将全局中难以提取的高频信息转化为块内相对鲜明的信息，并保存至码本中。这种码本向量嵌入了更多纹理细节信息，有助于减少重建损失并在此基础上生成高保真、高精度的修复结果。实验结果表明，该模型能够在管道数据集上取得良好的修复效果。

第 5 章　排水管道病害视觉检测技术

排水管道 CCTV 检测中识别与标记病害是十分重要的，这些工作大都靠人工来完成，而仅仅靠人工处理如此大的数据，由于人长时间持续工作易疲劳导致其可靠性相对较差，未检测出的病害可能引发地下管道堵塞、坍塌等一系列问题，而且该过程既费时又费力。目前，检测管道病害的主要流程是先由地下管道机器人搭载的摄像机进入排水管道，拍摄排水管道内的影像信息，然后取出该影像送往专业检测人员，由检测人员逐帧对图像进行分析，识别并手动标注出病害所在区域，然后派遣维修人员到病害实际地点进行维护。

本章提出了一种自动化的管道病害视觉检测方法，该方法使用了计算机视觉与数字图像处理相关技术，可以达到自动识别排水管道内病害区域并输出该病害相关信息的效果。本方法使用中国矿业大学(北京) 自主研发的管道机器人，搭载高清摄像头进入排水管内拍摄视频影像，通过离线处理方式，管道机器人将采集的排水管道视频图像传输至计算机，计算机通过排水管道病害识别系统自动识别该段管道内的病害种类与位置信息。由于城市排水管道数据量极大，如果使用传统人工检测排水管道病害方法，将消耗大量人力、物力，并且排水管道数据量越大，成本越高。本书提出的方法通过管道机器人采集排水管道视频数据，交由计算机通过排水管道病害识别系统识别管道病害，可大大减少排水管道维护的成本，提高检测工作的时效性，大规模检测任务中病害的检测准确率更有保障，与人工检测管道病害相比大大提高了系统的鲁棒性。

5.1　排水管道病害检测算法综述

5.1.1　排水管道病害检测的研究现状

CCTV 图像检测法检测管道病害，主要是技术人员操控管道机器人携带摄像头进入管道，通过摄像头在管道内移动拍摄管道图像来采集管道内的视频和 RGB 图像信息，将管道视频图像传回计算机进行处理，检测管道内病害，如图 5.1 所示。由于排水管道内环境复杂，主要靠管道机器人灯管提供光源，光线条件较差，导致图像采集效果不佳，还需通过计算机视觉和图像处理算法进行针对性的改进，以实现较好效果的排水管道病害检测。通过对排水管道病害数据标注以机器学习、深度学习方法对管道病害进行识别，以取得较好的排水管道病害检测效果。管道检测机器人在城市地下排水管线检测中具有安全性高、精度高、节约时间、提高工作效率等特点。

对于管道病害的图像识别方面国内外研究人员也进行了许多研究。基于图像的管道病害的识别方法往往都是通过管道机器人获取排水管道内视频图像信息，然后通过图像处理、计算机视觉技术从管道图像中获取管道病害信息，来自南京航空航天大学和南京市

图 5.1　排水管道机器人

测绘勘察研究院股份有限公司的王鸣霄、范娟娟等人提出了基于深度学习的排水管道病害自动检测与分类方法，使用了 2 个卷积神经网络，第一个网络用于正常病害标记，为二元分类问题；第二个网络用于病害标记，用于多元分类问题。算法将病害检测问题视为一个二元分类任务，该任务负责将排水管道图像分为有病害和无病害两类，以实现病害的检测。随后，利用基于 CNN 的多分类模型对预测为病害的图片进行进一步细分类，判断其具体属于哪一类病害。该方法对管道病害分类准确率超过 90%。

中电建的王庆等人提出基于 Faster R－CNN 的排水管道病害检测研究方法，为了克服传统深度学习在排水管道病害检测方面识别正确率较低的缺点，在 Faster R－CNN 算法基础上，利用聚类分析方法改进候选区域设置，提出一种优化的排水管道病害检测模型，并采用 VGG、AlexNet、GoogleNet、ResNet 代替 Faster R－CNN 网络中的特征提取层进行模拟计算。计算结果表明，K－means 方法的最优类别数 5，虽然 ResNet 网络训练时间成倍增加，但其识别正确率达到 0.89，比 VGG 网络提高了 0.14。优化后的 Faster R－CNN 网络有效提高了排水管道病害检测的识别正确率。

广东工业大学的何嘉林做了基于随机森林与贝叶斯优化算法的排水管道病害检测算法研究，针对机器视觉在管道病害检测中识别准确率低的问题，文中提出一种图像预处理及病害分类识别算法，利用图像处理技术及机器学习对 CCTV 管道内窥图像中裂痕、错口、沉积物、障碍物等病害进行自动分类识别。图像预处理阶段首先使用改进的 SSIM 质量指标筛选出质量较好的图像，以便进行后续的进一步处理。接着，针对所选图像中同时存在高斯噪声和椒盐噪声的问题，采用加权低秩矩阵恢复方法进行去噪处理。在病害分类识别方面，首先解决了病害与背景在灰度等方面相近、管道内壁纹理复杂的问题。为了准确分离出管道病害，采用了结合 Ostu 和 Kmeans 的方法对预处理后的图像进行分割，避免了阈值分割、边缘分割、区域生长等方法可能导致的过分割或欠分割现象。随后，对分割出的病害区域提取灰度共生矩阵纹理特征和形状特征，以描述病害的特性。最后，考虑到管道病害样本数量较少且难以大量获取的问题，引入了随机森林进行类型识别，并利用贝叶斯优化算法对模型参数进行优化，以提高管道病害的识别准确度。该管道病害检测方法在裂痕、错口、沉积物、障碍物等病害的识别准确率上达到了 93.1%。

Jack C. P. Cheng 等人提出了在闭路电视图像中使用深度学习来检测管道腐蚀的方法，该方法使用 Faster RCNN 可以对管道中不同类别的病害实现检测。使用平均精度(mAP@0.5)、丢失率、检测速度和训练时间，根据检测准确性和计算成本对模型进行评估。实验结果表明，数据集大小、初始化网络类型和训练模式以及网络超参数对模型性能有影响。具体来说，数据集大小和卷积层的增加可以提高模型的准确性。诸如滤波器尺寸或步幅值之类的超参数的调整有助于提高检测精度，实现 83% 的 mAP@0.5。该研究为将深度学习技术应用于下水道病害检测以及解决建筑和设施管理中的类似问题奠定了基础。

Joshua Myrans 等人提出了使用随机森林处理管道图像以获取病害信息的方法，其使用随机森林对不同病害进行分类。在使用机器学习分类器预测单个帧的内容之前，该过程为每个视频帧计算一个特征描述符。然后，使用隐马尔可夫模型和阶数遗忘过滤对预测序列进行平滑处理，并合并来自整个帧序列的信息。该技术已在 Wessex Water 收集的镜头中得到证明，在静止图像上的检测精度达到 80% 以上。此外，对连续 CCTV 录像进行时间平滑可以将假阴性率提高 20% 以上，从而达到 80% 的准确性。

5.1.2　排水管道病害检测的主要问题

排水管道环境复杂多变，图像特征差异大，单类检测模型往往难以适用多种不同的管道环境，难以在面对不同特征的管道病害时取得良好的表现。训练的管道病害模型识别精度会受到管道环境变化影响较大，无法稳定保持较高的识别准确率。本章为解决以上问题，建立了病害分级更精细的管道病害数据集，训练了针对更多种类管道病害的模型。同时，还建立了包括管道腐蚀、破裂的管道病害检测数据集，训练了神经网络检测模型，以适应复杂多变的管道环境。

5.2　基于特征提取的排水管道病害识别算法

为了解决管道病害识别中管道环境复杂多变，图像特征差异大，单类检测模型往往难以适用多种不同的管道环境，难以在面对不同特征的管道病害时取得良好表现的问题，本节针对管道不同等级管道病害建立了多个管道病害识别数据集，设计了一套管道图像病害识别流程，首先对排水管道图像进行预处理，针对图像有绳缆遮挡干扰的现象进行图像修复以消除干扰，之后对图像进行图像分割、特征提取以及图像识别等处理，识别多种等级管道病害。基于特征提取的排水管道病害识别流程如图 5.2 所示。

5.2.1　管道图像预处理算法

由于管道的环境极其复杂，管道病害的特征也存在较大差异，例如分辨率低，尺寸不同以及照明不均匀，还有管道图像存在绳缆遮挡问题对管道病害检测造成干扰。这些因素增加了图像分割处理和病害特征识别的难度。因此，有必要在病害定位和病害特征识别之前对图像进行预处理。通过对图像进行预处理，可以达到改善病害位置检测和管道病害种类识别精度的效果。

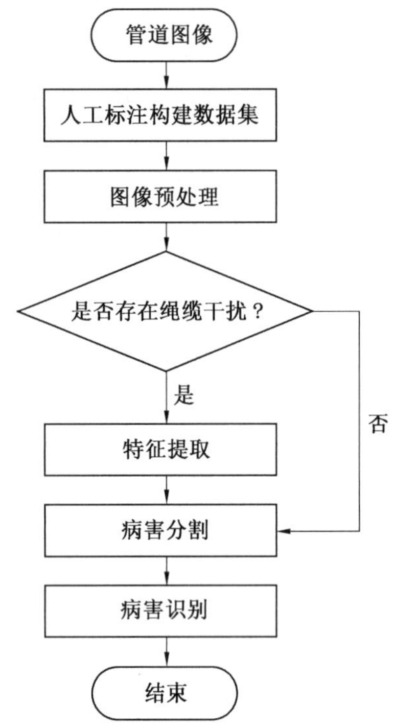

图 5.2　基于特征提取的排水管道病害识别流程

在图像处理的实验中使用了 OpenCV 库，OpenCV 版本为 3.4.4，编译器使用了 Visual Studio 2015 版本。OpenCV 被从事图像处理、计算机视觉行业的研究人员、学者作为工具经常使用，工业界的人员也多有将其作为工具使用以提升生产力。OpenCV 是由 C++编写的，其主要API也是C++语言编写的接口，在其他语言如Python中也有着广泛的应用。OpenCV将大量的图像处理、图像分割、目标检测等计算机视觉领域常用技术集成为易用的 API，为研究人员大大提升了工作效率，不必重复大量函数的编写，缩短了相关研究、开发工作所需的时间。本书中将图像处理、机器学习、目标检测相关的 API 添加到管道病害识别系统中，最终可以通过管道病害识别系统对管道病害图像、视频进行识别。管道病害识别系统将实现输入管道图片、视频，检测后输出管道病害位置、种类、等级等信息。

由于后续的边缘检测等处理步骤需要对灰度图像进行处理，所以首先对管道图像进行灰度转换，将 3 通道的 RGB 管道图像转换为单通道的灰度图像。灰度图像的灰度级是量化级，例如 64 级、256 级等。灰度级表示灰度细分的程度。RGB 图像被转换为灰度图像以方便后续图像处理操作的进行。将 3 通道的 RGB 管道图像转换为单通道灰度图像的公式为

$$Y = 0.299R + 0.587G + 0.114B \tag{5.1}$$

灰度转换过程是根据三通道管道图像中每个像素的 RGB 值，并添加固定权重加权运算得到像素的亮度值。公式的权重是一种公认的转换公式，由人眼对 RGB 三色光的敏感度确定。我们使用的配方最符合真实色彩。

为了增强感兴趣区域和正常的管壁图像之间的对比落差，实验采用了灰度图像灰度拉伸的处理方式增加对比度。图像灰度拉伸可以使明暗更加鲜明，特征更加明显。并且该图像将更有利于下一个图像分割。本书采用一种简单的处理方法，其中输入图像中每个像素(x,y)的灰度值$f(x,y)$是函数的自变量，结果因变量是输出图像的灰度值$g(x,y)$，即

$$g(x,y)=T[f(x,y)] \tag{5.2}$$

根据不同的条件和要求，可以选择不同的映射函数，例如比例函数、指数函数等。在有限次数的操作之后输入点并获得输出点的这种方法称为点操作。在本书中，使用线性渐变变换来增强对可疑病害区域的轮廓识别。

在任何模拟图像中，图像质量在转换为数字图像的过程中都会降低。这就是噪声在采样、量化和传输过程中的影响。由于各种因素，例如点光源引起的光线不均匀，局部高光，金属反射等。几何特征的一个值是可疑病害轮廓的周长。如果不增强空间平滑滤波器，直接得到的轮廓将具有许多锯齿状的边缘，这大大增加了周长并导致实验误差。如图 5.3 给出了通过使用 3×3 模板进行平滑而获得的二进制图像和没有进行平滑的二进制图像。在图 5.3 中可以清楚地看到，平滑轮廓没有明显的锯齿状边缘。

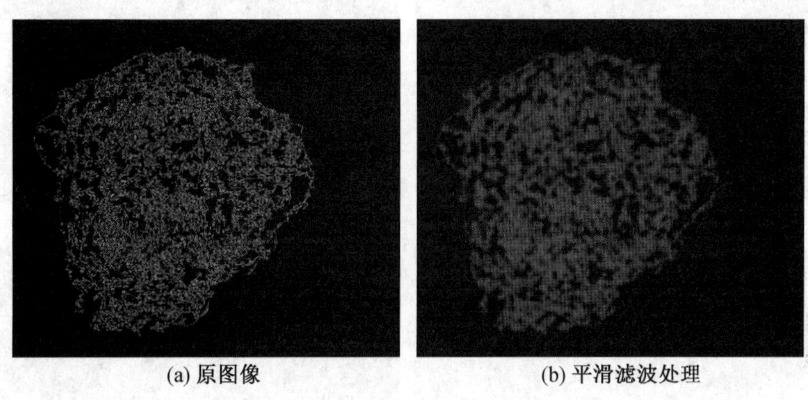

(a) 原图像　　(b) 平滑滤波处理

图 5.3　图像平滑滤波

经过图像预处理之后的管道图像，进一步按照第 4 章的修复技术去除绳缆遮挡，以消除绳缆对病害区域特征提取的干扰。

5.2.2　管道病害特征提取算法

在选出 ROI 区域之后，需要对疑似病害区域进行特征提取。特征提取作为计算机视觉领域核心问题之一，也是排水管道病害识别的关键问题。选择适合排水管道环境的特征提取方式，将对后续的病害识别提供非常大的帮助。人工设计特征指的是通过人的先验知识，对哪些特征更重要的判断，预先设定对哪些特征敏感度高，下面对几种常见人工设计特征进行介绍：

(1) LBP(local binary pattern) 特征，是一种用来描述图像局部特征的算子，LBP 特征具有灰度不变性和旋转不变性等显著优点。在管道环境中，管道机器人在采集管道图像时可能会发生摄像头旋转，导致管道图像位置的旋转，并且经过图像处理后的管道图像

由原来的三通道RGB图像转变为单通道的灰度图像，所以LBP特征的灰度不变性和旋转不变性非常适合管道病害识别的环境。并且LBP计算简单、效果较好，因此LBP特征在计算机视觉的许多领域都得到了广泛的应用。

如图5.4为排水管道中度腐蚀病害、重度破裂病害和正常管壁图像的LBP特征直方图。可见中度腐蚀的管道图像相比正常管壁图像拥有更多特征信息，这些LBP特征将输入分类器进行训练来对排水管道病害进行分类。

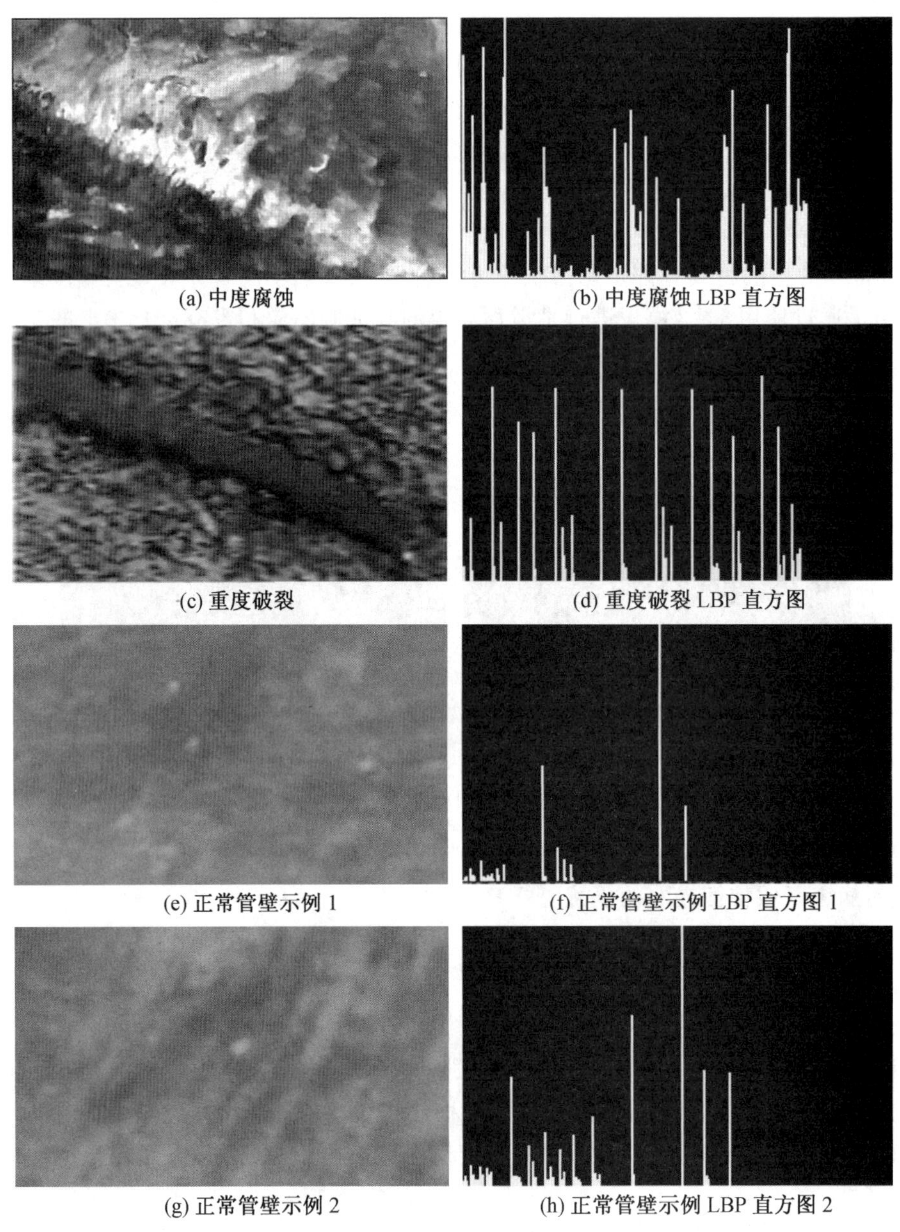

(a) 中度腐蚀　(b) 中度腐蚀 LBP 直方图

(c) 重度破裂　(d) 重度破裂 LBP 直方图

(e) 正常管壁示例 1　(f) 正常管壁示例 LBP 直方图 1

(g) 正常管壁示例 2　(h) 正常管壁示例 LBP 直方图 2

图 5.4　LBP 特征直方图

LBP直方图为图像LBP特征的可视化展示，横轴代表频率高低，纵轴代表分布的数量。观察正常管壁和中度腐蚀的管道图像 LBP 直方图分布，发现无论中高低频分布，两者都有着较大差异，凹凸不平的腐蚀病害区域明显拥有更多的纹理特征，因此二者容易区分开来。提取出来的 LBP 特征将会交给机器学习模型进行分类。

(2)HOG(histogram of oriented gradien) 特征，是一种在计算机视觉和图像处理中用来进行物体检测的特征描述。它通过计算和统计图像局部区域的梯度方向直方图来构成特征。本书对疑似管道病害区域进行了 HOG 特征提取，之后将 HOG 特征传入 SVM 分类器进行病害识别。其中，正常管壁、中度腐蚀、重度破裂的 HOG 特征提取如图5.5所示。

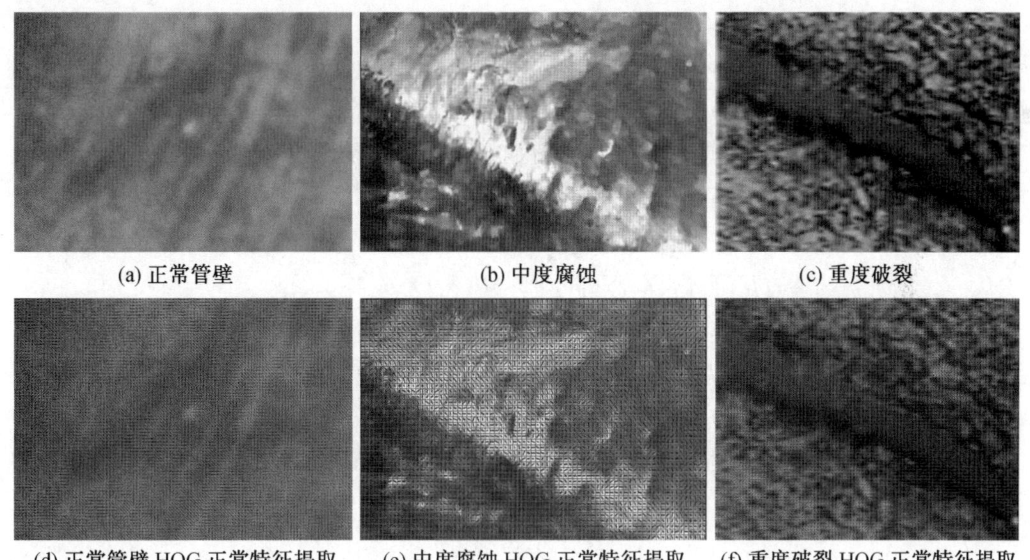
(a) 正常管壁　(b) 中度腐蚀　(c) 重度破裂
(d) 正常管壁 HOG 正常特征提取　(e) 中度腐蚀 HOG 正常特征提取　(f) 重度破裂 HOG 正常特征提取

图 5.5　HOG 特征提取

ROI 区域经过 HOG 特征提取之后，将特征向量传送给分类器进行分类。

综上分析，LBP特征与HOG特征的对比如表5.1所示。LBP的优点在于旋转不变性和灰度不变性，缺点在于检测范围较小，但是对于管道病害而言，LBP 的特征提取范围能够满足需求。HOG 特征优点在于对管道病害的边缘检测效果好，但是其运算量相对 LBP 特征更大，导致速度更慢，实时性较差。

表 5.1　特征对比

特征	优点	缺点
LBP	旋转不变性 灰度不变性	范围小
HOG	边缘特征检测	速度慢

5.2.3　管道病害分割算法

管道图像在经过预处理以及特征提取之后，需要对疑似病害区域的 ROI 区域进行病害识别，因此需要对图像进行分割以帮助查找疑似病害区域。图像分割是图像识别的重要基础，是将图像或场景分割成特定的、独特的部分或子集，并根据一些原理提取有趣的对象的技术和过程。在此实验中，关注的区域是管道中疑似管道病害的区域。通过图像分割技术，将预处理之后的管道图像进行分割提取，输出疑似管道病害的区域，以便后续的特征提取以及病害识别步骤使用。

去除缆绳影响的图像已经进行灰度变换，将图像由 RGB 三通道图像转换为灰度图像，如果是三通道图像进行分割需要先进行灰度转换。之后对单通道图像进行高斯滤波，消除噪声干扰，以提高后续病害识别的准确率。对管道图像进行 Canny 边缘检测，得到管道病害的边缘图像。

Canny 边缘检测算子会对管道图像进行如下操作：

(1) 对管道图像进行去噪处理，采用高斯滤波的方式对管道图像进行滤波。高斯滤波过程实际上是整个图像的加权平均计算过程。

(2) 由一阶偏导求得梯度幅值和梯度方向。使用了最简单的水平和垂直板：

$$\begin{cases} P[i,j]=(f[i+1,j]-f[i,j]+f[i+1,j+1]-f[i,j+1])/2 \\ Q[i,j]=(f[i,j]-f[i,j+1]+f[i+1,j]-f[i+1,j+1])/2 \\ M[i,j]=\sqrt{P[i,j]^2+Q[i,j]^2} \\ \theta[i,j]=\arctan(Q[i,j]/P[i,j]) \end{cases} \tag{5.3}$$

式(5.3)中，$f(x,y)$ 是图像灰度值；P 是 X 方向上的梯度幅度；Q 是 Y 方向上的梯度幅度；M 是此点的幅度；θ 是梯度角度。

在获得 X 和 Y 方向上的梯度和梯度 Angle 之后，可以计算 X 和 Y 方向融合的梯度幅度。计算公式为

$$G=\sqrt{G_x^2+G_y^2} \tag{5.4}$$

(3) 对梯度幅值进行非极大值抑制处理。经过梯度计算后，从梯度值中提取的边缘仍然非常模糊，非极大值抑制可以进一步细化图像的边缘。

(4) 通过双阈值算法检测和连接边缘。

在图像完成 Canny 边缘检测之后，通过开运算和闭运算对图像进行形态学分割。经过双重阈值和边缘检测后，便获得了佳能图像。

我们已经比较了 3 种用于边缘检测和连接的算子的结果，如图 5.6 所示。观察图像可以发现，3 种算子都可以检测出管道病害的外边缘信息，但是对病害的内边缘纹理信息，Canny 算子相对于 Sobel 以及 Laplace 两种算子保留了更多的边缘纹理信息，而病害的内边缘纹理信息蕴含了病害的特征，有助于后续的特征提取和病害识别步骤，因此本实验中 Canny 算子的表现最好。

由于边缘检测步骤后，管道图像存在一些孤立的噪声干扰，并且图像边缘纹理存在毛刺，所以经过边缘检测后，我们还对管道图像进行了开运算、闭运算等形态学分割。开运算的效果包括能够除去孤立的小点、毛刺和小桥，而总的位置和形状不变；结构元素大小的不同将导致滤波效果的不同；可以选择元素以提取出不同的特征。闭运算则是与开运算顺序相反。闭运算的效果包括在保持图像中目标整体形状不变的情况下填充内部的孔洞；结构元素大小的不同将导致滤波效果的不同；不同结构元素的选择导致了不同的

(a) Soble　　(b) Laplace　　(c) Canny

图 5.6　Sobel、Laplace、Canny 边缘检测算子对比

分割。

在 Canny 算子进行边缘检测后，对图像进行开放操作，去除噪声干扰。开运算和闭运算可以在不明显改变对象面积、形状的情况下去除管道噪声、增加对象的对比度、平滑对象边界以使管道病害变得更加突出，方便选取 ROI 区域。管道病害 Canny 检测如图 5.7 所示。

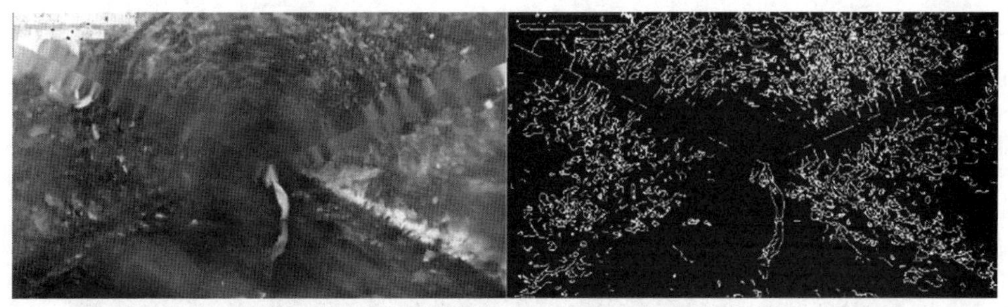

图 5.7　管道病害 Canny 检测

为了限定 ROI 区域，在图像中找出疑似病害区域，本实验中，根据管道病害图像的特点，将管道图像分为 4 个区域，如图 5.8 所示。4 个区域的划分是以绳缆在图像中的位置为依据的。由于管道机器人行进过程中，绳缆在图像中所处的位置基本不变，所以将图像分为 4 个区域有助于选取 ROI 区域，降低运算量。其中 A 区域为管道顶部，渗漏、破裂等管道病害出现的概率更高；B 区域和 C 区域分别为管道底部及两侧，洼水、积泥等病害通常只出现在 B、C 区域；而 D 区域为图像的文字输出区域，通常显示时间与管道机器人的里程信息，由于这部分信息对于病害识别会造成干扰，所以实验中会对 D 区域进行图像修复工作，以消除干扰。每个分区内管道图像经过边缘分割和形态学分割之后，再找出疑似病害区域。

5.2.4　实验结果与分析

1. 实验环境

通过查看多段管道视频图像，发现已有管道图像数据中，管道腐蚀和管道破裂两种病害占绝大多数，并且这两种管道病害对管道危害性大，可能对管道安全造成严重威胁，所

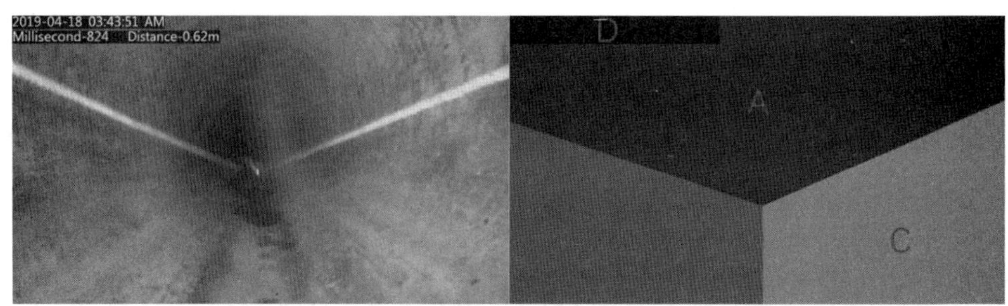

图 5.8 管道图像分区

以本实验主要研究管道腐蚀和管道破裂两种病害。

本节数据集通过人工标注获得，质量可以保证，确保了后续模型训练的可靠性。本书使用的图像标注软件是矿大(北京）图像标注软件，标注软件拥有自主知识产权，软件操作如图 5.9 所示。软件可以将排水管道图像中的管道病害使用矩形框选取，并添加标签 label，完成数据集的标注。完成一张图像标注后可以点击下一张进行标注，标注完整个文件夹的图像后，标注软件将生成标签文件夹，用于存储标注数据。

图 5.9 图像标注软件

根据管道病害分级标准，将常见的排水管道病害种类包括管道结构病害：腐蚀、破裂、变形、错口、脱节、渗漏、侵入，以及管道功能病害：积泥、注水、结垢、树根、杂物以及封堵，如图 5.10 所示。通过观察排水管道视频数据发现，腐蚀、破裂两类病害最常见，并且对管道安全威胁大，因此本实验主要针对排水管道腐蚀、破裂两类病害进行研究。

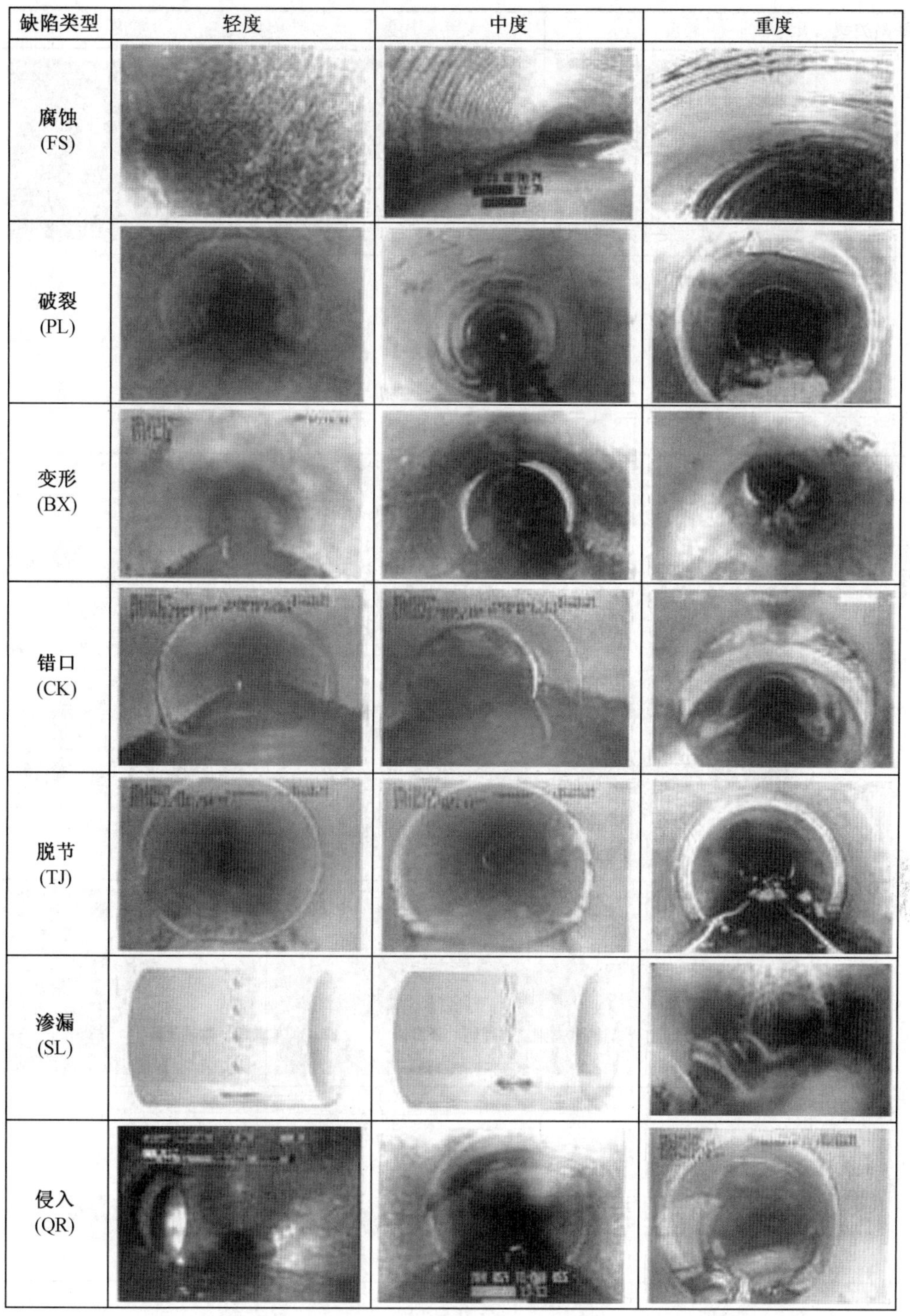

缺陷类型	轻度	中度	重度
腐蚀 (FS)			
破裂 (PL)			
变形 (BX)			
错口 (CK)			
脱节 (TJ)			
渗漏 (SL)			
侵入 (QR)			

图 5.10　排水管道病害种类

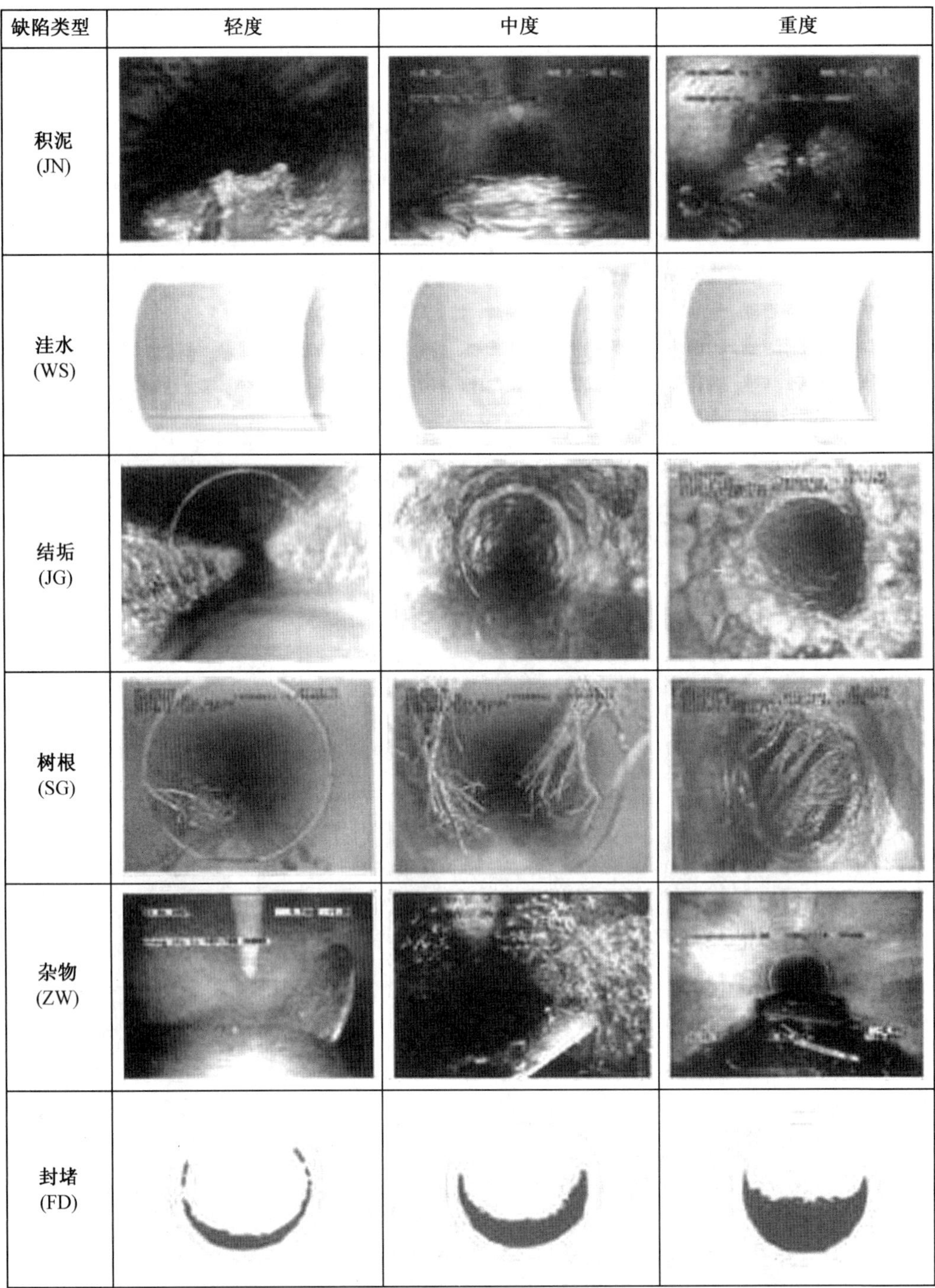

缺陷类型
轻度
中度
重度
积泥
(JN)
洼水
(WS)
结垢
(JG)
树根
(SG)
杂物
(ZW)
封堵
(FD)

续图 5.10

本节对管道视频中的腐蚀病害、破裂病害进行人工标注。标注病害分为腐蚀、破裂两个种类，轻度、中度和重度三个等级。软件标注结果为 txt 格式，如图 5.11 所示。每张图像会对应一个标签，txt 文件内容第一行为图像中矩形框个数，从第二行开始每行内容为矩形框的左上、右下两点的坐标以及病害种类。例如“831 748 1022 920 fsl” 的含义是矩形框左上顶点坐标为(831,748)，右下顶点坐标为(1 022,920)，管道病害种类与等级为重度腐蚀。根据需要，可以转换 txt 格式数据集为计算机视觉研究常用的 VOC 格式数据集、COCO 格式数据集，如第 3 章病害检测算法研究使用的数据集格式为 COCO 数据集格式。根据算法需求的数据集格式完成数据集格式转换后，便可以进行排水管道病害检测的模型训练。病害标注完成之后，直接对标注区域的管道病害进行特征提取，使用机器学习方法训练分类器进行病害识别，不包含病害位置检测步骤。模型训练采用“1 vs all” 方法，标签将病害图像与正常管壁图像标注为“0” 和“1” 两类，每类管道病害识别器在病害识别数据集上训练，得到可以识别管道病害的机器学习模型。

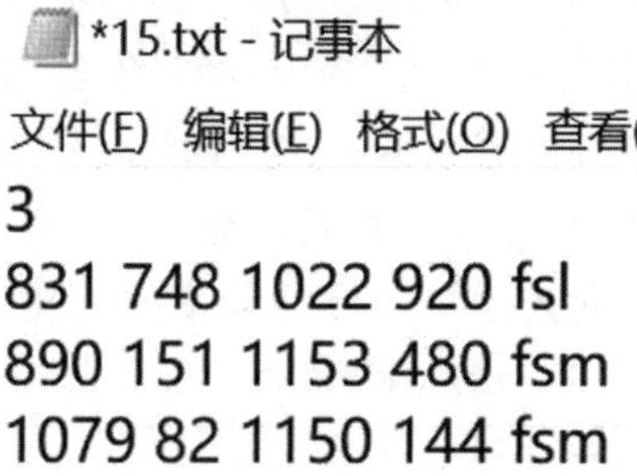

*15.txt - 记事本

文件(F)　编辑(E)　格式(O)　查看(V)　帮助(H)

3
831 748 1022 920 fsl
890 151 1153 480 fsm
1079 82 1150 144 fsm

图 5.11　病害识别数据集标签

本书建立的管道病害识别数据集，具体包含了轻度破裂训练集图像 3 070 张，轻度破裂测试集图像 992 张，轻度破裂验证集图像 515 张，中度破裂训练集图像 15 440 张，中度破裂测试集图像 3 983 张，中度破裂验证集图像 2 036 张，重度破裂训练集图像 8 405 张，重度破裂测试集图像 2 372 张，重度破裂验证集图像 1 062 张，轻度腐蚀训练集图像 6 101 张，轻度腐蚀测试集图像 2 000 张，轻度腐蚀验证集图像 1 000 张，中度腐蚀训练集图像 3 904 张，中度腐蚀测试集图像 1 512 张，中度腐蚀验证集图像 751 张，重度腐蚀训练集图像 430 张，重度腐蚀测试集图像 200 张，重度腐蚀验证集图像 100 张，正常管壁训练集图像 17 404 张，正常管壁测试集图像 9 252 张，正常管壁验证集图像 4 600 张。轻度破裂数据集总数达 4 577 张，中度破裂数据集总数达 21 459 张，重度破裂数据集总数达 11 839 张，轻度腐蚀数据集总数达 4 577 张，中度腐蚀数据集总数达 21 459 张，重度腐蚀数据集总数达11 839 张，如表 5.2 所示。较大规模的管道病害识别数据集为机器学习训练模型奠定了基础，降低了机器学习模型过拟合的概率，提高了模型在病害识别任务中的鲁棒性。

表 5.2　管道病害识别数据集

数据集种类	训练集图像数量 / 张	测试集图像数量 / 张	验证集图像数量 / 张	数据集总数 / 张
轻度破裂	3 070	992	515	4 577
中度破裂	15 440	3 983	2 036	21 459
重度破裂	8 405	2 372	1 062	11 839
轻度腐蚀	6 101	2 000	1 000	9 101
中度腐蚀	3 904	1 512	751	6 167
重度腐蚀	17 404	9 252	4 600	31 256

2. 性能分析

本节将管道病害提取的LBP和HOG特征结合分割结果，输入SVM分类器进行模型训练。所训练的模型优化完成后在测试集上进行测试，经过实验对比 LBP + SVM 算法，HOG 特征 + SVM 分类器，发现在排水管道数据集中 LBP + SVM 算法表现更佳。如表 5.3 中是 LBP+SVM 与 HOG+SVM 两种算法在轻度破裂、中度破裂、重度破裂、轻度腐蚀、中度腐蚀、重度腐蚀等多个病害识别数据集中的准确率的对比。

表 5.3　识别效果对比

数据集种类	LBP + SVM	HOG + SVM
轻度破裂	93.56%	93.92%
中度破裂	92.62%	91.55%
重度破裂	92.78%	93.08%
轻度腐蚀	93.35%	92.49%
中度腐蚀	92.15%	92.23%
重度腐蚀	95.14%	95.46%

通过观察可以发现，LBP+SVM算法与HOG+SVM算法在管道病害识别数据集中的准确率差距并不大，在不同数据集中的表现各有优劣，并且相差的并不多。而特征提取时间，LBP特征提取平均需要 0.126 s，HOG特征提取平均需要 2.392 s，两者相差巨大。由于 LBP 的计算更加简便，计算速度更快。相比而言，HOG 特征计算量更大，因而特征提取花费时间更多，所以 HOG + SVM 算法的实时性更差一些，在管道病害识别过程中，LBP + SVM 算法的表现更好。

ROC(receiver operating characteristic) 曲线根据学习者的预测结果对样本进行排序。ROC 曲线的绘制需要计算真阳性率和假阳性率，分别作为横坐标和纵坐标作图。绘制轻度腐蚀模型的 ROC 曲线，如图 5.12 所示。AUC(area under curve) 是指 ROC 曲线下的面积，在 0.1 ～ 1 之间。分类器作为一个数值，可以直观地进行评价。值越大越好。LBP + SVM 模型轻度腐蚀模型的 AUC 为 0.77，中度腐蚀模型的 AUC 为 0.91，重度腐蚀模型的 AUC 为 0.84。HOG+SVM 模型轻度腐蚀模型的 AUC 为 0.82，中度腐蚀模型的

AUC 为 0.86,重度腐蚀模型的 AUC 为 0.83。LBP＋SVM 模型轻度破裂模型的 AUC 为 0.83,中度破裂模型的 AUC 为 0.85,重度破裂模型的 AUC 为 0.89。HOG＋SVM 模型轻度破裂模型的 AUC 为 0.86,中度破裂模型的 AUC 为 0.79,重度破裂模型的 AUC 为 0.82。LBP＋SVM 算法和 HOG＋SVM 算法在 AUC 上的表现也是各有胜负,由于效率表现更加,本实验选取 LBP＋SVM 方法作为病害识别方法加入到系统中。

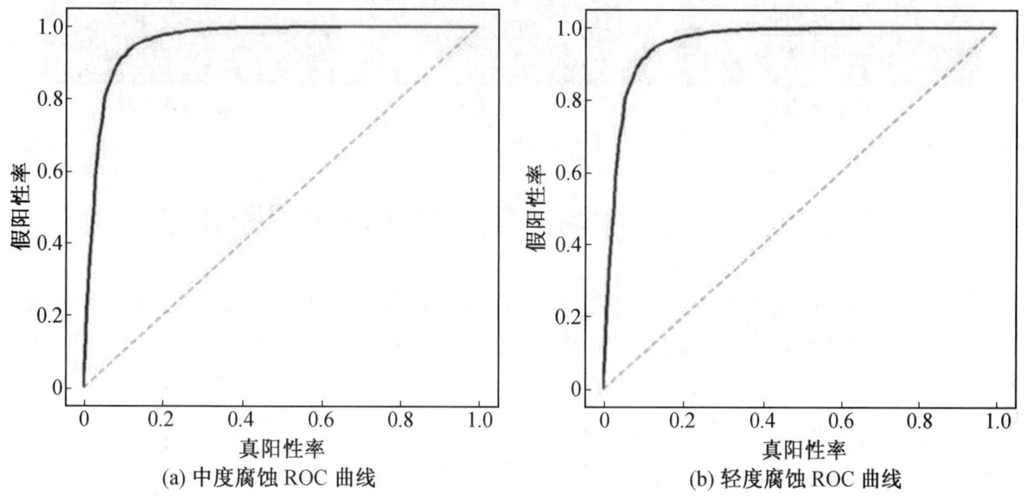

(a) 中度腐蚀 ROC 曲线　(b) 轻度腐蚀 ROC 曲线

图 5.12　ROC 曲线

经过开发工作后,本实验将管道图像预处理、管道图像修复、管道图像分割、病害特征提取、病害分级等功能集成到排水管道病害识别系统中,系统将提供管道病害自动识别功能,病害分级识别效果图如图 5.13 所示。

本节详细介绍了基于特征提取的排水管道病害识别算法研究,并针对排水管道图像特点,设计了一套图像处理流程。包括管道病害识别数据集的建立;管道图像的预处理,其中有图像灰度转换、图像平滑滤波等步骤;针对排水管道图像分割介绍了图像边缘检测、图像形态学分割技术;针对排水管道图像特征提取介绍了 LBP 特征和 HOG 特征,分析了两种特征对管道图像的适用性;对比 LBP＋SVM 和 HOG＋SVM 两种算法在各数据集上的准确率表现以及特征提取速度,绘制了识别模型的 ROC 曲线,并对两种算法的 AUC 进行了比较,由于效率表现更加,本实验选取 LBP＋SVM 方法作为病害识别方法加入到系统中。

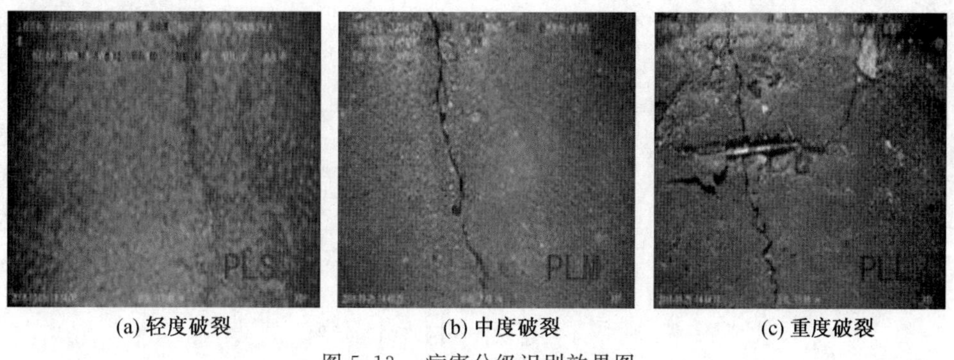

(a) 轻度破裂　(b) 中度破裂　(c) 重度破裂

图 5.13　病害分级识别效果图

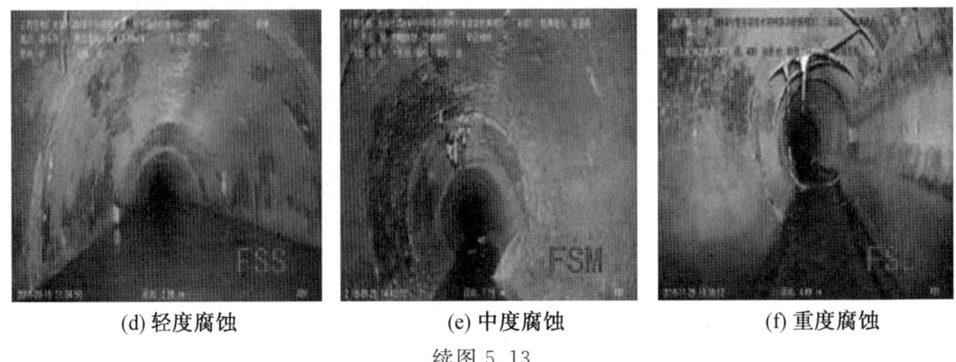

(d) 轻度腐蚀　　(e) 中度腐蚀　　(f) 重度腐蚀

续图 5.13

5.3　基于深度学习的排水管道病害识别算法

常见的目标检测模型只在常见环境表现好，难以适应复杂的排水管道环境。本节为了构建一套检测算法适应多种不同的排水管道环境，提升检测算法在复杂管道环境中的适应性，提升检测算法通用性，进行了排水管道图像病害检测算法研究。本实验将建立包含管道腐蚀、管道破裂两类常见病害的管道病害检测数据集，使用神经网络模型进行训练，以改进检测模型在复杂管道环境中的表现，提升检测模型在排水管道病害检测任务中的表现。

5.3.1　目标检测基础模型

卷积神经网络(convolutional neural networks, CNN)是一种带有卷积结构的深度神经网络。神经网络一般由神经元按照网状结构相互连接起来组成。如果前一层的神经元与下一层所有神经元相连接就称之为全连接。神经元相互连接时会有权重和偏置的影响，在权重和偏置的共同作用下卷积神经网络便可以通过训练不断修正自身参数以达到最优化的目标，此时神经网络计算出的预测值和正解的值最接近，神经网络便可以实现识别图像的目的。如图 5.14 为一种卷积神经网络结构示例，包括输入图像，卷积层、全连接、输出图像。

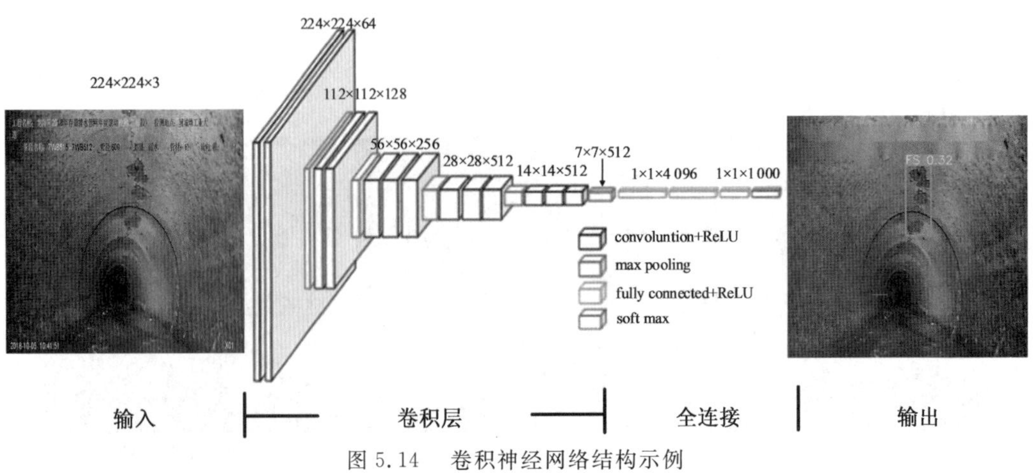

图 5.14　卷积神经网络结构示例

常见的目标检测网络包括基于候选区域的 RCNN 系列、基于回归的 YOLO 系列等，下面对其进行介绍：

(1)Faster RCNN。

Faster RCNN 是一种基于候选区域检测加神经网络分类模型，通过候选区域确定目标位置，再将候选区域交给卷积神经网络进行特征提取以及分类。不难发现候选区域的重要性，如果候选区域选择错误或者误差较大，会影响卷积神经网络的特征提取以及分类效果，造成检测精度较低的后果。Faster RCNN 为了改进候选区域的选取质量，提出了 RPN 区域建议网络来选取候选区域，相比 Fast R－CNN 框架使用 Selective Search 选择候选区域，RPN 在效率和准确率上都有很大的提升，这使得 Faster RCNN 能够拥有更快的速度和更高的检测精度。如图 5.15 为 Faster R－CNN 整体框架，包括了图像、卷积层、特征图、区域建议网络、ROI 池化层和分类器，其中除了 RPN 网络和 Fast R－CNN 结构基本一致。RPN 的本质是使用滑动窗口通过卷积神经网络来选取候选区域。

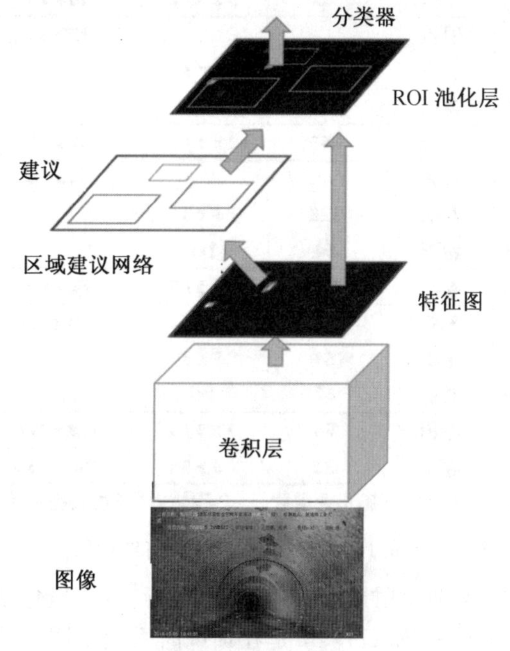

图 5.15　Faster R－CNN 整体框架

(2)YOLO。

YOLO 检测框架是基于回归的，与 Faster RCNN 基于候选区域的候选框属于两种不同的思路。YOLO－v3 检测模型使用了 DarkNet－53 网络模型作为特征提取器，通过命名可以看出其网络结构包含 53 层卷积层，并且应用了残差单元，所以相较之前的 Darknet－19 网络可以构建更深的网络结构，如图 5.16 为 DarkNet－53 网络结构图。此外 YOLO 采用 FPN 架构来实现多尺度检测。该网络具有两个显著特点。首先，它融合了 ResNet，以防止有效信息的丢失，并防止在深层网络训练时出现梯度消失的问题。ResNet 的结构有助于更好地传播梯度，促进网络的训练和学习。其次，该网络没有使用池化层，而是采用卷积进行下采样。这一设计选择进一步减少了对有效信息的丢失，尤其对于小目标而言，这是非常有利的。通过卷积进行下采样，网络能够在保留重要信息的同时减小特征图的尺寸，有助于更好地捕捉目标的细节和特征。这种方法在处理小目标时可以提高网络性能，使其更具鲁棒性。

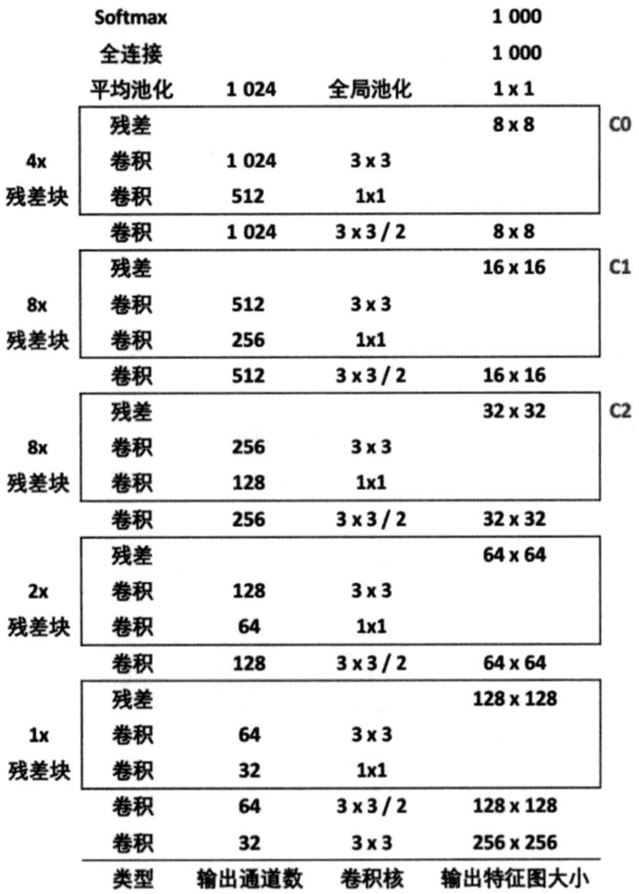

	类型	输出通道数	卷积核	输出特征图大小	
	Softmax			1 000	
	全连接			1 000	
	平均池化	1 024	全局池化	1 x 1	
4x 残差块	残差			8 x 8	C0
	卷积	1 024	3 x 3		
	卷积	512	1x1		
	卷积	1 024	3 x 3 / 2	8 x 8	
8x 残差块	残差			16 x 16	C1
	卷积	512	3 x 3		
	卷积	256	1x1		
	卷积	512	3 x 3 / 2	16 x 16	
8x 残差块	残差			32 x 32	C2
	卷积	256	3 x 3		
	卷积	128	1x1		
	卷积	256	3 x 3 / 2	32 x 32	
2x 残差块	残差			64 x 64	
	卷积	128	3 x 3		
	卷积	64	1x1		
	卷积	128	3 x 3 / 2	64 x 64	
1x 残差块	残差			128 x 128	
	卷积	64	3 x 3		
	卷积	32	1x1		
	卷积	64	3 x 3 / 2	128 x 128	
	卷积	32	3 x 3	256 x 256	

图 5.16　DarkNet－53 网络结构图

YOLO－v3 的目标识别使用了 Multi－Scale 策略，这里包括 Multi－Scale 训练和 Multi－Scale 预测。Multi－Scale Train 是在训练时采用不同尺寸的图片作为输入，这样的做法有助于使模型更好地适应不同大小的图片。通过在训练时使用多尺度的输入图像，模型可以学习适应各种尺寸的目标，提高其泛化能力。Multi－Scale 预测 t 是在预测时取不同尺寸的下采样，即 FPN 架构，YOLO－v3 分别在 sub_sample＝32，16 和 8 处做目标检测，这样可以预测多尺寸的目标。

YOLO－v3 使用 anchor boxes 来预测包围框，并且采用 9 个先验框来采集图像中不同尺度的特征。YOLO－v3 的特征图、感受野与先验框如表 5.4 所示。

表 5.4　特征图、感受野与先验框

特征图	感受野	先验框
13×13	大	(116×90)(156×198)(373×326)
26×26	中	(30×61) (62×45) (59×119)
52×52	小	(10×13) (16×30) (33×23)

通过不同尺度的先验框，YOLO－v3 拥有了较为全面的感受范围，可以对管道图像中较大的病害和较小的病害都有良好的检测效果。通过在数据集上训练得到了 9 种聚类结果：(10×13)、(16×30)、(33×23)、(30×61)、(62×45)、(59×119)、(116×90)、(156×198)、(373×326)，这是按照输入图像的尺寸为 416×416 计算得到的。

分类器训练将根据管道病害等级分类，训练轻度腐蚀、中度腐蚀、轻度破裂、中度破裂等多个分类器进行病害分类，以提高识别精度，增强系统鲁棒性。训练完成后的分类器将能够识别管道图像中管道病害的种类和等级，分等级输出各类型管道病害。

YOLO－v4 针对 YOLO－v3 改进了训练效率，使 YOLO－v4 训练速度更快，将主流的检测算法进行了拆解。YOLO－v4 检测物体位置同样通过包围框，是基于回归的检测算法。

5.3.2　病害检测框架设计

本节将两种检测算法在管道病害检测中进行实际效果对比，以选择最适合排水管道环境，可以提升管道检测模型通用性的病害检测算法。在深度学习模型训练实验中使用了 PyTorch 深度学习框架，PyTorch 是一种以 Python 为基础的深度学习框架，相比使用 numpy 进行科学计算，使用 PyTorch 框架可以很方便地进行 GPU 加速，加速深度学习模型训练。

以 Faster R－CNN 为例，其中训练 Faster R－CNN 的流程中，本实验将图像输入，首先 Faster R－CNN 通过卷积层对管道图像进行特征采样，并提取管道病害图像的特征，以便之后的 RPN 网络产生候选区域以及传给神经网络的全连接层。RPN 网络中，通过分类器来判断包围框是否为管道病害，如果为管道病害则生成候选区域，并且再次回归以提出准确的候选区域位置。Faster R－CNN 排水管道病害检测模型的整体结构如图 5.17 所示。

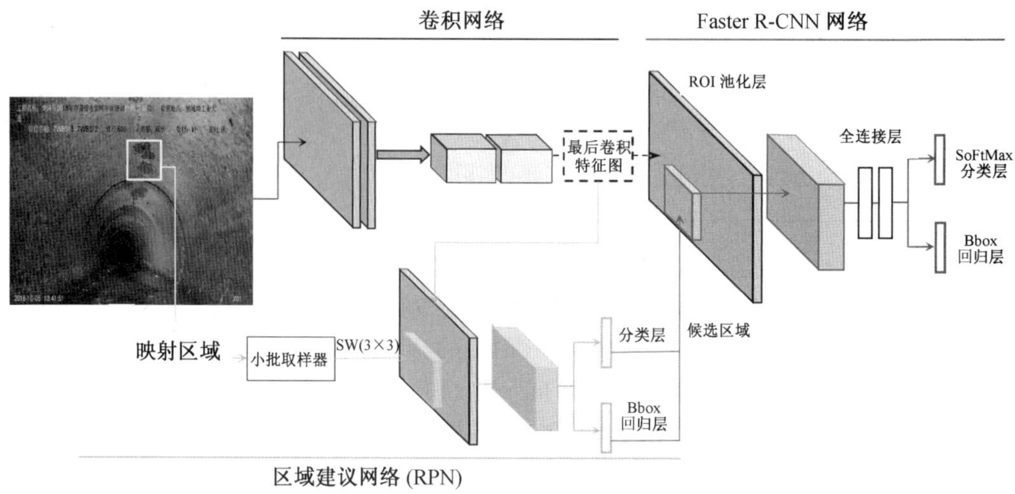

图 5.17 Faster R－CNN 排水管道病害检测模型的整体结构

5.3.3 病害检测模型改进

本节采用了迁移学习的思路。思想是将已经训练好的模型参数，迁移到新的模型中进行训练以达到帮助新模型提升性能表现的目的。在计算机视觉领域，因为大部分数据集、视觉任务存在着共同点，所以将学习过的模型参数迁移到新的模型训练中可以帮助新的模型训练提升效率，还可以提高新模型的泛化性能。

迁移学习的应用可以避免模型从零开始学习，造成不必要的时间浪费。本书中的机器学习、深度学习模型将会进行迁移学习，首先在大型公开检测任务数据集上进行训练，然后将在公开数据集取得良好表现的模型参数迁移到排水管道病害检测模型的训练中，从而提升病害检测模型训练效率、模型泛化性能以及模型精度表现。例如本实验中使用到的“fasterrcnn. weights”和“yolov4. weights”，权重文件为预先在公开数据集中训练优化并取得良好表现的预训练权重。该预训练模型在日常环境中已经可以对人、猫、狗等80类常见目标精确识别，拥有良好的泛化性能。在此预训练模型的基础上，改进方法进行训练检测排水管道病害的Faster RCNN和YOLO－v4模型，可以降低模型过拟合的风险，提高模型训练效率。

5.3.4　实验结果与分析

1. 实验环境

与管道病害识别数据集相同，管道病害检测数据集同样包括管道腐蚀和管道破裂两种病害类型。不同的是为了适应复杂多变的排水管道环境，提升检测模型的鲁棒性，管道病害检测数据集没有对管道病害进行精细分级。并且由于病害检测模型直接在图像中检测病害，所以不再选取正常管壁图像作为负样本。如图 5.18 为管道病害标注示意图。

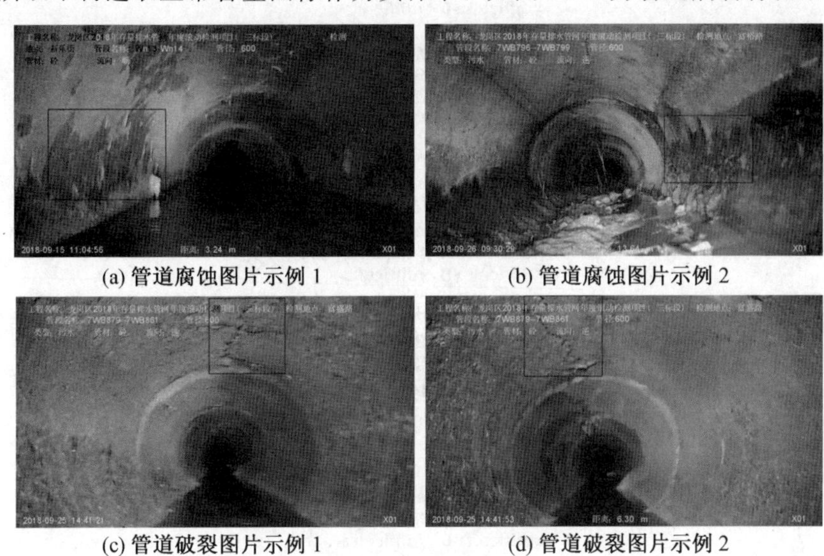

(a) 管道腐蚀图片示例 1　(b) 管道腐蚀图片示例 2

(c) 管道破裂图片示例 1　(d) 管道破裂图片示例 2

图 5.18　管道病害标注示意图

本实验建立的管道病害检测数据集包含管道腐蚀和管道破裂，这两种病害最常见，对管道安全威胁最严重。数据集包含管道破裂病害训练集图像 17 199 张，测试集图像 1 719 张，验证集图像 192 张。管道腐蚀病害训练集图像 16 200 张，测试集图像 1 580 张，验证集图像 173 张。管道病害检测数据集如表 5.5 所示。

表 5.5　管道病害检测数据集

数据集种类	训练集图像数量	测试集图像数量	验证集图像数量
管道腐蚀	16 200	1 580	173
管道破裂	17 199	1 719	192

软件标注后获得的 txt 文件只包含矩形框左上、右下两点坐标以及病害种类。为方便神经网络模型训练，本实验将数据集格式转为标准的 VOC2007 数据集格式。转为 VOC2007 数据集格式后，每张图片将对应一个 xml 标注文件，标注文件内容包括图片名称、病害类别以及矩形框坐标等，如图 5.19 所示。

生成管道数据标注 xml 文件后，可以根据算法所需要的数据集格式，将数据整理到 VOC2007 文件夹中。本实验中 VOC2007 数据文件夹结构如图 5.20 所示，其中包含 JPEGImages 文件夹、Annotations 文件夹、ImageSets 文件夹。JPEGImages 文件夹存放

```
<?xml version="1.0"?>
- <annotation>
    <folder>VOC2007</folder>
    <filename>1.jpg</filename>
  - <size>
      <width>1920</width>
      <height>1080</height>
      <depth>3</depth>
    </size>
  - <object>
      <name>pll</name>
      <pose>Unspecified</pose>
      <truncated>0</truncated>
      <difficult>0</difficult>
    - <bndbox>
        <xmin>446</xmin>
        <ymin>193</ymin>
        <xmax>1528</xmax>
        <ymax>735</ymax>
      </bndbox>
    </object>
  - <object>
      <name>pll</name>
      <pose>Unspecified</pose>
      <truncated>0</truncated>
      <difficult>0</difficult>
    - <bndbox>
        <xmin>276</xmin>
        <ymin>530</ymin>
        <xmax>435</xmax>
        <ymax>672</ymax>
      </bndbox>
    </object>
  - <object>
      <name>pll</name>
      <pose>Unspecified</pose>
      <truncated>0</truncated>
      <difficult>0</difficult>
    - <bndbox>
        <xmin>945</xmin>
```

图 5.19　标注文件展示

了所有的管道图像，全部图像都存储在这一文件夹中；Annotations 文件夹存放的是 xml 格式的标签文件，每个 xml 文件都对应于 JPEGImages 文件夹的一张图片；ImageSets 文件夹存放的是图像物体识别的数据，里面存放了 test. txt，train. txt，val. txt，trainval. txt，作用是划分训练集、测试集以及验证集。整理好 VOC2007 文件夹后可以进行神经网络模型训练。

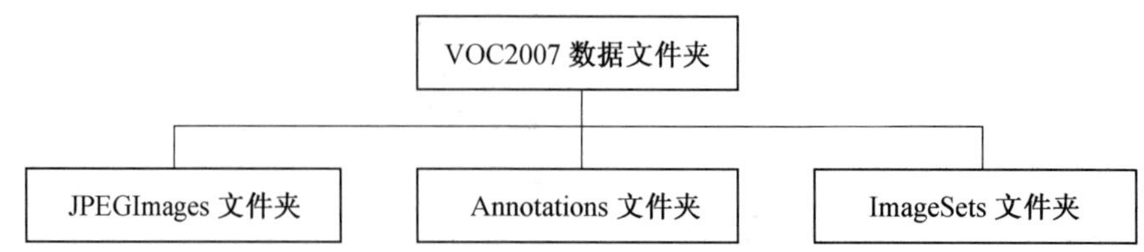

图 5.20　VOC2007 数据文件夹结构

本实验 PyTorch 版本为 1.6.0，Python 版本为 3.7。显卡驱动为英伟达公版驱动 456.71。CUDA 环境为 10.1 版本，同时安装了与其对应版本的 Cudnn。

2. 性能分析

首先，使用未改进的预训练模型直接在管道病害检测数据集中进行测试，发现预训练模型完全无法检出管道病害，mAP@0.5、精确率和召回率均为 0，如表 5.6 所示。其中 mAP@0.5 表示在 0.5 的 IoU 阈值下 mAP，mAP 的含义是对每类目标计算 AP 并取平均值，AP 的含义是准确率－召回率曲线（Precision-Recall Curve）下面的面积。这是由于虽然预训练模型在自然环境中能对多类目标有较好的检测效果，但是管道环境与自然环境差异巨大，管道病害的特征也与其他目标存在较大差异，因此为针对管道环境专门改进训练过的检测模型无法检测管道病害。本实验针对管道环境对检测模型进行训练以提升检测模型在检测管道病害任务中的适应性。

表 5.6　预训练模型表现

算法	mAP@0.5	Precision	Recall
Faster R－CNN	0%	0	0
YOLO－v4	0%	0	0

然后，采用改进的病害检测模型，使用 YOLO－v4 检测框架进行训练。模型在管道病害数据集中的表现如图 5.21 所示，训练后的模型拥有高达 92.3% 的 mAP@0.5 精度。

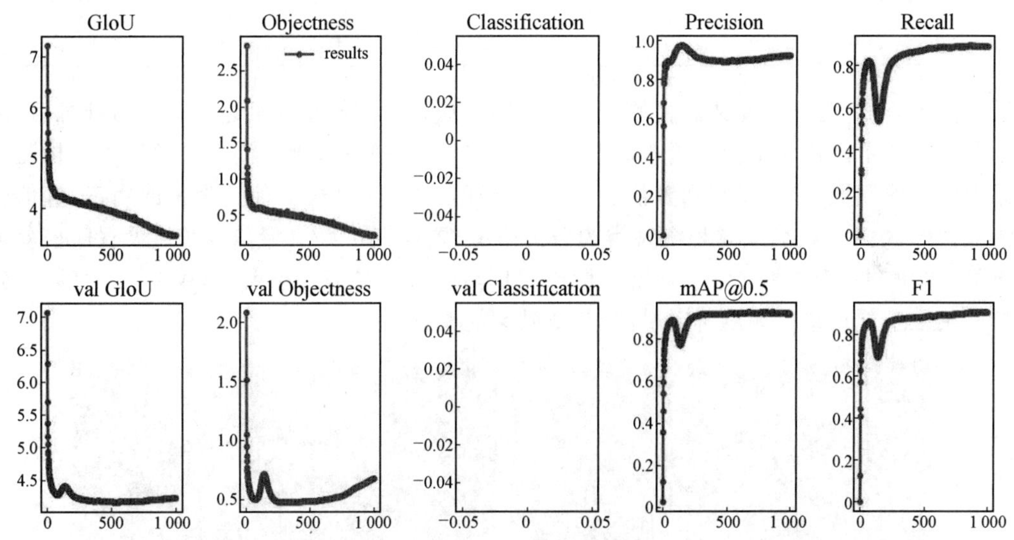

图 5.21　YOLO－v4 模型表现

同样使用预训练模型对 Faster R－CNN 检测框架进行训练。模型在管道病害数据集中的表现如图 5.22 所示，训练后的模型拥有高达 90.8% 的 mAP@0.5 精度。

通过实验训练 YOLO－v4、Faster RCNN 检测模型，在管道病害数据集中进行检测实验，两者检测性能指标如表 5.7，对比发现 YOLO－v4 算法在管道病害检测数据集中表现更佳，平均精度 mAP@0.5 高达 92.3%，能够较准确地检测出管道病害。

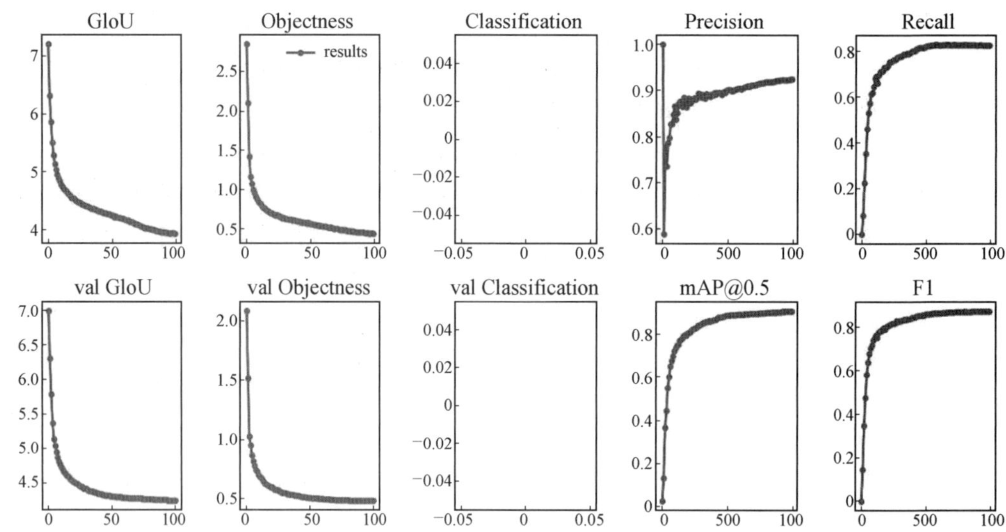

图 5.22　Faster R－CNN 模型表现

表 5.7　训练后模型表现

算法	mAP@0.5	Precision	Recall
Faster R－CNN	90.8%	0.93	0.81
YOLO－v4	92.3%	0.92	0.86

如图 5.23 为管道腐蚀病害的检测效果图。病害检测模型在经过迁移学习训练后，由之前的完全不能检测出排水管道病害到现在已经可以较精准地检测出管道病害。检测结果中包括检测框、检测类别和置信度。“FS 0.38”的含义是检测种类为腐蚀病害，置信度 0.38；“PL 0.48”的含义是检测种类为破裂病害，置信度 0.48。置信度超过设置阈值就可以显示检测框，否则不显示。通常目标越清晰，越明显，置信度越大，越接近 1。可以看到检测结果中能正常检测出管道腐蚀、管道破裂病害。

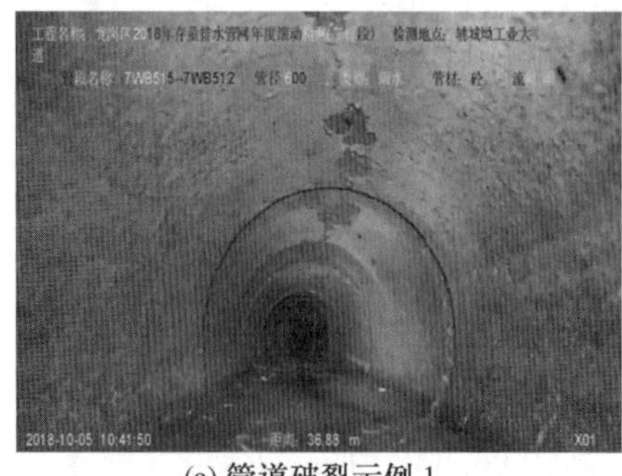

(a) 管道破裂示例 1

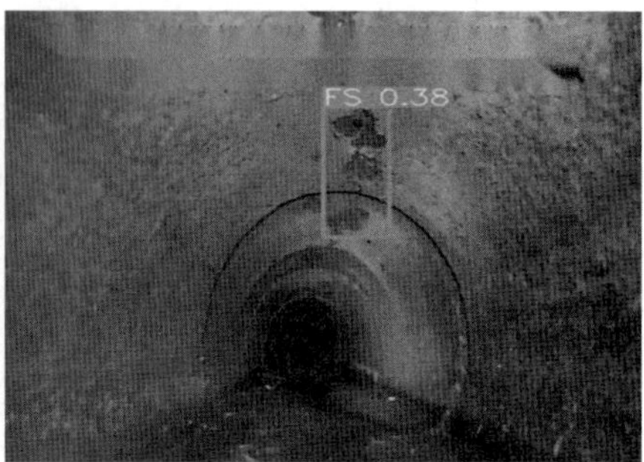

(b) 示例 1 检测效果

图 5.23　管道腐蚀病害的检测效果图

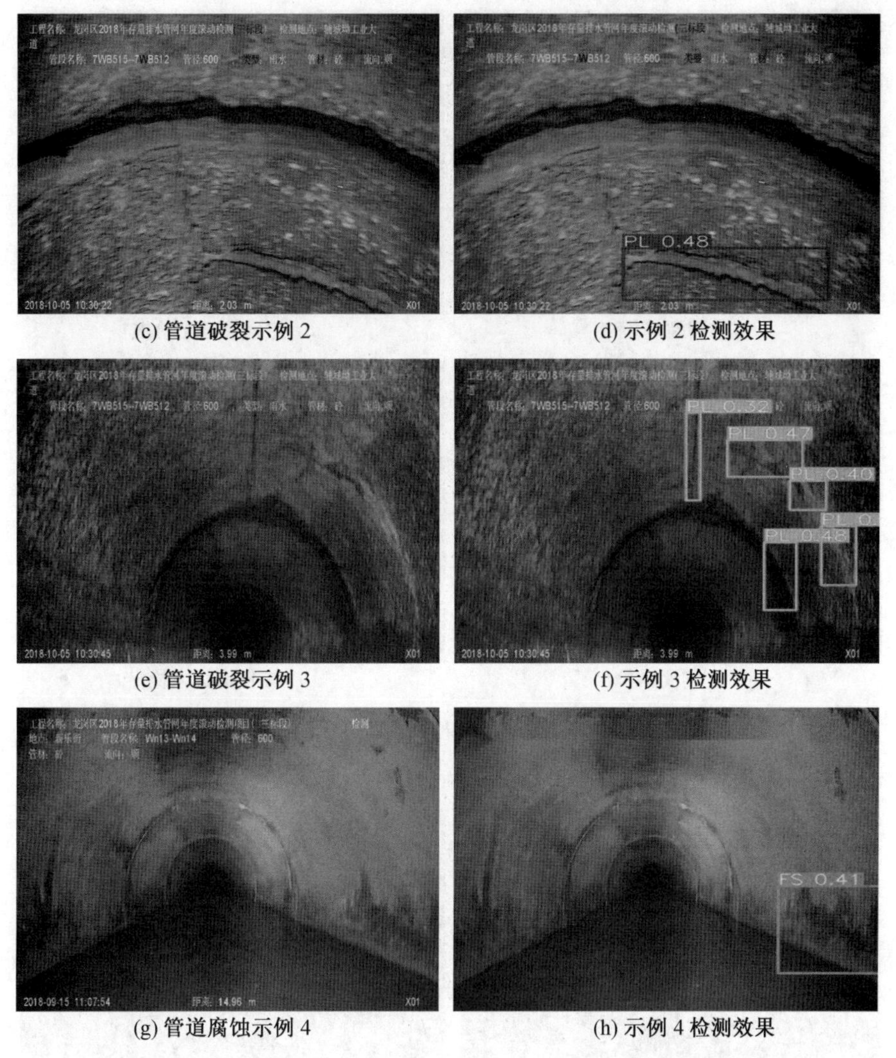

(c) 管道破裂示例 2　　(d) 示例 2 检测效果

(e) 管道破裂示例 3　　(f) 示例 3 检测效果

(g) 管道腐蚀示例 4　　(h) 示例 4 检测效果

续图 5.23

在多目标检测方面，YOLO－v4 和 Faster R－CNN 均存在目标检测不全的现象。如图 5.24(a) 为检测出所有目标，图 5.24(b) 未检测出图像中间的裂缝病害。由于排水管道中环境复杂，管壁纹理信息对病害检测造成了较大干扰，造成两种算法在多目标检测中均存在目标检测不全的现象，后续还需要针对多目标图像进行针对性训练以提高检测性能。

对于有遮挡的目标检测，YOLO－v4 检测效果更佳。如图 5.25(a) 为 Faster R－CNN 检测效果，未检测图上方被遮挡的腐蚀病害；图 5.25(b) 为 YOLO－v4 检测效果，检测出了管道图像上方的管道腐蚀病害。可以发现 YOLO－v4 基于回归的检测框架与 Faster R－CNN 基于候选区域的候选框检测框架相比，效果更佳。并且 YOLO－v4 的 Multi－Scale 策略使其在小目标检测任务中更具优势。从管道病害检测数据集整体结果来看，YOLO－v4 的 mAP@0.5 为 92.3%，高于 Faster R－CNN 的 90.8% 的 mAP@0.5 精度。综合来看，YOLO－v4 框架更加适合管道病害检测任务。

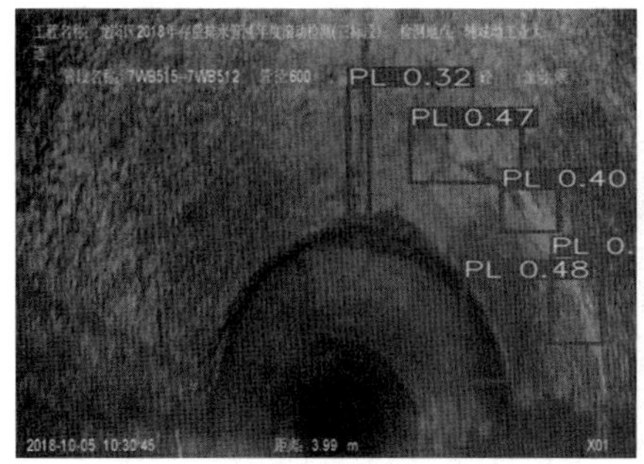

(a) 中间裂缝检出

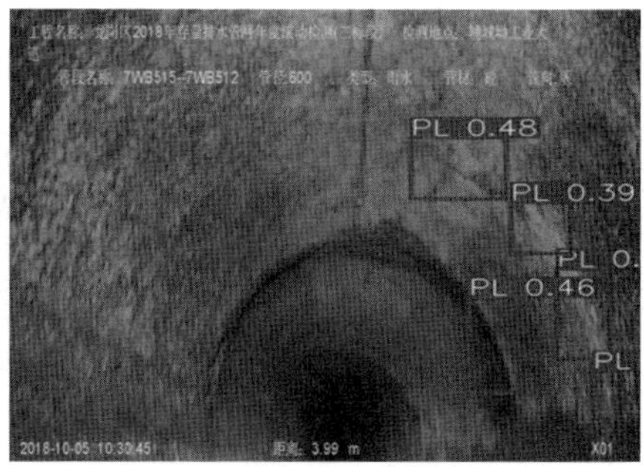

(b) 中间裂缝未检出

(c) 左侧腐蚀检出

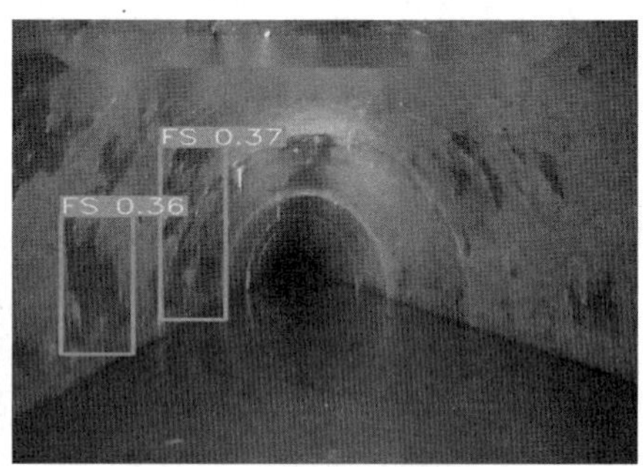

(d) 左侧腐蚀未检出

图 5.24　管道病害多目标检测

(a) Faster R-CNN 检测

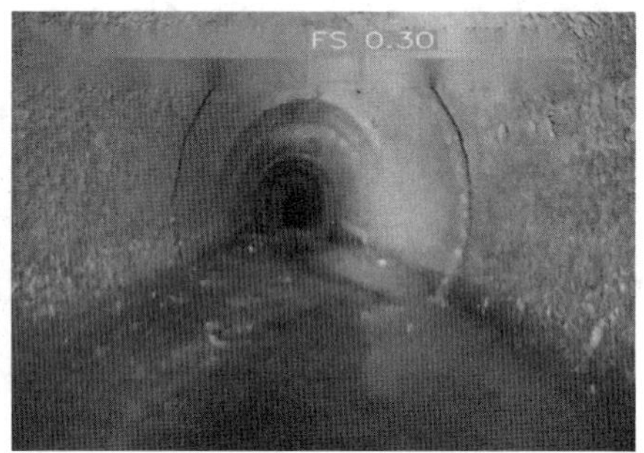

(b) YOLO-v4 检测

图 5.25　有遮挡的管道病害检测效果对比

本节构建一套检测算法适应多种不同的排水管道环境，提升检测算法在复杂管道环境中的适应性，提升检测算法通用性，进行了排水管道图像病害检测算法研究。构建了管道病害检测数据集，与管道病害识别数据集相同，管道病害检测数据集同样包括管道腐蚀和管道破裂两种病害类型。介绍了病害检测模型理论基础，其中具体介绍了基于候选区域的RCNN系列、基于回归的YOLO系列检测模型。设计了管道病害检测框架来训练管道病害检测模型。本实验对预训练的检测模型针对管道环境进行了改进和性能分析。将表现更佳的YOLO－v4管道病害检测模型集成到系统中。

第 6 章　排水管道病害智能检测与可视化系统

6.1　概　　述

地下排水管道工程作为城市重要的生命线工程，也是城市地下重要的公共设施，发挥着城市污水排放、雨季排涝等重要功能，与人民生活给排水方面息息相关。随着经济发展日益繁荣，城市建设的脚步也越来越快，地下排水管道的铺设总长度也逐年增加。智慧城市的建设取得了很大发展，通过物联网的形式将城市基础部件通过网络互连实现智能化的城市管理。在“互联网＋”时代多前沿技术也被应用到了传统的排水管道建设中。城市地下空间资源具有很大的管理价值，早在 2012 年，北京市排水集团就承担了北京市第一次全市性水务排查工作，共计 5 000 km，其中重点排查了污水管道、雨水管道和雨污河流管道，并将收集到的数据构建了一套地下管线管理系统，涵盖数据更新机制，由此来数字化管理和保护地下管线。对地下排水管道病害进行高效准确的探测定位，为管线维护和修复工作提供准确信息，及时进行修护，可有效降低经济损失，避免人员伤亡。

本章主要围绕排水管道病害智能检测和空间三维可视化系统的研究与开发展开工作，对排水管道本体、管道病害进行智能检测和三维建模，实现排水管道及其病害的三维可视化。三维重建可视化系统能够实现全局分析问题，对病害数据直观性进行了优化，真正实现了数据的可视化，不过多依赖专家的先验知识解释数据，提高了数据分析的效率，为实际检测工程需要提供了极大的便利。

6.2　排水管道病害智能检测系统

6.2.1　智能检测系统开发环境

排水管道病害智能检测系统运行环境是：操作系统为 Windows10 64 位，CPU 为 Intel(R) Core(TM) i7 8700，内存大小为 16 GB，显卡为 RTX2080。该系统的开发平台是 Visual Studio 2015，系统开发工作中使用了 OpenCV 框架进行图像处理相关操作，OpenCV 版本为 3.4.4。根据第 3 章系统设计提出的管道病害检测软件系统设计方法，进行程序编写与功能实现。程序的开发将使用微软的 MFC 框架，通过 MFC 实现排水管道视频、图像选取、存储位置选取、病害信息输出等功能交互，并通过 MFC 结合 OpenCV 显示管道图像实现病害检测效果可视化。

6.2.2 智能检测系统分析与设计

人工识别病害存在依赖技术人员、耗时、稳定性不佳等问题。而且管道检修工作量大，随着工作量进一步提升，大量重复性的工作势必导致人工识别病害的成本也随着工作量进一步攀升，并且长时间重复工作导致的疲劳可能导致识别的准确率下降。面对人工识别管道病害的种种病害和不足，本书提出一种自动化的管道病害识别方法，并将该方法集成到管道病害识别系统程序中，用户可以通过管道病害识别程序进行管道病害识别，从而代替传统的人工病害识别方法。本方法面对的主要挑战是由于管道内壁光线复杂、纹理复杂以及管道环境与正常生活场景差异较大，导致管道病害识别检测难度大，病害识别困难并且准确率低的问题。通过针对管道环境专门改进设计的病害识别算法，本软件系统的设计目标是达到较准确的管道病害识别效果，输出排水管道病害信息。如图 6.1 是一张排水管道病害图像，图中排水管道存在着破裂病害。本书将设计软件系统以实现排水管道病害的自动化检测，并输出排水管道病害数据。

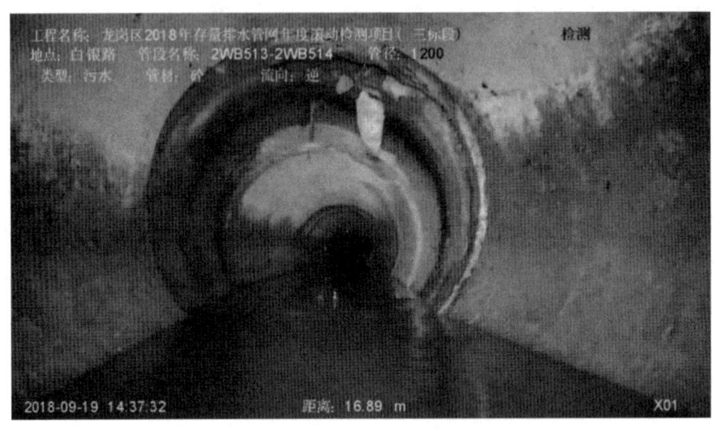

图 6.1　排水管道病害图像

软件系统功能结构如图 6.2 所示。

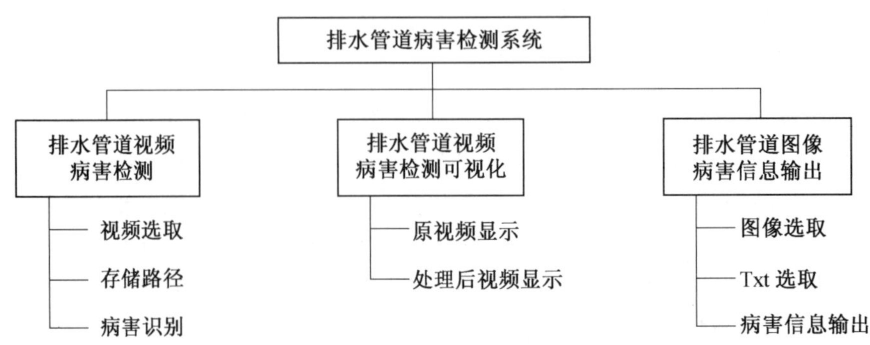

图 6.2　软件系统功能结构图

软件系统主要实现了排水管道视频病害检测、排水管道视频病害检测可视化、排水管道图像病害信息输出 3 大类功能。其中，用户可以通过排水管道视频病害检测模块进行视频选取、存储路径选择以及病害识别等操作;用户可以通过排水管道视频病害检测可视化模块查看排水管道原视频以及经过病害检测处理后的视频对比画面;用户可以通过排水管道图像病害信息输出模块,对选取的图像文件夹(同时需选取对应文件夹图像对应的里程 txt 文件)进行排水管道病害信息输出,排水管道病害信息将以二进制文件的形式按照指定结构体格式输出。

6.2.3　智能检测数据格式设计

在排水管道图像病害信息输出功能模块中,病害信息将按照预先设置的结构体格式以二进制格式保存到二进制文件 result. in 中,结构体主要包含 Filerecord 结构体,存储文件对应管道名称、长度、管道直径以及识别码等信息;damage 结构体,存储一个管道病害区域的里程、病害单元个数信息;damage unit 结构体,存储一个病害单元中的病害类型、管道区域、起始角度、终止角度等信息。用户查看病害信息时,需要根据结构体设置的病害信息格式,读取 ressult. in 文件,文件中包含病害类型、管道区域、病害等级、病害面积等管道病害信息。

系统输出数据格式根据排水管道病害种类确定,其中 Filerecord 结构体包含文件类型验证 file_code、管道直径 diameter、里程总数 pos_num、管道病害 damage 结构体四部分。系统在 damage 结构体中进行数据记录,记录内容包括排水管道里程 pos、病害单元个数 unit_num、病害单元 damage_unit 结构体。在 damage_unit 结构体中使用 damaga_sort 字符串数组进行区分,分别设置为 FS(腐蚀)、PL(破裂)、BX(变形)、CK(错口)、TJ(脱节)、SL(渗漏)、QR(侵入)、JN(积泥)、ZS(注水)、JG(结垢)、SG(树根)、ZW(杂物)以及 FD(封堵)类型。此外 damage_unit 结构体中还包含管道区域 range、病害等级 damage_degree、病害面积 area、病害起点角度 start_arg 和终点角度 end_arg。病害等级使用“S”“M”“L”分别代表轻度、中度和重度。病害信息结构体格式如图 6.3 所示。

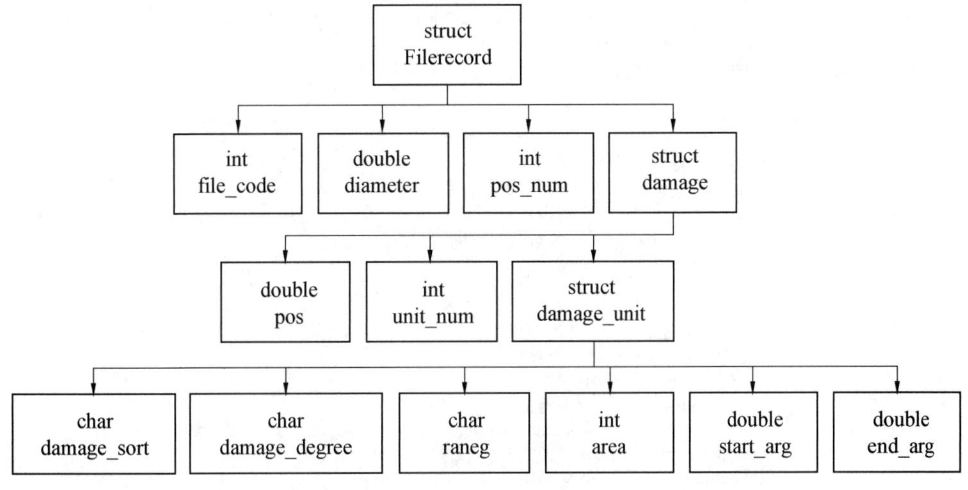

图 6.3　病害信息结构体格式

result.in 文件按预设的结构体存储数据，存储方式为二进制，读取数据需要按照结构体格式进行读取，结构体包含病害类型、管道区域、病害等级、病害面积等信息，如图 6.4 所示。

```
00000690: 23 4e bb 60 40 63 b1 b1 a3 8b cb 60 40 46 53 41
000006a0: 53 37 59 00 00 00 00 00 00 00 00 00 00 00 00 00
000006b0: 00 00 00 00 68 9e 66 23 4e bb 60 40 4e ba 03 6e
000006c0: c9 40 63 40 c1 37 4d 9f 1d 70 9d 3f 01 00 00 00
000006d0: 00 00 00 00 00 00 00 00 00 00 00 00 00 00 00 00
000006e0: 00 00 00 00 00 00 00 00 00 00 00 00 00 00 00 00
000006f0: 00 00 46 53 41 00 00 00 00 00 00 00 00 00 00 00
00000700: 00 00 46 53 41 53 5f 0d 00 00 00 00 00 00 00 00
00000710: 00 00 00 00 00 00 00 00 00 08 7e 4e 22 ee cb 36
00000720: c0 56 a9 18 53 3f 58 36 c0 35 29 05 dd 5e d2 a0
00000730: 3f 01 00 00 00 80 64 c0 00 00 00 00 00 40 63 c0
00000740: 32 20 7b bd fb e3 9d 3f 02 00 00 00 00 00 00 00
00000750: 00 00 00 00 00 00 00 00 00 00 00 00 00 00 00 00
00000760: 00 00 00 00 00 00 00 46 53 41 53 16 14 00 00 00
00000770: 00 00 00 00 00 00 00 00 00 00 00 00 00 00 fb 2b
00000780: 7f 27 c5 1d 37 c0 fb 2b 7f 27 c5 1d 37 c0 89 b6
00000790: 63 ea ae ec a2 3f 01 00 00 00 40 5c c0 00 00 00
000007a0: 00 00 c0 54 c0 50 4c 41 00 00 00 00 00 00 00 00
000007b0: 00 00 00 00 00 00 00 00 00 00 00 00 00 00 00 00
000007c0: 00 60 64 c0 00 00 00 00 00 20 63 c0 46 53 41 53
struct damage_unit
{
    char damage_sort[2];//病害类型
                        //FS;腐蚀病害
                        //PL;破裂病害
                        //BX;变形病害
                        //CK;错口病害
                        //TJ;脱节病害
                        //SL;渗漏病害
                        //QR;侵入病害
                        //JN;积泥病害
                        //WS;洼水病害
                        //JG;结垢病害
                        //SG;树根病害
                        //ZW;杂物病害
                        //FD;封堵病害
    char range;//管道区域
    char damage_degree;//病害等级 S M L
    int area;//病害面积  单位平方厘米 cm^2
    char unuse[15];//保留位 病害等级使用1字节，病害面积使用4字节
    double start_arg;//起点角度
    double end_arg;//终点角度
};
struct damage
{
    double pos;//里程
    int unit_num;//病害单元个数
    char unuse[50];//保留位
    struct damage_unit unit[10];//病害单元
};
struct Filerecord
{
    int file_code;//文件类型验证
    double diameter;//管道直径
    int pos_num;//里程总数
    char unuse[1000];//保留位
                    //struct damage record[pos_num];//数据记录
    struct damage record[20000];//数据记录
}Filerecord;
```

图 6.4　二进制文件内容

6.2.4　智能检测系统功能实现

排水管道病害检测软件系统主要根据排水管道视频病害检测、排水管道视频病害检测可视化、排水管道图像病害信息输出这 3 大类功能模块设计，系统的运行流程如下：

(1) 使用排水管道视频病害检测功能。

用户打开程序进入主界面，需要进行排水管道视频的选取。用户使用排水管道视频病害检测功能需通过软件载入管道视频，然后使用视频病害检测功能。用户需要选取 MP4 格式的排水管道视频文件。首先在程序主界面点击“视频选取”按键，程序会弹出对话框，用户可以选择管道视频。完成管道视频选取之后，用户根据需要选择检测处理后视频的存储路径，如果不选择存储路径则默认不需要保存病害检测处理后的视频。选择存储路径需要点击主界面中的“存储路径”按键，在弹出的对话框中选择路径，编辑存储视频名称，按确认后完成存储路径设置。之后点击主界面中的“病害识别”按键，即可对排水管道视频进行病害检测处理。管道病害检测过程中，管道原视频以及处理后的视频将同时在排水管道视频病害检测可视化模块中显示，达到边处理边播放的效果。用户在主界面就能实时查看、对比排水管道视频病害检测过程。使用排水管道视频病害检测功能的示例如图 6.5 所示。

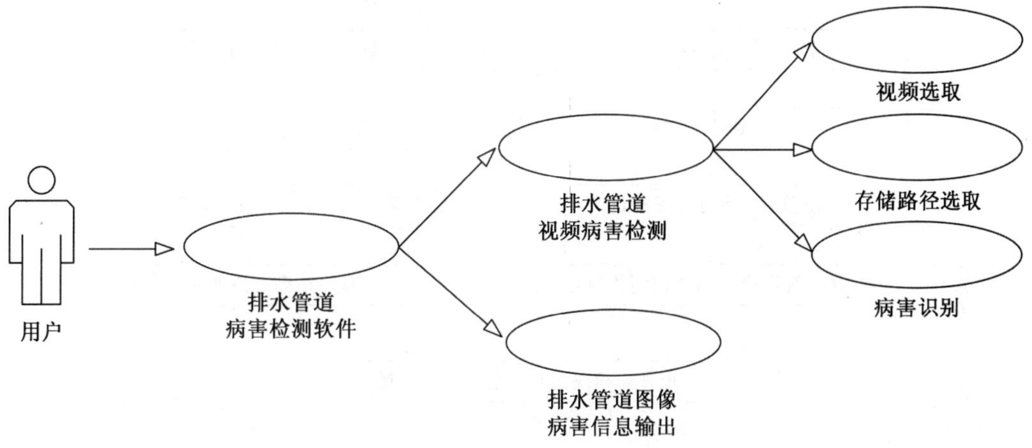

图 6.5　排水管道视频病害检测

(2) 使用排水管道图像病害信息输出功能。

用户打开程序进入主界面，需要进行排水管道图像文件夹的选取。由于排水管道图像需要与管道里程信息一一对应，所以需要选择管道图像文件夹以及存储着对应图像里程信息的 txt 文件，暂不支持对视频或者无对应里程信息的图像输出病害信息。首先在程序主界面点击“图像选取”按键，程序会弹出对话框，用户可以选择管道图像文件夹。完成后用户需要在主界面点击“Txt 选取”按键，选择对应图像里程信息的 txt 文件。完成后点击“病害信息输出”按键，即可使用排水管道图像病害信息输出功能，病害信息将按照预先设置的结构体格式以二进制文件形式输出到 result.in 文件中。使用该功能的示例如图 6.6 所示。

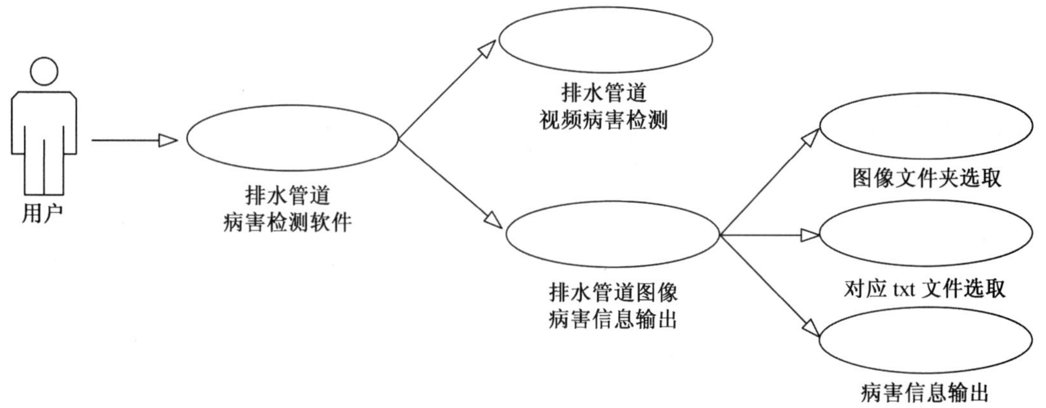

图 6.6　排水管道图像病害检测

根据此运行步骤，得出本系统运行流程如图 6.7 所示。

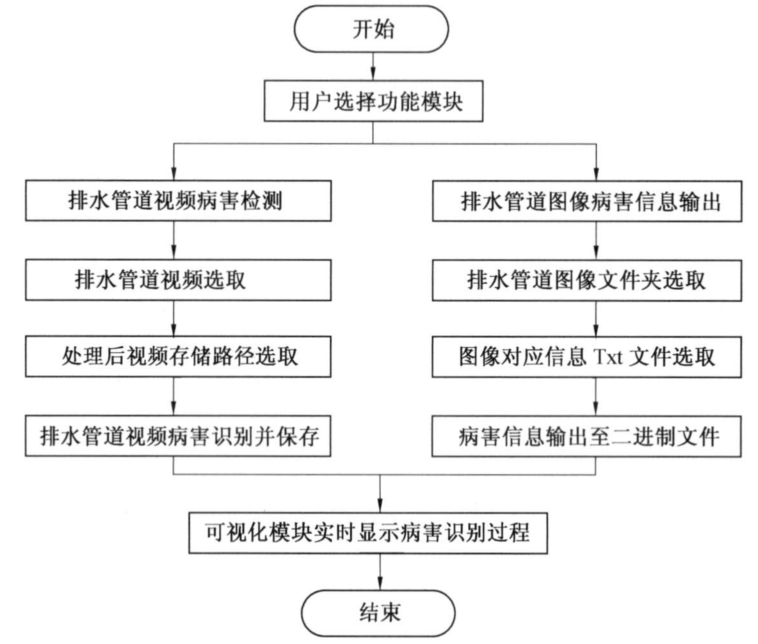

图 6.7　系统运行流程图

在本章中将会对系统的开发环境进行介绍，包括软件与硬件环境。之后将展示排水管道病害检测系统的功能实现，包括图像预处理、图像分割与病害检测。同时本章将展示系统的具体使用流程，并对系统使用算法的性能进行分析。

本软件的排水管道病害检测功能，排水管道视频病害检测可视化，排水管道图像病害信息输出功能，用户可以在程序主界面点击相关功能按键之后使用。程序主界面如图6.8所示。

程序主界面左上方的“视频选取”“存储路径”“病害识别”为排水管道病害检测功能模块按键，用户可以通过该功能模块按键使用软件系统的排水管道视频病害检测功能。

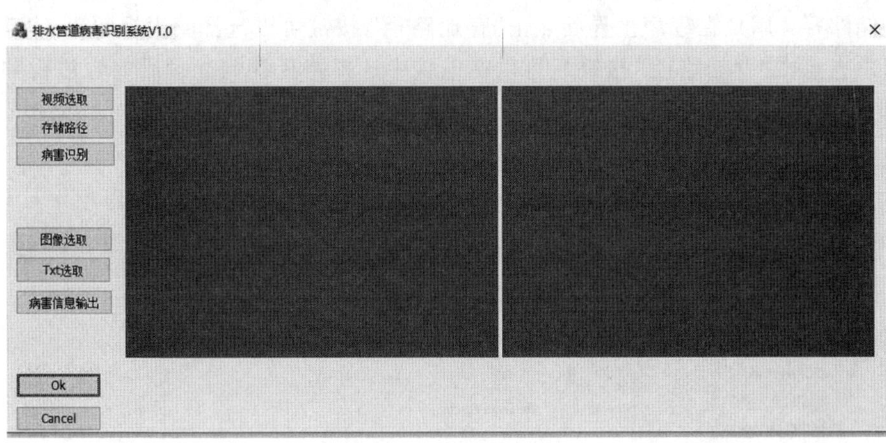

图 6.8　程序主界面

左下方的"图像选取""Txt 选取""病害信息输出"为排水管道图像病害信息输出功能模块按键，用户可以通过该功能模块按键使用软件系统的病害信息输出功能。程序主界面中央为排水管道视频病害检测可视化功能模块，由两个视频播放控件组成，在排水管道视频病害检测过程中，程序可以实现检测过程可视化，程序在主界面可同时显示原视频和病害检测处理后的视频，方便用户实时查看病害检测结果。

视频选取：用户使用排水管道视频病害检测功能需通过软件载入管道视频后方可使用。可载入 MP4 格式视频文件。用户在程序主界面点击"视频选取"按键可以选择管道视频。

用户在点击"视频选取"按键后可以在电脑中根据视频路径选择管道视频，视频路径选择界面如图 6.9 所示。

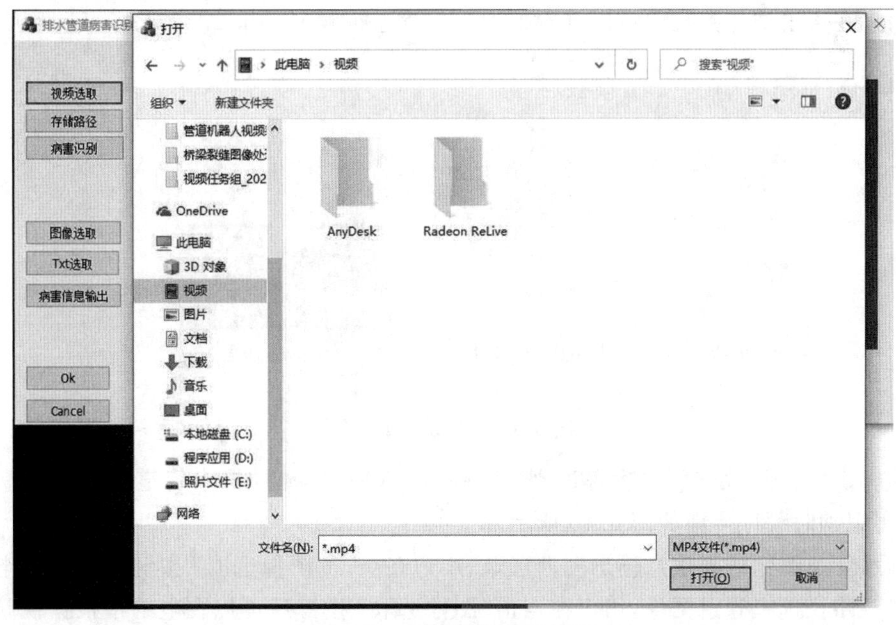

图 6.9　视频路径选择界面

存储路径：用户在程序主界面点击“存储路径”按键可以选择管道视频。

用户在点击“存储路径”按键后可以在电脑中选择路径存储处理后的管道视频，如图6.10所示。

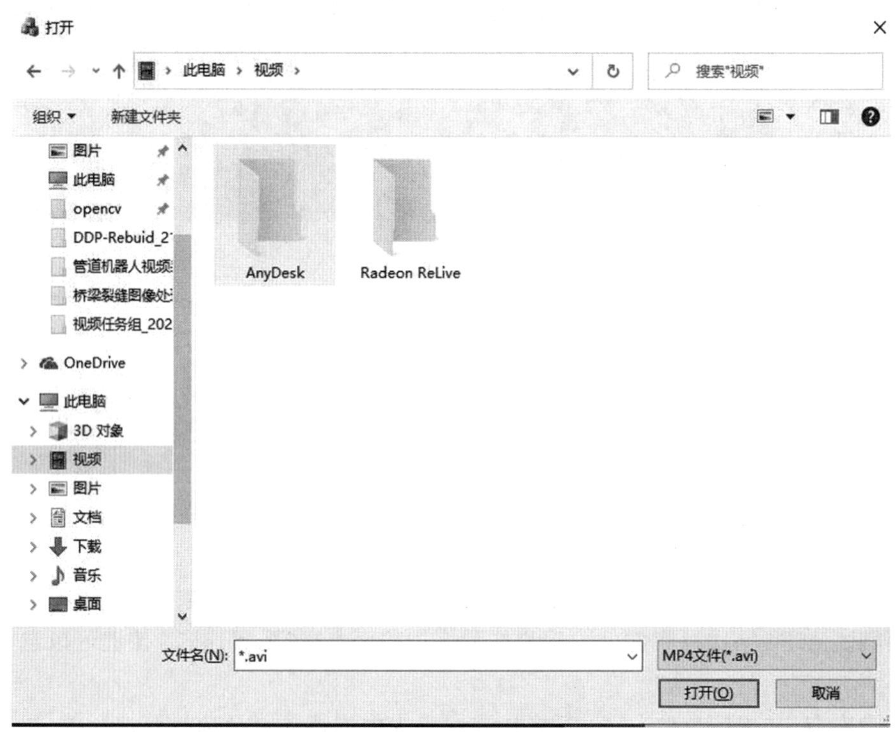

图 6.10　视频存储路径选择

用户在点击选择路径中可以查看处理后的管道视频 result.avi，如图 6.11 所示。

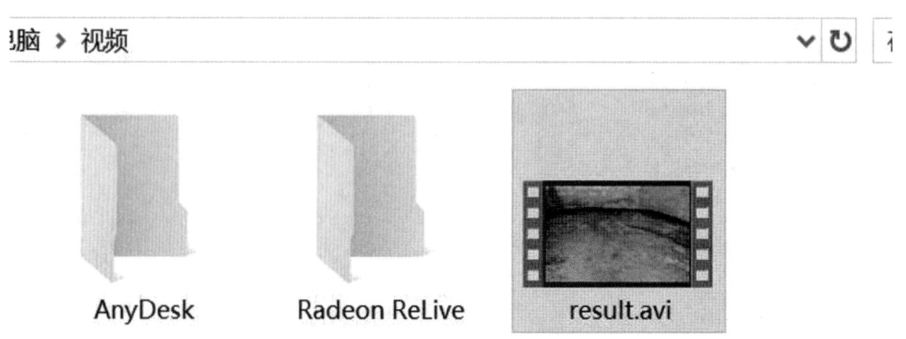

图 6.11　视频结果存储

病害识别：用户在点击“病害识别”按键后可以对选择的排水管道视频进行病害识别，病害识别时程序界面如图 6.12 所示。

排水管道图像病害信息输出图像选取：用户在点击“图像选取”按键后可以在电脑中根据视频路径选择管道图像，用户在点击“图像选取”按键后可以在电脑中根据视频路径选择图像文件夹，如图 6.13 所示。

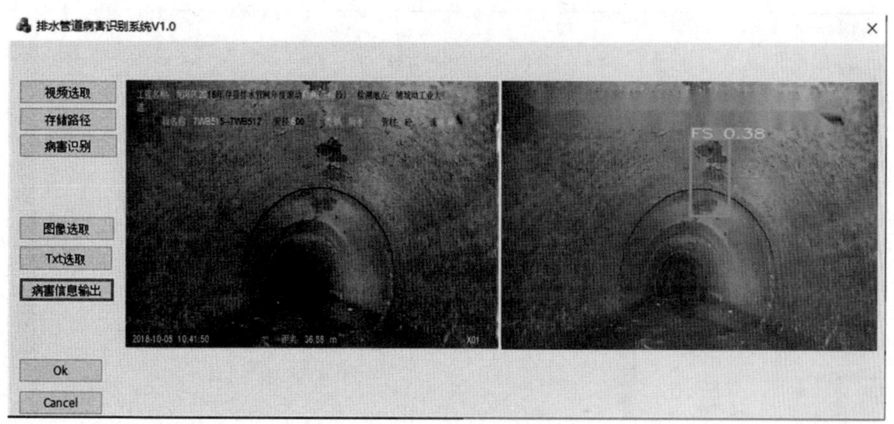

图 6.12　病害识别界面

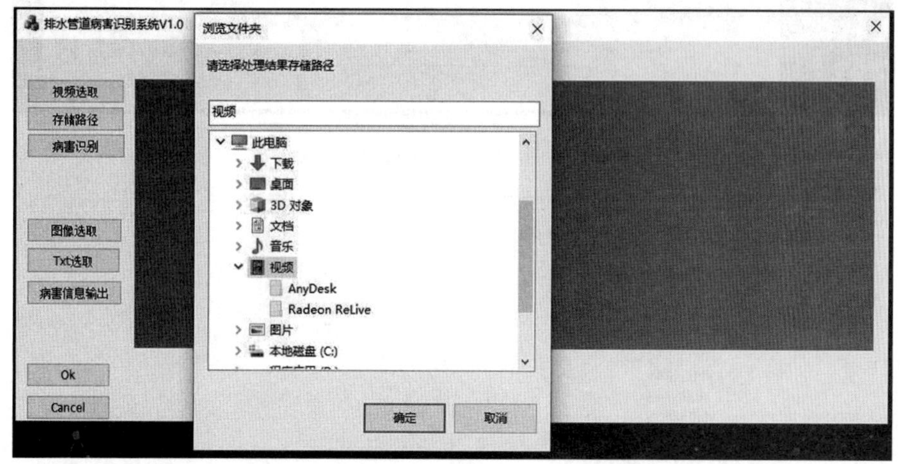

图 6.13　图像选取

Txt 选取：用户在点击“Txt 选取”按键后可以在电脑中根据 txt 文件路径选择文件，选取管道图片对应的 txt 文件，txt 文件为图像文件夹对应的文件，包含对应管道信息，如图 6.14 所示。

pos.txt 文件包含对应管道图像的里程信息，如图 6.15 所示。

病害信息输出：用户在点击“病害信息输出”按键后可以对管道图像进行病害检测，并将管道病害检测结果输出到二进制文件中。用户可查看输出结果的二进制文件 result.in，如图 6.16 所示。

本节主要是对基于排水管道机器人的管道病害检测系统设计。首先，研究对基于排水管道机器人的管道病害检测系统的设计目标，并对系统进行总体设计，将系统主要分为排水管道视频病害检测、排水管道视频病害检测可视化、排水管道图像病害信息输出 3 大类功能模块。系统输出数据格式根据排水管道病害种类，在 damage_unit 结构体中使用 damaga_sort 字符串数组进行区分。对系统编写中所涉及的 OpenCV 框架、PyTorch 深度学习框架、数据集构建、迁移学习等计算机视觉相关技术进行介绍，梳理出系统的运行流程。

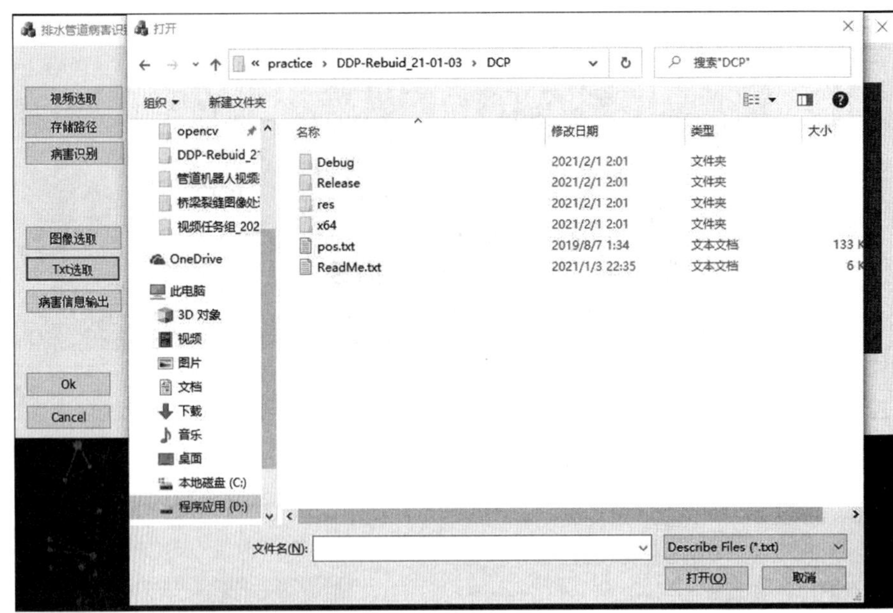

图 6.14　Txt 选取

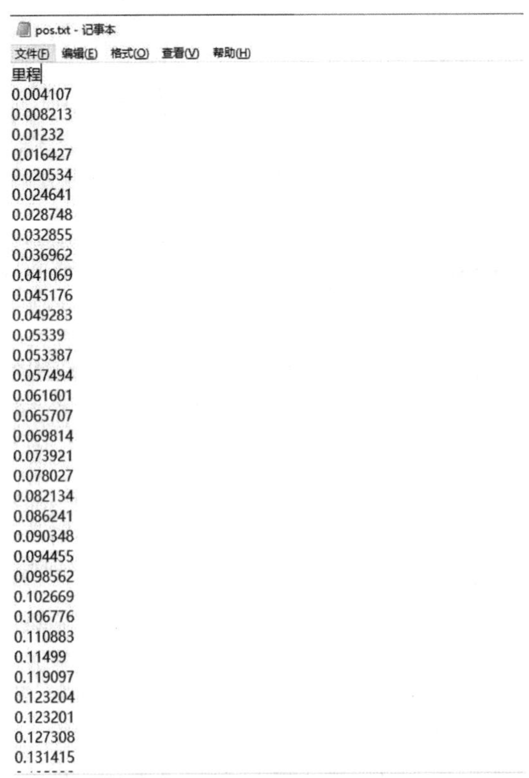
pos.txt - 记事本

文件(F) 编辑(E) 格式(O) 查看(V) 帮助(H)

里程
0.004107
0.008213
0.01232
0.016427
0.020534
0.024641
0.028748
0.032855
0.036962
0.041069
0.045176
0.049283
0.05339
0.053387
0.057494
0.061601
0.065707
0.069814
0.073921
0.078027
0.082134
0.086241
0.090348
0.094455
0.098562
0.102669
0.106776
0.110883
0.11499
0.119097
0.123204
0.123201
0.127308
0.131415

图 6.15　pos.txt 文件

结合前文方法研究，采用 OpenCV 计算机视觉开源库和 VS 2015 平台开发环境使用 C++语言开发，利用 MFC 编写实现了完整的基于排水管道机器人的管道病害检测系

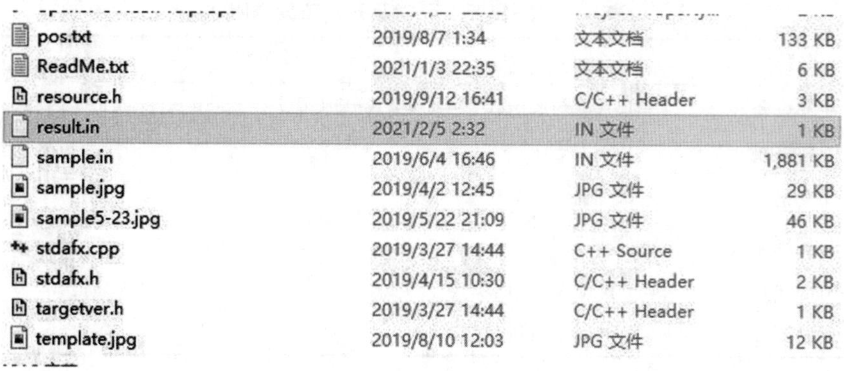

pos.txt	2019/8/7 1:34	文本文档	133 KB
ReadMe.txt	2021/1/3 22:35	文本文档	6 KB
resource.h	2019/9/12 16:41	C/C++ Header	3 KB
result.in	2021/2/5 2:32	IN 文件	1 KB
sample.in	2019/6/4 16:46	IN 文件	1,881 KB
sample.jpg	2019/4/2 12:45	JPG 文件	29 KB
sample5-23.jpg	2019/5/22 21:09	JPG 文件	46 KB
stdafx.cpp	2019/3/27 14:44	C++ Source	1 KB
stdafx.h	2019/4/15 10:30	C/C++ Header	2 KB
targetver.h	2019/3/27 14:44	C/C++ Header	1 KB
template.jpg	2019/8/10 12:03	JPG 文件	12 KB

图 6.16　二进制文件结果

统。该系统主要是对排水管道病害识别系统进行实验，同时为程序各个操作步骤结果进行展示。通过 MFC 程序的编写，将病害检测算法集成到程序中，为用户提供简洁的交互界面。用户可以通过程序实现病害检测、病害信息输出、排水管道病害检测效果可视化。通过技术指标对比选择病害识别检测算法，验证病害检测算法在管道数据集中表现的优越性。

6.3　排水管道病害三维可视化系统

6.3.1　三维可视化系统开发环境

所开发的排水管道病害三维可视化系统基于 CloudCompare 源码，它是一款开源的三维点云处理软件。该软件处理三维数据时发挥出色的性能依赖于它特定的八叉树结构。CloudCompare 一开始处理用的巨大点云一般是百万数量级，经过后期的持续开发实现了点云和三角网格之间的比较和其他许多点云处理算法以及显示增强工具，具备了比较健全的点云处理的功能且经过多年的更新迭代具有良好的鲁棒性。

CloudCompare 使用 C＋＋语言开发，支持在 Linux、Mac、Windows 操作系统上编译，开发者可以根据实际需求对存储和速度之间进行权衡，本书为了提高点云处理速度对存储值和计算选择32位浮点值完成。本书开发的地质数据三维点云处理平台 GeoClouds 在不更改 CloudCompare 软件核心代码及实用基础功能的前提下，在插件部分独立开发，实现需求部分提出的必要功能。这种做法的优点是不影响软件的其他功能，也节省了从底层开发需要的大量时间和精力，保证了 GeoClouds 的鲁棒性也提升了系统的针对性和适用性，经过初步分析和实验证明该方案是可行的。系统开发环境及开发工具说明如表 6.1 所示。

表 6.1　系统开发环境及开发工具说明

名称	说明
开发设备	Intel(R) Core(TM) i5－8400 CPU @ 2.80 GHz，16 G内存
操作系统	Windows10 64 位
开发语言	C＋＋
系统框架	Qt5.9.2
图形 API	OpenGL 及 PCL
开发工具	Visual Studio 2010

6.3.2　三维空间信息表示

1. 管道及病害点云坐标转换

由前文中获取的二维病害的坐标，通过二维坐标到三维坐标的矩阵变换实现坐标变换。在世界坐标系（测量坐标系）中，点的三维坐标描述了相机和目标物体的空间相对位置。通过上述的空间坐标转换方法，能够将排水管道病害坐标从二维映射到三维空间，获取空间坐标。根据所获取的病害二维坐标，即病害所在的里程及深度，若要获取病害三维坐标信息需要增加一个维度信息，通过模拟第三维度位置信息得到的病害空间位置如图 6.17 所示。

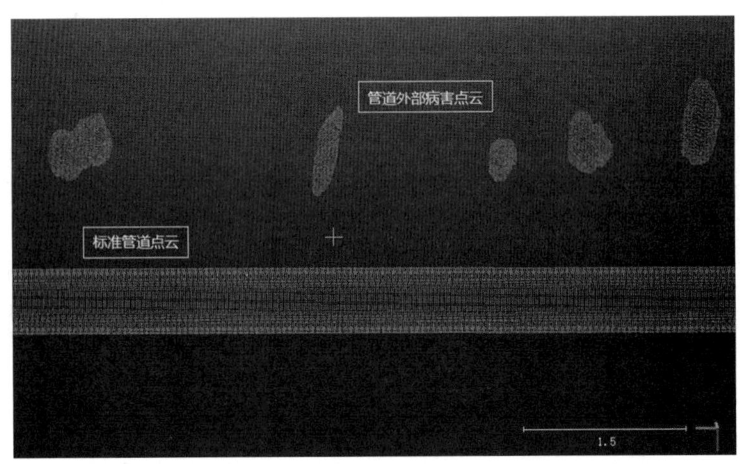

图 6.17　通过模拟第三维度位置信息得到的病害空间位置

有了病害的三维空间坐标。通过设计点云生成程序，添加病害的颜色 RGB 信息，即可获得完整的排水管道外部病害的点云数据信息。

管道机器人搭载高清摄像头采集的视频中可以提取出较为完整的管道内部点云数据集，其中包含管道内壁及管道内部堆积物点云。通过本课题设计的程序对两部分数据进行预处理和分离，就能获得两个独立的点云数据——管道内壁点云和管道内部点云，以便能够对管道内部堆积物和管道内壁单独分析。

本节设计的可视化系统中，能够实现在同一世界坐标系下导入管道病害点云和管道内部堆积物点云，具备管道内壁的点云数据，实现在全局情况下对实验数据进行分析。

2. 基于点云的曲面重建

(1) 基于三角贪婪算法的曲面重建。

三角贪婪算法是一种以局部生长思想为基础的典型曲面重建方法，属于贪婪计算的一种类型，即通过寻找局部最优解逐步达到整体最优解的方法。其核心操作是将三维坐标系中的每个点及其邻域投影到相应的二维平面上，该平面在相当程度上被认为是正切于所有计算点所在的三维立体曲面。三角化操作则通过三角剖分算法将获得的平面数据重新构建连接关系，形成三角网格，以局部最优的方式实现较为显著的三维立体重建效果。然而，要充分发挥此算法的优越性，点云数据本身的密度必须均匀且具有一定的光滑性。

基于三角贪婪算法思想对排水管道视频点云数据进行投影的具体操作如下：

① 对计算点最近邻域的搜索。针对排水管道及其病害的点云模型中的每一个数据点 p，对其 k 邻域进行搜索并分类为 4 种状态：暂时没有入射三角形的无限制状态、未被选定为目标点的非参考状态、由于角度问题而缺失部分三角形的残缺状态以及所有可能三角形均被确定的完整状态。

② 对切平面的邻域进行投影。在上一步所获得的 p 点邻域中，划分足够小的投影曲面，其邻域也会较小。导致计算点的周围一定会存在另一个小的邻域 Np，其中的点与其切平面内的投影之间就会有相互对应的关系。下一步再做法线估计和切平面计算来推进投影过程。

③ 三角剖分处理。通过局部投影操作，由该点计算出的生长边及点 p 的邻域内的点会被映射到同一个坐标系。然后利用贪婪算法对 p 邻近点所在切平面上的映射点做三角剖分处理。在处理的过程中，局部的最优点会被选作下一个生长点，之后再将生长点投影回原三维空间。经过上述反复操作，数据就会由原本的独立点变为一幅光滑的映射曲面，其具体描述如下：

第 1 步：将待处理点云数据集的各个顶点记为 $P_i(1,2,3,\cdots,m)$，则凸多边形内就包含了点集 $S=\{P_i \mid i=m+1,m=2,\cdots,n\}$。

第 2 步：在 S 中选择任意一点 P_i 作为起始点，然后在 S 中搜索邻点。在以 P_i 为中心的范围内，由欧式距离大小选择与点 P_i 最近的点 P_j，倘若在范围之外，则将该点直接删除即可。

第 3 步：计算距离 P_iP_j 边最近的点 $P_k(P_k \neq P_i)$，即可构造出第一个三角形。

第 4 步：重复之前的步骤，但是此时选择的点是距起始三角形 $\Delta P_iP_jP_k$ 的某一条边最近的点，从它开始构造出新的三角形。

第 5 步：不断重复第 4 步，直至在排水管道及其病害点云数据表面能够形成一个完整的包络曲面，此时三角剖分处理完成。

对于上述描述，我们容易发现该算法存在一些显著的局限性。首先，如果采用 k－d 树进行邻域搜索，就需要进行多次的回溯操作，这会导致较大的运行时间代价；其次，此算法会造成重构的错误，尤其是在待重建点云的密度不是很均匀时，就会造成错误的拓扑映射，进而产生错误的表面结构，这一点在本书的实验部分会做出展示。比较重要的一点是，在对排水管道病害点云数据从三维空间到二维平面的投影，以及再从二维平面映射回三维空间的过程中，影面的重叠可能导致信息丢失，造成重建出的表面出现孔洞。

从算法的实质上来看，它利用网格的不断生长和延伸来连接所有点。其优势在于能够对多视角点云数据进行连续的投影处理，但要求点云数据必须足够均匀且平滑。因此，在使用这种方法进行重建表面之前，需要对排水管道点云进行预处理操作，使其点云数据更加平滑，要避免使用降采样工具降低点云数据的密度，三角贪婪算法的曲面重建对点云数据的封闭性和平滑性要求比较高。

(2) 基于 Poisson 算法的曲面重建。

基于 Poisson 算法的曲面重建，最早是由 Kazhdan M 等人提出来的，将曲面重建表述为 Poisson 问题有很多优点。这种 Poisson 重构算法是一个全局的解决方案，一次性考虑所有的点，不分割或者混合数据的优点体现在对数据噪声具有很强的适应性上。Poisson 重建方法支持局部基函数的层次结构，可以将数据分割成若干区域进行局部拟合，并使用混合函数进一步结合这些局部进行近似，Poisson 重建可以创建非常平滑的曲面，因此它的解可以简化为一个条件良好的稀疏线性系统。

其实质解释如下：首先需要定义的是指示函数，该函数以隐式函数来描述，隐函数就是最近点到切平面的符号距离，即在函数内部其值为 1，在函数外部其值为 0。在三维立体空间域 W 中，存在着函数 $F=f(x,y,z)$，F 具备一阶连续偏导数的性质，点云空间内任意一点 $(x,y,z)\in W$，与其相关的函数梯度具体可描述为

$$\operatorname{grad} F(x,y,z)=\frac{\partial f}{\partial x}i+\frac{\partial f}{\partial y}j+\frac{\partial f}{\partial z}k \tag{6.1}$$

通过上述公式，可以进一步计算指示函数的梯度值大小，指数函数的存在形式基本均为常量。所以，在抛除曲面附近的点之后，其梯度呈现为一个向量场，其值均为 0，由 δ 来表示有关指数函数的一个梯度。其计算实质是面向梯度算子，解决了梯度算子也就计算出了指示函数。首先需要寻求待求解的指示函数 δ；之后要计算出有关 δ 的梯度大小，目的是要使其无限逼近于定义好的目标向量场 C；再计算指示函数梯度场的逼近，构成泊松方程，同时要满足 $\min_{\delta}\nabla\delta-C$；之后计算 δ 向量场 C 的散度，以得到 δ 的梯度场，其计算公式为

$$\Delta\delta\equiv\nabla\cdot\nabla\delta=\nabla\cdot C \tag{6.2}$$

式中，$\nabla=\frac{\partial}{\partial x}i+\frac{\partial}{\partial y}j+\frac{\partial}{\partial z}k$ 为哈密顿算子；目标向量场 C 通常由梯度关系得到采样点和指示函数的积分关系，根据积分关系利用划分块的方法获得。

最终将重构计算转化为 Poisson 方程，即可重构出点云数据模型。

6.3.3 三维可视化系统设计

1. 总体框架设计

由前文中获取的二维病害的坐标，通过设计排水管道病害三维可视化系统 GeoClouds 主要目的是，能够针对排水管道及其病害的特点进行基于点云的三维重建。支持数据的输入导出、主界面和菜单清晰简洁，支持交互浏览，并且支持对点云数据的复

制、合并、分割等功能。

图 6.18 为 GeoClouds 软件基于 CloudCompare 的软件结构功能框架图。

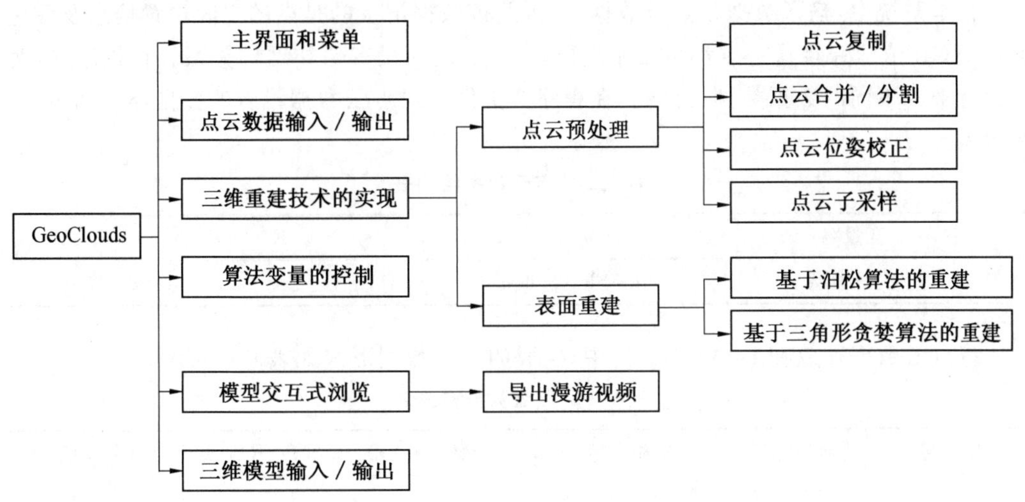

图 6.18　GeoClouds 软件基于 CloudCompare 的软件结构功能框架图

(1) 主界面和菜单，语言要求是中文，符合设计规范及用户使用习惯。其对于系统主界面以及系统菜单要求要尽可能的简洁美观，系统菜单的命名要一目了然，工具栏的 UI 图标最好能够直观地表示其含义。

(2) 输入 / 输出操作，主要面向用户对数据的输入和输出，主要包括点云数据、中间结果文件和重建结果的输入与输出。其中，排水管道病害点云数据和管道内部点云数据均以三维坐标组合 RGB 颜色信息存储形式封装在.txt 的文件格式中。因此目标模型的输入和输出要求系统能够对通用.txt 文件格式进行输入和输出处理；表面重建的结果最终都以立体网格的形式存储在.ply，也可以导出为.obj、.bin 工程文件中，系统提供对不同格式文件进行输入和输出处理，这点在 CloudCompare 中已经有较为完善的处理，在本书中不再赘述。

(3) 实现三维重建技术，主要涉及点云数据的预处理、点云配准以及表面重建 3 个部分。用户可以根据不同排水管道病害类型，在系统中选择对应的表面重建方法，重建出排水管道及其病害的三维模型。点云数据的表面重建旨在通过对经过预处理的完整点云进行处理，构建出光滑的表面，并有针对性地进行修复。关于表面重建算法的介绍在本书的第 2 章有详细介绍。

(4) 交互操作。交互操作包括对系统主界面和系统菜单的管理、模型交互式浏览以及对算法中变量的控制。在模型的交互式浏览方面，用户需要能够实时观察模型的状态，并且通过键盘、鼠标等设备对模型进行更多交互式操作，如模型的放大和缩小，模型的平移和旋转，以及对应点对的显示与隐藏等；对算法中变量的控制，系统需要提供用户修改变量的窗口，以便用户能够调整算法的参数和设置。

2. 数据结构设计

在开始设计程序前要定义好数据结构。在本书中，输入的点云数据储存在文本文件中，数据结构设计说明如下。

（1）病害点云数据结构设计表。

在本系统中，输入数据是点云数据集，因此该数据记录的是点的空间位置信息及颜色信息（RGB 值），并且这些点都是无序点云，点与点之间没有拓扑结构关系。在程序中，为了保持来源不同的数据类型一致性，在程序头文件中对点云数据设置的数据类型如表6.2所示。

表 6.2　点云数据结构表

变量名	x	y	z	R	G	B
数据类型	double	double	double	int	int	int

将点云数据存放在 txt 文本文件中，生成的点云数据形式如表 6.3 所示。

表 6.3　点云数据格式表

坐标编号	横轴坐标（x）	纵轴坐标（y）	竖轴坐标（z）	红色（R）	绿色（G）	蓝色（B）
1	0.199 726	0.101 465	0	177	151	151
2	0.198 904	0.020 905	0	175	135	150
3	0.197 504	0.031 282	0	175	163	151
4	0.195 634	0.041 582	0	174	150	154
5	0.193 185	0.051 763	0	179	152	152
6	0.190 211	0.061 803	0	178	157	140

（2）管道数据结构设计表。

我国主流排水管道主要是用水泥做成的砼管，根据管径、壁厚及管道长度，软件可以生成相应的标准管道，数据参照表如表 6.4。在程序中可以输入标准管道的内径，依照表格会生成相应的内径大小和外径大小的圆柱形管道，其颜色信息默认生成为灰色，其 RGB 默认值为（100，100，100）。

结合视频点云数据，3 种点云数据的坐标中心都以管道机器人在管道行走探测时的中心为基准，来实现在同一三维场景中重建排水管道及其内部和外部病害模型。

表 6.4　钢筋混凝土排水管规格表

公称内径 /mm	最小管长 /mm	最小壁厚 /mm	安全荷载 /（N · m^{-1}）	破坏荷载 /（N · m^{-1}）
100	2 000	25	19 000	27 000
150	2 000	25	14 000	22 000
200	2 000	27	12 000	20 000
250	2 000	20	11 000	18 000
300	2 000	30	11 000	18 000
350	2 000	33	11 000	21 000
400	2 000	35	11 000	24 000

续表6.4

公称内径 /mm	最小管长 /mm	最小壁厚 /mm	安全荷载 /(N · m^{-1})	破坏荷载 /(N · m^{-1})
450	2 000	40	12 000	25 000
500	2 000	42	12 000	29 000
600	2 000	50	15 000	32 000
700	2 000	55	15 000	38 000
800	2 000	65	18 000	44 000
900	2 000	70	19 000	48 000
1 000	2 000	75	20 000	59 000

（备注:本表数据来自国家有关统计资料）

3. 功能详细设计

这一节主要针对排水管道三维可视化系统的主要功能设计加以说明。主要有点云滤波功能、复制合并和分割功能、下采样功能、病害颜色标记功能、曲面重建功能及漫游交互视频导出的功能。

(1) 点云数据预处理功能设计。

① 点云滤波功能设计。随着摄像机技术的飞速发展,三维点云提取技术越来越发达。三维点云数据精度和密度都得以提升。但是,这也造成了数据的冗余,在计算机内处理时造成了增加内存的开销。因此,滤波在进行三维可视化之前对三维点云数据进行简化时的必要步骤。滤波就是抗混叠,对于管道机器人采集的管道内部点云,数据量通常很大,对于分析数据来说点数过于密集且有很多杂点,因此需要对其进行滤波处理。

使用最近邻搜索定义一个固定的半径,用户还可以在相对误差和绝对误差之间进行选择,最终可以在同一运行数据中删除孤立的点。该算法局部拟合一个平面(围绕云的每个点),若该点离拟合平面太远,则删除该点。

② 点云子采样功能设计。常规的点云数量通常在百万点左右,但对于建模来说,过多的点不仅会造成占用内存过多也会增加处理时间,故在使用滤波工具以后进一步对点云进行子采样。用户可以根据需求选择要保留的点云数量,并且子采样后的数据是独立的,不影响原数据。

③ 点云分割功能设计。点云分割功能主要是为了解决在实际分析数据过程中需要分析模型局部的问题。在数据量级大的时候,在整个点云中进行查找不仅精度欠佳,对系统资源也是一种浪费。因此,GeoClouds 提供点云截取功能,用户可以根据自己的需求进行截取目标部分进行局部处理。最重要的是,对点云的截取处理不会对原始数据产生影响,使用截取工具可以自动生成新的数据。对三维物体进行分割和合并操作是对三维物体分析和处理的基本操作,用户使用交互操作定义的二维多边形能够在屏幕中分割选中的实体,如可以用鼠标决定点(或三角形)落在点云数据的内部还是外部多边形边界。GeoClouds 中可以对点云进行多次分割,每次改变实体的方向,以便正确地在三维中分割实体。

④ 点云复制与合并功能设计。在对不同形状的模型进行三维模型拟合时往往需要

对不同模型使用不同的平面拟合方法。在分析数据和建模过程中,往往需要尝试不同的方法得到最佳结果,复制功能提供了数据的重复利用率,因此,在处理数据时提供了数据复制功能。对于相同类型的数据,可以通过合并方法,对数据进行合并,进行同样操作时就能极大提升处理数据的效率。

⑤ 标记功能设计。一般情况下,地下排水管道的病害类型分为如下几类:空洞、积水、疏松、裂缝、脱节等,针对不同类型的病害,在系统中可以实现以不同颜色的模型来指示不同病害类型,并且程序的可扩展性支持在其中添加不同的病害类型,故在此部分设置了一组颜色标注表,如表 6.5 所示。

表 6.5　病害颜色标注表

病害类型	缩写	R	G	B	颜色名称
空洞	KD	110	10	255	紫色
积水	JS	50	115	15	绿色
疏松	SS	200	180	70	姜黄色
裂缝	LF	155	190	230	淡蓝色
脱节	TJ	255	110	150	粉色
渗漏	SL	0	170	240	蓝色
错口	CK	255	0	0	红色

⑥ 管道点云标准化功能设计。除了雷达图像的管道病害坐标转换得到病害点云数据,另一部分数据来源于管道机器人内搭载的摄像机在管道内录制的视频中。视频中提取出的点云数据能够建立管道及管道内容物模型。视频点云数据整体可分成 3 部分,堆积物模型、腐蚀模型、管壁病害模型。但是由于管道机器人在管道内部移动时易发生位姿的偏移,且由于视频提取点云算法的病害导致了点云数据比实际管道的管径要大,因此需要软件系统提供位姿校正的方法和将点云数据按照标准规格化的处理方法。

(2) 可视化及场景漫游功能设计。

可视化的一般流程如图 6.19 所示,具体可分为获取点云数据、预处理、特征匹配、配准融合、修正、表面重构 6 个部分。

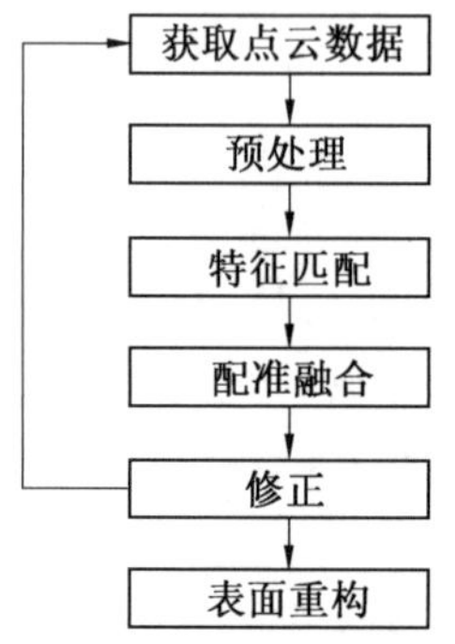

图6.19　可视化的一般流程

通常获取的原始点云数据都是百万点数量级的点云并且存在噪声和离群点。故首先对采集到的点云数据进行预处理操作,去除其中的噪声点、离群点等无用点,以提高点云数据的质量,降采样数量级,节省系统资源;其次,将不同的点云数据集——排水管道病害点云数据、标准管道点云、排水管道内部点云,融合为一个点云数据集,若发现某些重要数据不够完整,则需要转到数据采集阶段进行补帧,以对模型进行修正;最后,由点形成面,对数据进行表面重构工作,具体方法在本书第 2 章中有详细介绍,三角贪婪算法和基于 Poisson 算法的三维重建方法在本节不再赘述,重建完三维模型创建工作则需要进行交互操作,下面将对交互功能设计和漫游视频导出功能设计加以说明。

① 交互功能设计。用户交互模块主要提供用户对主界面和菜单的操作,以及三维重建过程中所产生的中间结果及最终模型的查看,以及对算法中各种参数的设置和修改。视图将分四个区域,可同时从多个角度对点云数据进行查看。主界面的交互操作图如图 6.20 所示,支持平移、旋转、缩放的鼠标交互操作。

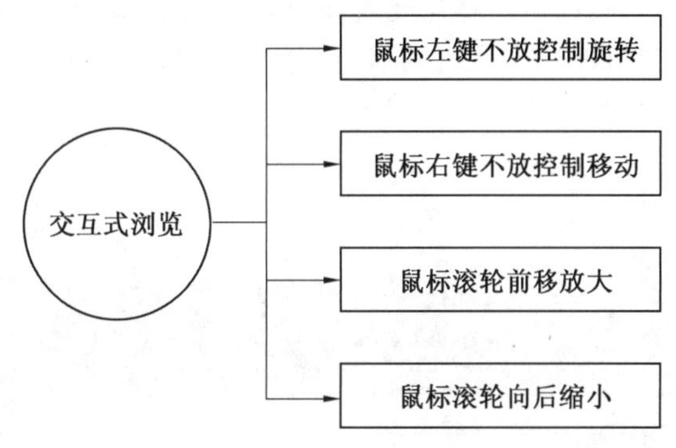

图 6.20　交互操作图

② 漫游视频导出功能设计。在进行数据分析汇报时可以通过展示漫游视频来展示结果。在虚拟现实的交互体验中,观看者可以跟随视频录制者设置的视口,在三维场景中对排水管道内部及其病害进行全局的观察,便于分析问题和解决问题。

故软件需要支持多个视口进行漫游,漫游的速度,视频的时长,视频的帧率都是用户可以自行设置的参数。因为大多数播放器都支持播放.mp4 格式的视频,故设计导出的视频格式为.mp4。

6.3.4　三维可视化系统功能实现

GeoClouds 软件建立在 CloudCompare 的基础之上,支持多种输入和输出格式,如点云库 PCD 文件、PTX 点云、OBJ 网格等,而且可以通过实现各种优秀算法安装在插件部分来扩展软件的功能。中国矿业大学(北京)地质数据三维点云处理平台软件界面如图 6.21 所示。

本书的三维可视化系统 GeoClouds 使用的是八叉树(Octree)结构,尤其是所有涉及空间概念的处理方法都是使用的八叉树。GeoClouds 中,八叉树采取的形式是数值列表(每个点),用于编码所有细分级别的点的绝对位置。标准 CloudCompare 版本中的最大八叉树深度是 10。在此版本 GeoClouds 中,我们编译 CloudCompare 使用的是 64 位代码,

图 6.21　GeoClouds 软件界面

该版本允许最多21级的细分，但内存消耗要高出50%。在GeoClouds中可以在任意点云上强制计算八叉树，通过：编辑 > 八叉树 > 计算(Edit > Octree > Compute.)，计算完成，就可以显示出八叉树级别，如图6.22所示。

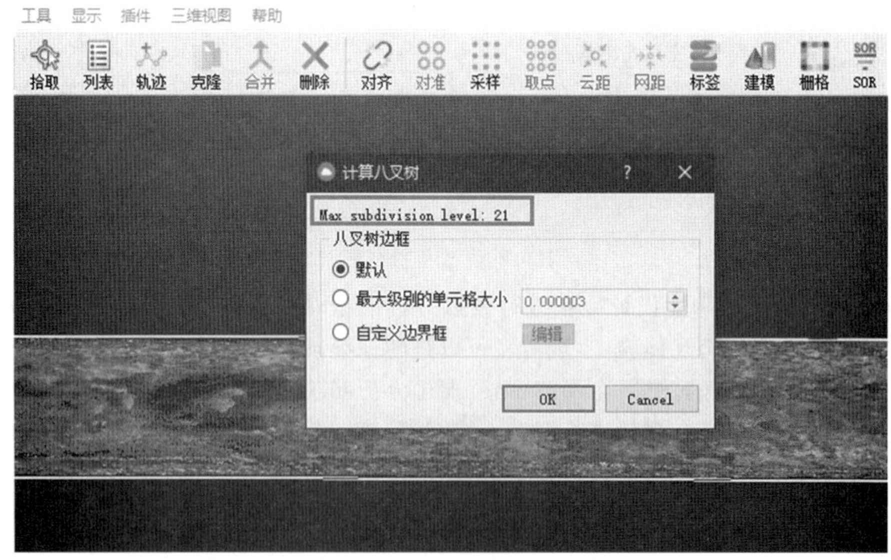

图 6.22　计算八叉树

1. 预处理功能

作为GeoClouds输入数据的点云提取自两个不同设备，一是探地雷达采集的经一系列预处理操作后从中提取的点云数据；另一部分来源于管道机器人上搭载的高清摄像头采集的视频中提取的管道内部点云数据。

在本书2.1、2.2节中主要对排水管道外部病害点云的数据来源进行了详细介绍。高清摄像头采集的视频中提取的管道内部点云数据主要分为以下几个步骤：

① 从视频中提取关键帧；

② 对关键帧中的目标点进行特征匹配；

③ 获取坐标序列，得到管道内壁及管道内部点云数据集。

具体示意图如图 6.23 所示。

(a) 视频提取关键帧

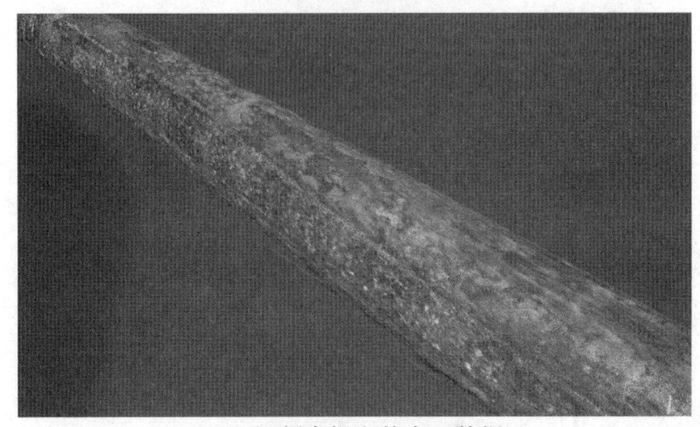

(b) 视频中提取的点云数据

图 6.23　提取视频点云示意图

有了点云数据，在进行重建之前还需要进行预处理操作。针对点云的数据处理流程主要步骤如图 6.24 所示。

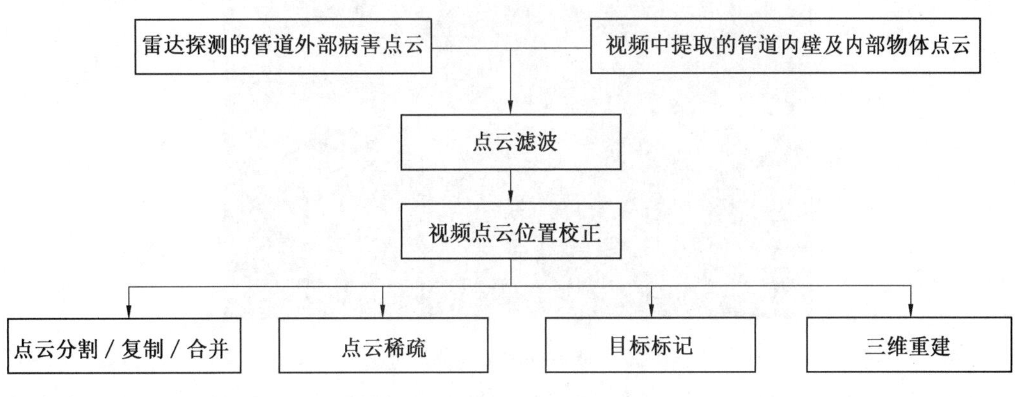

图 6.24　点云的数据处理流程

(1) 点云预处理。

用户需要选择在每个点周围提取给定数量的邻域(适用于具有恒定密度的云)或指定球半径(球体需要足够大,通常至少可以捕获6个点)并输入最大误差(点到拟合平面的距离),以确定是否过滤掉某个点。误差可以是相对的(作为拟合平面上邻域重投影误差的一个因子)也可以是绝对的。最终,用户可以选择在此过程中是否移除孤立点(即球体中少于3个近邻点的点),对话框如图6.25所示。

以从视频中提取的管道内部点云数据为例,使用滤波工具后,在选框中为最近邻搜索定义一个固定的半径,用户还可以在相对误差和绝对误差之间进行选择,对于孤立点可以选择删除或者保留。该滤波算法局部拟合一个平面(围绕云的每个点),若该点离拟合平面太远,则删除该点会生成一个新的点云,如图6.26所示,点数得到精简,杂点也能被过滤。

图6.25 “滤波器噪声”对话框

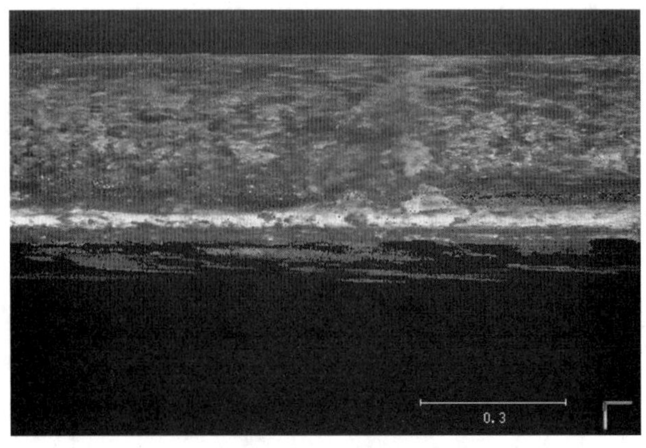

图6.26 滤波处理前与滤波处理后

使用工具栏的子采样工具,会出现如下对话框,根据实际需要设置保留的点云中点的数量,同时GeoClouds提供3种子采样方式:随机采样(random)、等距离采样(space)和八叉树采样,用户可以根据采样效果选择最佳的采样方式,对话框如图6.27所示,子采样前后对比图如图 6.28 所示。

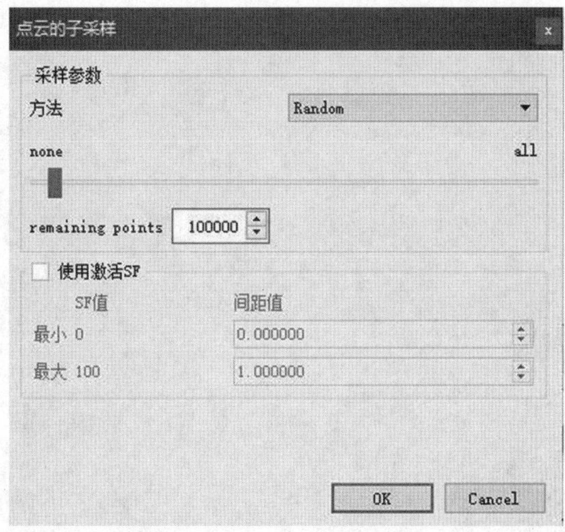

图 6.27　“点云的子采样”对话框

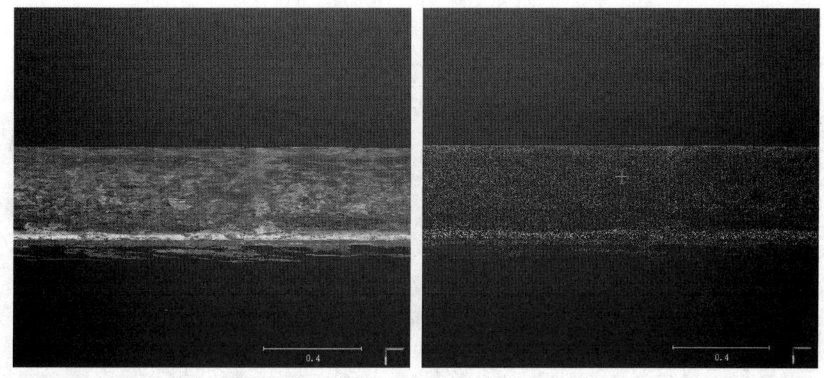

图 6.28　子采样前后对比图

(2) 点云分割和合并。

点击分割图标之后，进入数据分割界面，使用鼠标左键即可产生一个多边形矩阵，在创建第一个顶点之后，用户便能看到第一个多边形边将开始“跟随”鼠标光标，此时用户必须定义第二个顶点的位置(左键单击)才能继续这个封闭图形，依此类推。鼠标右键：停止选中需要截取的点云，使用分段工具，绘制出需要截取的点云即可，如图6.29 所示。使用分段工具的好处是能够将需要的数据变成独立的单位，独立的目标数据满足了针对不同形态的病害使用不同的重建方法重建的需求。

同样也可以使用分段工具截取某一段数据进行分析。如图 6.29 中，有 3 个病害集中在中部，较有代表性。使用鼠标点击绘制出含有目标的多边形即可得到如图6.30 所示的局部管道及其病害数据。

GeoClouds 也提供了数据复制功能，在分析数据和建模过程中，往往需要尝试不同的方法得到最佳结果，复制功能提供了数据的重复利用率。在软件的右侧 DB 树数据库中选中要克隆的目标数据，点击“克隆”按钮，即可得到一个独立的拷贝数据，如图 6.31

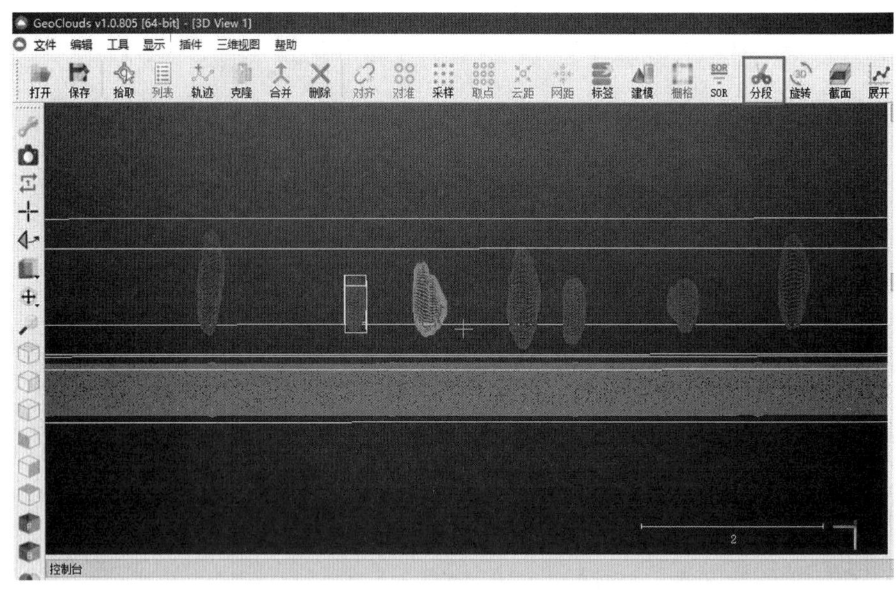

图 6.29　截取目标数据

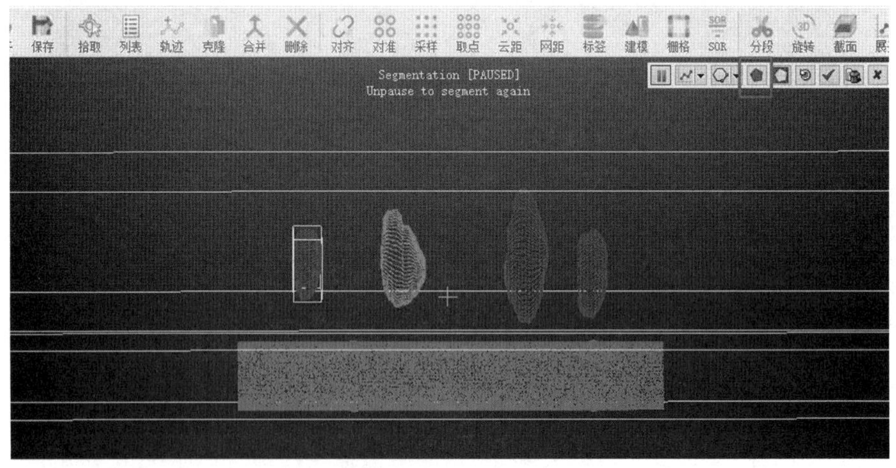

图 6.30　截取得到的目标数据

所示。

考虑到导入 GeoClouds 的数据一部分是来自管道机器人采集的视频中提取的点云数据；另一部分来自雷达数据中提取出的点云数据，在数据处理和备份的时候就需要将两种数据合并。在 GeoClouds 中，合并数据支持多种数据形式如点云、网格或者三维模型。在 DB 树中选中想要合并的数据，点击如图 6.32 中的“合并”图标，即可将多个数据合并成一个数据，值得注意的是导入的数据将全部合并成一个，如果不希望破坏源数据的独立性需要事先利用“克隆”工具做好备份。

(3) 点云标准化。

从视频中提取的点云数据如图 6.33 所示。

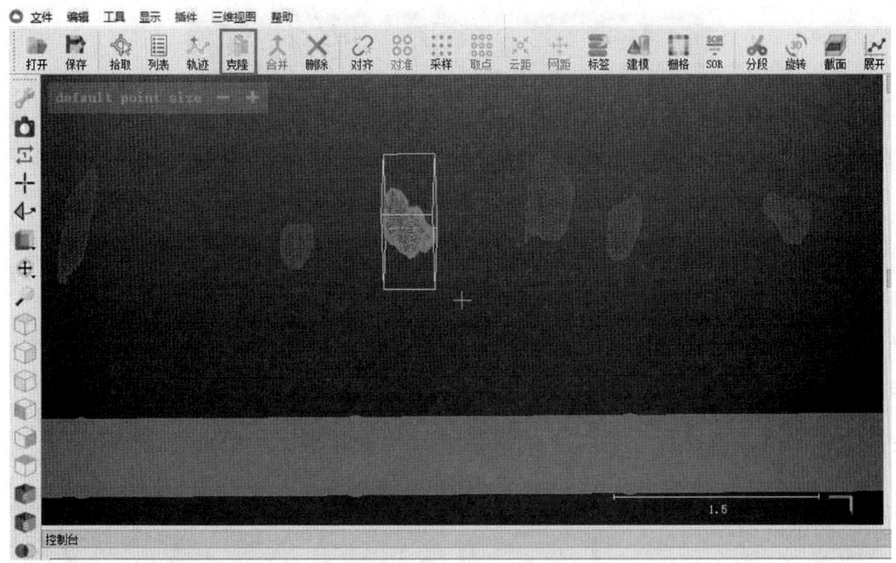

图 6.31　复制目标数据

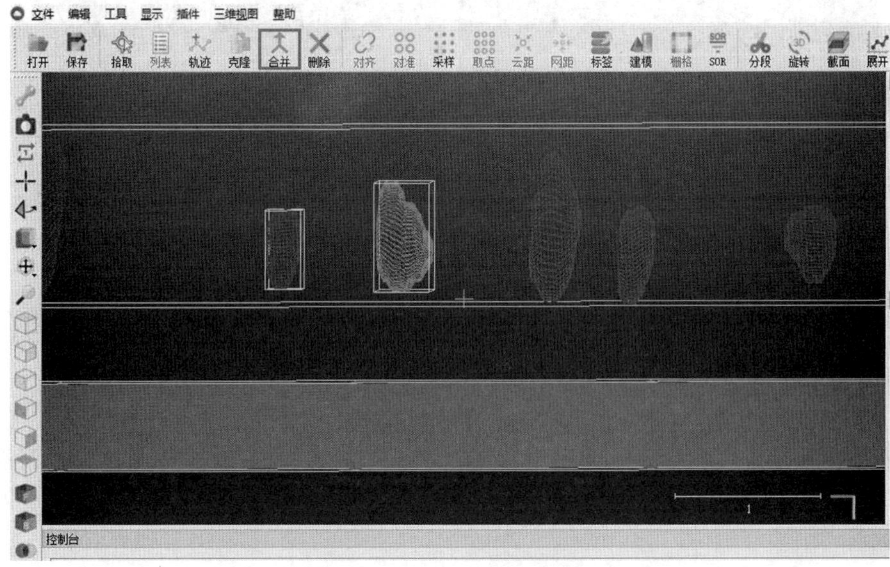

图 6.32　合并目标数据

在进行管道探测时，可以直接测得待检测管道的内径数据，根据上文提到的国家标准管道尺寸规格如表 6.33，可以通过管道内径得知管道壁厚及管长信息，依据此可以建立标准管道模型。如图 6.34 中的两个同心圆环就是使用软件生成的标准管道，分别表示内壁和外壁，可以看到真实的管道内部点云数据超出了真实壁厚，并且若要对点云数据分析处理，必定要对管道内部点云的内壁和内部堆积物数据进行分割，若是对原始数据直接进行分割，则得到的形状不规则，不方便后续处理。故对管道内部视频点云数据预处理如下：

① 对点云数据进行分割。视频提取的点云数据可以分为管道内壁数据(图 6.34(a))和管道内堆积物(图 6.34(b))。

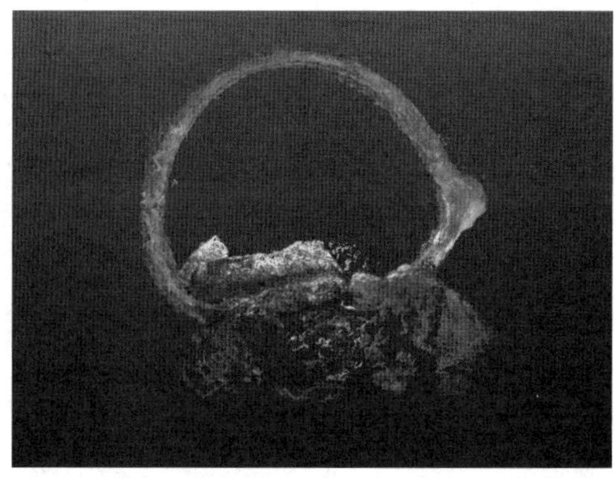

图 6.33　直径为 400 mm、壁厚 35 mm 的管道点云数据

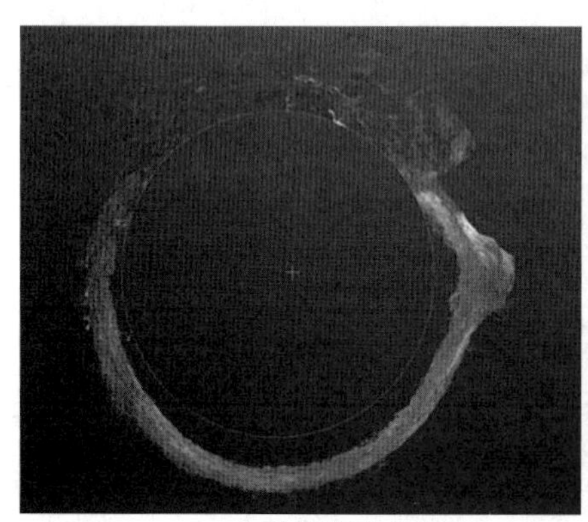

(a) 排水管道内壁

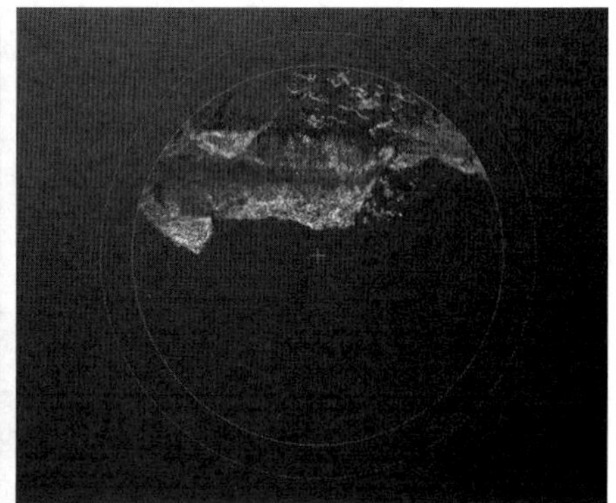

(b) 管道内堆积物

图 6.34　管道点云数据

② 校正管道方向。校正方向的主要目的是方便后续操作，其次是为了统一坐标系，与后期管道模型能够统一中心点。具体算法如图 6.35 所示。角度校正对比图如图 6.36 所示。

③ 去除管道外除凸起外的离散杂点。视频提取的点云数据不可避免会存在有误差的离散的噪点，因此可以利用霍夫变换函数找到圆心及半径，根据半径能够筛选出离散点并删除。

④ 将点云数据归一化到管道壁厚区间。以管径 400 mm、壁厚 35 mm 的管道点云数据为例，预处理前的数据其厚度误差与标准规格差距明显，如图 6.37 所示。

因此使用归一化处理将管道点云数据恢复到真实排水管道的厚度。

2. 可视化分析功能

(1) 点云曲面重建。

可视化功能的实现是对点云数据建模的最后一步也是呈现好的重建效果的关键。可视化的过程涉及了空间坐标转换、拟合算法、图像处理等多方面的知识。本小节所描述的可视化模块针对排水管道点云数据实验结果进行了展示。目前就国内外三维重建的发展来看，三维重建方法通常可以分为以下三种：

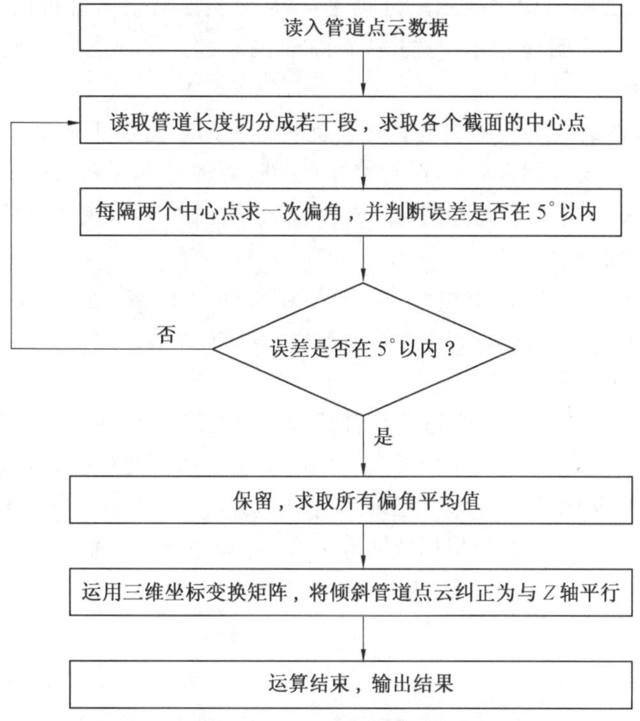
读入管道点云数据
读取管道长度切分成若干段，求取各个截面的中心点
每隔两个中心点求一次偏角，并判断误差是否在 5°以内
否
误差是否在 5°以内？
是
保留，求取所有偏角平均值
运用三维坐标变换矩阵，将倾斜管道点云纠正为与 Z 轴平行
运算结束，输出结果

图 6.35　校正角度算法流程图

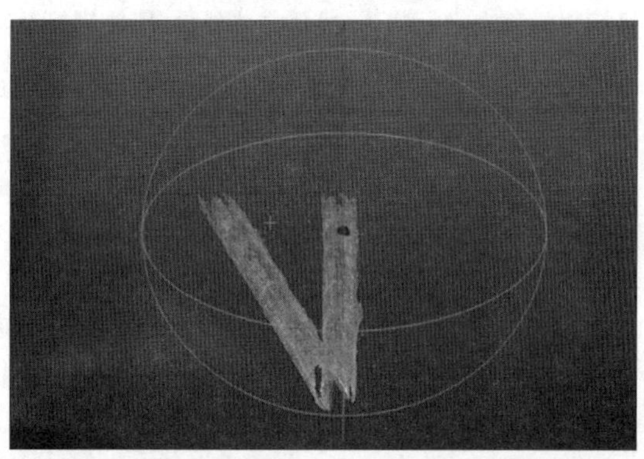

图 6.36　校正对比图

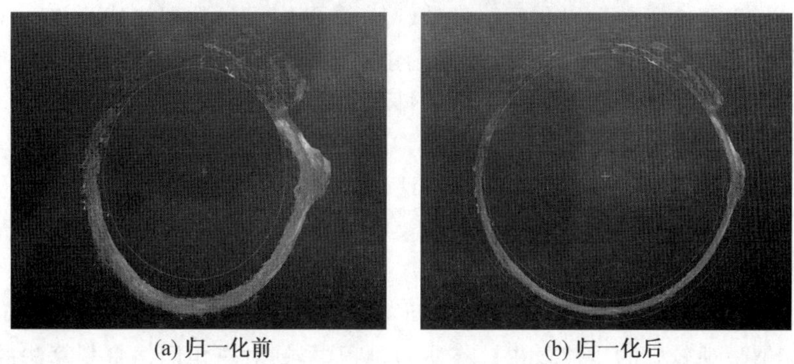
(a) 归一化前
(b) 归一化后

图 6.37　归一化前后对比图

① 面向RGB的二维图像多视图三维重建，即从多角度对物体进行拍摄，经过预处理，将这些多方位采集到的图像以合适的方位拼接在一起，从而还原出物体本来的立体容貌。

② 使用建模软件的人工三维重建。运用此种方法的多为美工人员，其过程是利用三维设计软件，如Maya、3Ds MAX等，得到物体点、线、面的基本元素，进一步进行相关的组合和变换得到较为复杂的三维立体模型。相对而言较耗时耗力，成本也高，在游戏制作及影视等领域应用比较广泛。

③ 基于点云的重建。点云由物体的表面采样点构成，每一个点有三维坐标(x,y,z)。主要利用坐标信息进行三维重建过程，其RGB信息可选用，本书就是基于点云进行三维重建处理。

三维重建是指对三维物体建立适合计算机表示和处理的数学模型。它是在计算机环境下对三维物体进行处理、操作，并分析其性质的基础技术。此过程是在计算机中创建表达客观世界的虚拟现实的关键技术。三维重建中建立的三维图形对象一般称为模型，按其存储方法和在计算机中处理过程可以把数据重建的三维模型分为5种，如表6.6所示。

表6.6　5种三维模型类型

模型类型	描述
点云模型	点云构成目标物的模型，可显示形状、可测量长度，不能表示拓扑结构
三角网格模型	描述目标物的外形轮廓，包含了点云之间的拓扑关系
三维线框模型	用目标物的边来表示物体，显示物体外形，不能遮挡及隐藏线条
三维表面模型	模型的各条边之间具有一个无厚度的表面，外形上可看作实体，可对模型渲染达到真实质感的效果，也可隐藏遮挡的边界
三维实体模型	由三维特性的边和面构成的三维图形对象，边和面包围的形体可以计算体积，可隐藏看不见的边和面，可对模型进行渲染

以上5种模型适用于不同的应用场景，结合实际情况及应用场景，用户需要选择不同的模型以达到最佳的效果。三维重建算法处理模块，主要对点云数据进行预处理、特征提取、配准和表面重建操作的算法的实现，是系统的核心部分，包含了我们在前几章详细介绍的两种处理算法。

在本书中，主要使用的是三角网格模型(Mesh)，Mesh的数据格式为$M=(V,E,F)$，其中V表示点，E表示边，F表示面。使用三角网格模型有以下好处：含有拓扑信息、邻域信息，适合渲染以及便于存储和操作。由于排水管道病害通常是一个封闭图形，针对此类特定的模型生成，我们可以使用固定的参数方法。因此在建模前的计算法线时，局部表面模型选择三角化，并选择使用最小生成树方法，如图6.38所示。

计算完法线，调用插件中的Poisson重建工具，点的权重选择1.00就能呈现出比较理想的结果，如图6.39所示。

由于排水管道是曲面，管道外部病害的形状是不规则的随机形状，使用Poission算法进行重建，能够呈现较好的重建效果。在实验过程中，针对三角网格贪婪算法的重建结果和基于Poission算法的重建结果进行了对比，如图6.40所示。

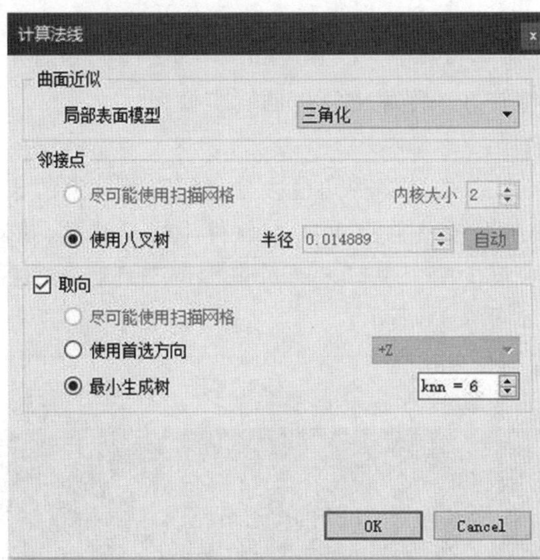

图 6.38　“计算法线”对话框

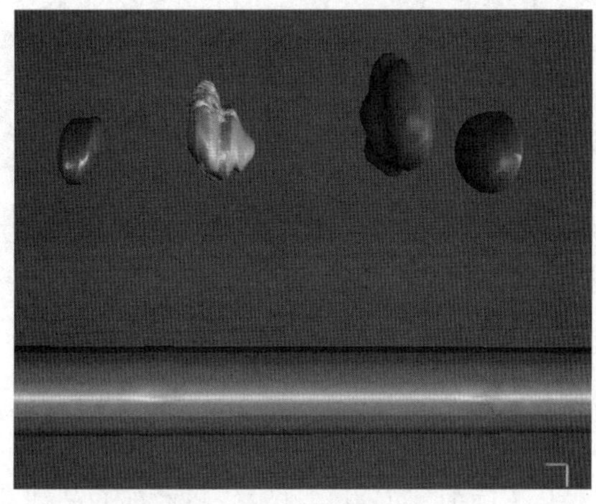

图 6.39　重建效果图

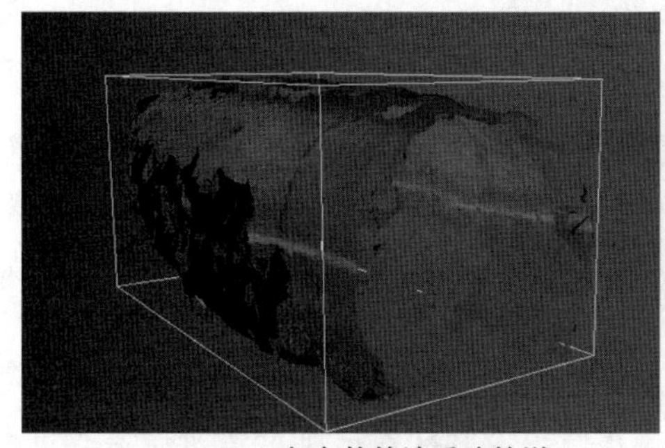

(a) 三角贪婪算法重建管道

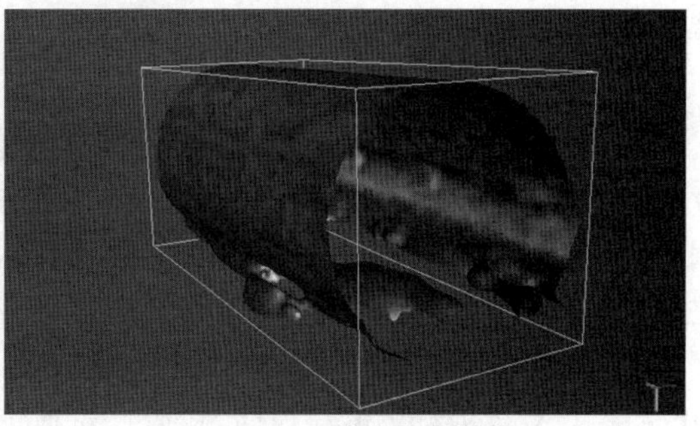

(b) Poisson 算法重建管道

图 6.40　两种重建算法结果对比

从图 6.40 可以看出，三角贪婪算法对于管道点云重建来说不是最佳选择，在进行曲面拟合时不能很好地处理空洞部分。GeoClouds 中实现的 Poisson 重建算法能够拟合出较平滑的曲面，并且能够较好地复原出管道的真实模型。

(2) 交互导出视频。

在实际分析工作中，往往需要多视角地去分析病害和管道的相对位置，GeoClouds 中就提供了多视角动态漫游视频录制，还可以在软件中录制视频，并支持导出.mp4 格式。使用动画录制功能，需要至少两个视口。通过鼠标调整到合适的视角，在“显示”栏下将当前窗口存储为对象，如图 6.41 所示。

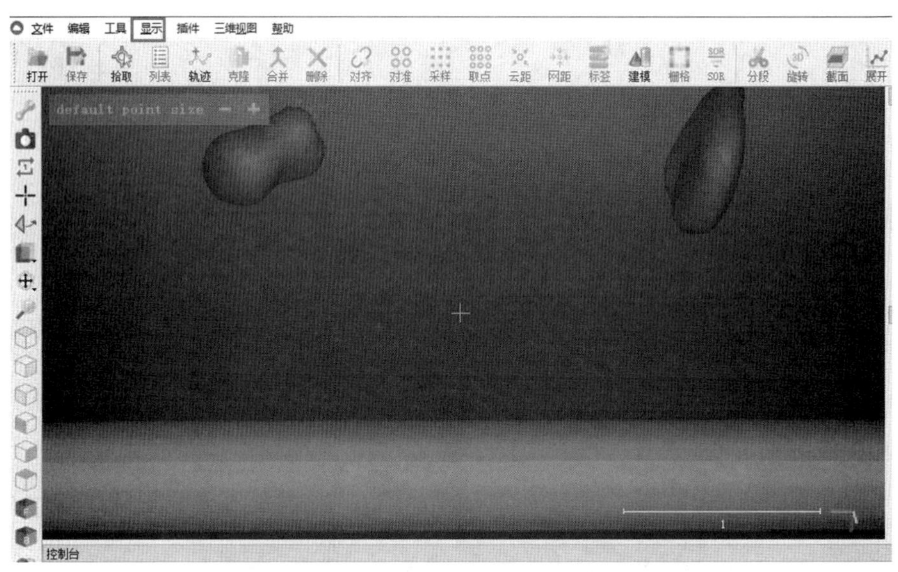

图 6.41　调整视口作为对象

调整合适的视口后，选中调整好的多个窗口对象，参数根据需求调整，对话框如图 6.42 所示。

通过视频，用户可以从不同的角度观察排水管道内部和外部的病害情况，如图6.43 展示了管道内部视角，可以看到管道内部堆积物的情况，如图 6.44 展示了不同视角查看管道与管道外部病害的相对位置。

(3) 病害分析标记。

一般情况下，地下排水管道的病害类型分为如下几类：空洞、积水、裂缝、脱节等，针对不同类型的病害，根据功能设计时设定的颜色标注表，针对不同类别的病害，需要用户对其进行颜色标注，绿色表示空洞病害，蓝色表示积水病害，紫色表示破裂病害。以呈现如图 6.45 的效果，灰色表示地下排水管道。

本章首先对 GeoClouds 软件功能进行了综述，对贯穿整个软件系统重要的数据结构 —— 八叉树进行了解释说明，随后针对地下排水管道及其病害三维重建所需要的重点功能的实现和使用进行了说明，在解释的过程中也使用实验模拟数据对软件实现效果进行了展示。

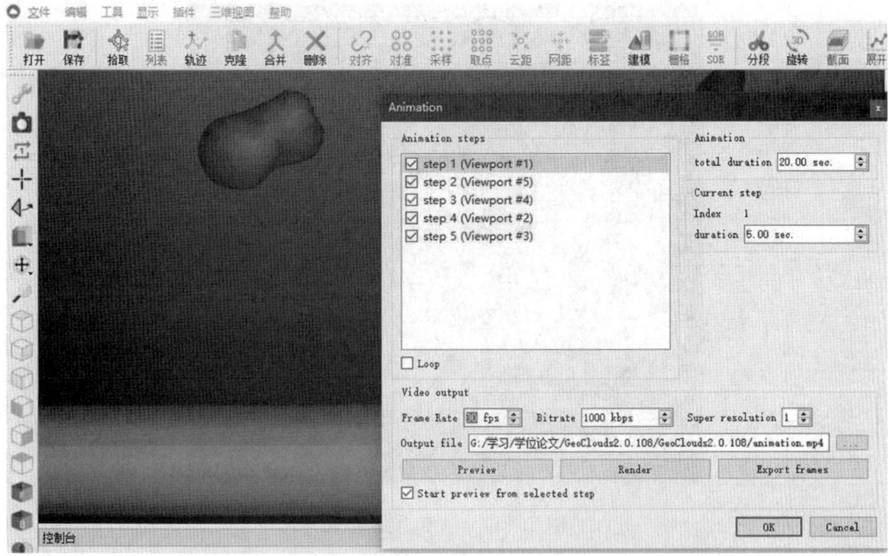

图 6.42 “录制视频”对话框

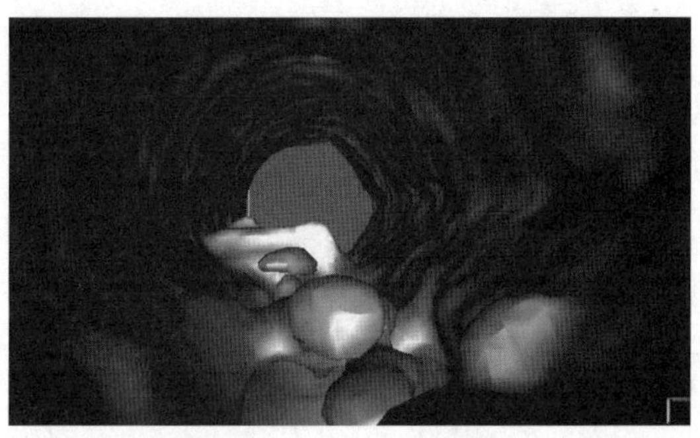

图 6.43　管道内部视角

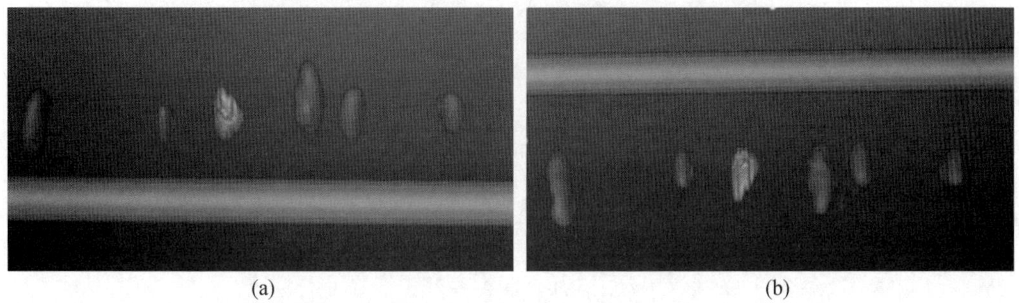

图 6.44　不同视角下管道与管道外部病害的相对位置

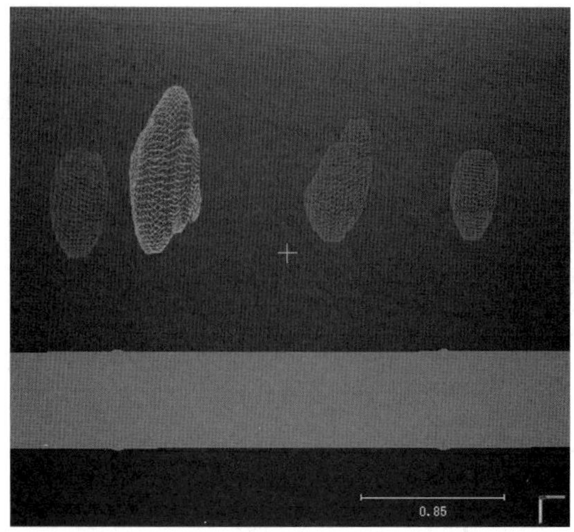

图 6.45　三维重建效果

第7章　总结与展望

7.1　总　　结

近年来我国不断推动深化城镇化建设，安全可靠的地下排水管道系统也成为建设过程中不可或缺的一环。排水管道病害导致的安全隐患可能会成为城市正常运行的阻碍，而这种阻碍可以通过管道的检修工作来避免。传统的排水管道检修工作多由人工查看管道视频图像检测完成，人工检测效费比低，在处理大规模排水管道数据时可靠性下降，检测效率可能对检修进度造成拖延。通过计算机视觉相关技术设计一种自动化的排水管道病害检测系统十分必要，既可以增加大规模管道病害检测的效率又能节约人工成本，是智慧城市建设中必要的环节。排水管道环境复杂，由管道机器人携带 CCTV 进入管道拍摄图像后交给计算机程序处理。由于管道环境潮湿、光线条件复杂以及杂物干扰等多重原因，管道图像需交由计算机程序进行预处理以消除干扰，提高后续识别准确率。排水管道视频图像经过去雾、修复、检测、病害识别等处理步骤之后，排水管道病害检测系统可以检测出病害位置、种类并输出病害信息。在此基础上，开发了排水管道病害智能检测与可视化系统，针对排水管道环境进行不断试验、针对设计改进的算法为管道病害检测提供了强有力的支撑。

7.2　展　　望

本书针对排水管道病害检测任务，对去雾、修复、检测、病害识别等排水管道病害处理进行了研究与实验分析。经过试验与分析后，设计了排水管道病害智能检测与可视化软件系统，集成了排水管道病害检测算法供用户使用，方便输出管道病害信息。本书使用了神经网络对管道病害进行检测，但是神经网络模型规模比较大，在建立的管道病害数据集上训练需要强大的 GPU 硬件支持及较长时间，尤其对比各种检测算法以及模型训练过程中不断调节网络模型参数已达到最佳效果的过程，付出了大量的时间成本。后续工作可以考虑对网络模型进行模型压缩，通过剪枝对网络模型进行精简，在对模型精度影响较小的条件下大幅提高模型的速度性能。通过这种方式可以节约大量的模型训练、模型调参时间，有助于进行更多的实验获得更加完美的结果。同时通过模型压缩后，模型预测效率也将获得提升，在用户使用软件系统进行排水管道病害检测任务时将会有更好的效率表现。

参考文献

[1] 中华人民共和国住房和城乡建设部. 城镇排水管渠与泵站运行、维护及安全技术规程：CJJ 68—2016[S]. 北京：中国建筑工业出版社，2017：3.

[2] 中华人民共和国住房和城乡建设部. 给水排水管道工程施工及验收规范：GB 50268—2008[S]. 北京：中国建筑工业出版社，2009：5.

[3] 中华人民共和国建设部. 室外排水设计规范：GB 50014—2006[S]. 北京：中国计划出版社，2012.

[4] 张悦，唐建国. 中华人民共和国住房和城乡建设部《城市黑臭水体整治 —— 排水口、管道及检查井治理技术指南(试行)》释义[M]. 北京：中国建筑工业出版社，2016.

[5] 中华人民共和国住房和城乡建设部. 城镇排水管道检测与评估技术规程：CJJ 181—2012[S]. 北京：中国建筑工业出版社，2012：12.

[6] 王和平，安关峰，谢广永.《城镇排水管道检测与评估技术规程》(CJJ181－2012) 解读[J]. 给水排水，2014，50(2)：124-127.

[7] 解智强，何江龙，王贵武，等. 基于地磁原理的非金属地下管线探测技术的研究与应用[J]. 地矿测绘，2010，26(3)：13-16.

[8] 薛克先. 探测地下埋设物的几种仪器和方法[J]. 地学仪器，1990 (2)：14-25.

[9] 刘晓东，张虎生，朱伟忠. 高密度电法在工程物探中的应用[J]. 工程勘察，2001，29(4)：64-66.

[10] 杨兴其，赵伟，张世明. 地震波映像法在援厄下水道改造工程中的应用[J]. 西部探矿工程，2000，12(5)：67-68.

[11] 陈军，赵永辉，万明浩. 地质雷达在地下管线探测中的应用[J]. 工程地球物理学报，2005，2(4)：260-263.

[12] ARIARATNAM S T, MACLEOD C W. Financial outlay modeling for a local sewer rehabilitation strategy[J]. Journal of Construction Engineering and Management, 2002, 128(6): 486-495.

[13] 董晓霞，董晓婷. 排水管道机器人应用实例分析及应用建议[J]. 科学技术创新，2018(25)：148-149.

[14] 蒋华伟，杨震，张鑫，等. 图像去雾算法研究进展[J]. 吉林大学学报(工学版)，2021，51(4)：1169-1181.

[15] KIM T K, PAIK J K, KANG B S. Contrast enhancement system using spatially adaptive histogram equalization with temporal filtering[J]. IEEE Transactions on Consumer Electronics, 1998, 44(1): 82-87.

[16] KIM J Y, KIM L S, HWANG S H. An advanced contrast enhancement using partially overlapped sub-block histogram equalization[J]. IEEE Transactions on Circuits and Systems for Video Technology, 2001, 11(4): 475-484.

[17] GAO Y Y, HU H M, WANG S H, et al. A fast image dehazing algorithm based

on negative correction[J]. Signal Processing, 2014, 103: 380-398.

[18] LIAN X H, PANG Y W, YANG A P. Learning intensity and detail mapping parameters for dehazing[J]. Multimedia Tools and Applications, 2018, 77(12): 15695-15720.

[19] 汪荣贵，傅剑峰，杨志学，等. 基于暗原色先验模型的 Retinex 算法[J]. 电子学报，2013，41(6):1188-1192.

[20] MCCARTNEY E J, HALL F. Optics of the atmosphere: Scattering by molecules and particles[J]. Physics Today, 1977, 30: 76-77.

[21] NARASIMHAN S G, NAYAR S K. Vision and the atmosphere[J]. International Journal of Computer Vision, 2002, 48(3): 233-254.

[22] NARASIMHAN S G, NAYAR S K. Vision and the Atmosphere[J]. Interactive (de) weathering of an image using physical models, 2015.

[23] HE K M, SUN J, TANG X O. Single image haze removal using dark channel prior[C] // 2009 IEEE Conference on Computer Vision and Pattern Recognition. Miami, FL. IEEE, 2009: 1956-1963.

[24] FATTAL R. Single image dehazing[J]. Acm Transactions on Graphics, 2008, 27(3):1-9.

[25] TAREL J P, HAUTIÈRE N. Fast visibility restoration from a single color or gray level image[C]. IEEE International Conference on Computer Vision. IEEE, 2010.

[26] TANG K T, YANG J C, WANG J. Investigating haze-relevant features in a learning framework for image dehazing[C] // 2014 IEEE Conference on Computer Vision and Pattern Recognition. Columbus, OH, USA. IEEE, 2014: 2995-3002.

[27] CAI B L, XU X M, JIA K, et al. DehazeNet: An end-to-end system for single image haze removal[J]. IEEE Transactions on Image Processing: a Publication of the IEEE Signal Processing Society, 2016, 25(11): 5187-5198.

[28] REN W Q, PAN J S, ZHANG H, et al. Single image dehazing via multi-scale convolutional neural networks with holistic edges[J]. International Journal of Computer Vision, 2020, 128(1): 240-259.

[29] YE C,YAN P,HUANG L,et al. Stimulated Brillouin scattering phenomena in a nanosecond linearly polarized Yb-doped double-clad fiber amplifier[J]. Laser Physics Letters, 2010, 4(5):376-381.

[30] 郭璠，蔡自兴. 图像去雾算法清晰化效果客观评价方法[J]. 自动化学报，2012，38(9):1410-1419.

[31] WANG Z, BOVIK A C, SHEIKH H R, et al. Image quality assessment: From error visibility to structural similarity[J]. IEEE Transactions on Image Processing, 2004, 13(4): 600-612.

[32] OAKLEY J P, SATHERLEY B L. Improving image quality in poor visibility conditions using a physical model for contrast degradation[J]. IEEE Transactions on Image Processing: a Publication of the IEEE Signal Processing Society, 1998, 7(2): 167-179.

[33] RAHMAN Z,JOBSON D J, WOODELL G. Multiscale retinex for color image enhancement[J]. Proc. intl Conf. on Image Processing, 1996, 125(24):7143-7148.

[34] JOBSON D J, RAHMAN Z, WOODELL G A. A multiscale retinex for bridging the gap between color images and the human observation of scenes[J]. IEEE Transactions on Image Processing, 1997, 6(7): 965-976.

[35] HUANG G, LIU Z, VAN DER MAATEN L, et al. Densely connected convolutional networks[C] // 2017 IEEE Conference on Computer Vision and Pattern Recognition (CVPR). Honolulu, HI, USA. IEEE, 2017: 2261-2269.

[36] HE K M, ZHANG X Y, REN S Q, et al. Spatial pyramid pooling in deep convolutional networks for visual recognition[J]. IEEE Transactions on Pattern Analysis and Machine Intelligence, 2015, 37(9): 1904-1916.

[37] RONNEBERGER O, FISCHER P, BROX T. U－net: Convolutional networks for biomedical image segmentation[J]. ArXiv e－Prints, 2015: arXiv: 1505.04597.

[38] GOODFELLOW I J, POUGET－ABADIE J, MIRZA M, et al. Generative Adversarial Networks[J]. Advances in Neural Information Processing Systems, 2014, 3:2672-2680.

[39] 郭景涛. 基于生成对抗网络的人脸图像修复和编辑方法研究[D]. 北京:北京交通大学,2021.

[40] 刘阳. 物理模型引导神经网络的图像复原方法研究[D]. 大连:大连理工大学,2021.

[41] 罗海银，郑钰辉. 图像修复方法研究综述[J]. 计算机科学与探索,2022, 16(10):2193-2218.

[42] 郭丽，高立群，片兆宇. 基于滑降的随机游走图像分割算法[J]. 计算机辅助设计与图形学学报，2009，21(8)：1149-1154.

[43] 赵然. 基于深度学习的图像修复方法综述[J]. 科技风，2020(18)：130.

[44] 叶学义，曾懋胜，孙伟杰，等. 多尺度稳定场 GAN 的图像修复模型[J]. 中国科学：信息科学，2023，53(4)：682-698.

[45] 李海燕，熊立昌，郭磊，等. 基于 U－net 边缘生成和超图卷积的两阶段修复算法[J]. 东北大学学报(自然科学版)，2023，44(3)：331-339.

[46] 丁齐星. 基于深度学习的多维图像修复研究[D]. 大连:大连理工大学,2022.

[47] 李怡雨. 基于深度学习的图像修复算法研究[D]. 西安:西安电子科技大学,2022.

[48] 梁加易. 基于深度学习的图像修复技术研究[D]. 北京:北京邮电大学,2021.

[49] PATHAK D, KRäHENBüHL P, DONAHUE J, et al. Context encoders:

Feature learning by inpainting[C] // 2016 IEEE Conference on Computer Vision and Pattern Recognition (CVPR). Las Vegas, NV, USA. IEEE, 2016: 2536-2544.

[50] IIZUKA S, SIMO－SERRA E, ISHIKAWA H. Globally and locally consistent image completion[J]. ACM Transactions on Graphics, 2017, 36(4): 107.

[51] PATEL H, KULKARNI A, SAHNI S, et al. Image inpainting using partial convolution[EB/OL]. 2021: 2108.08791. http: // arxiv.org/abs/2108.08791v1.

[52] NAZERI K, NG E, JOSEPH T, et al. EdgeConnect: Generative image inpainting with adversarial edge learning[EB/OL]. 2019: 1901.00212. http: // arxiv.org/abs/1901.00212v3

[53] GUO X F, YANG H Y, HUANG D. Image inpainting via conditional texture and structure dual generation[C] // 2021 IEEE/CVF International Conference on Computer Vision (ICCV). Montreal, QC, Canada. IEEE, 2021: 14114-14123.

[54] YU Y C, ZHAN F N, WU R L, et al. Diverse image inpainting with bidirectional and autoregressive transformers[C] // Proceedings of the 29th ACM International Conference on Multimedia. October 20-24, 2021, Virtual Event, China. ACM, 2021: 69-78.

[55] ZHENG C, CHAM T J, CAI J, et al. Bridging global context interactions for high-fidelity image completion[C] // Proceedings of the IEEE/CVF Conference on Computer Vision and Pattern Recognition. 2022: 11512-11522.

[56] ZHENG C X, CHAM T J, CAI J F, et al. Bridging global context interactions for high-fidelity image completion[C] // 2022 IEEE/CVF Conference on Computer Vision and Pattern Recognition (CVPR). New Orleans, LA, USA. IEEE, 2022: 11502-11512.

[57] 徐同莹，彭定明，王卫星. 改进的直方图均衡化算法[J]. 兵工自动化，2006，25(7):2.

[58] 刘惠敏，夏琳琳. 基于线性灰度变换的无线气象传真图降噪方法[J]. 青岛农业大学学报(自然科学版)，2011，28(2)：146-149.

[59] 张俊华，杨根，徐青. 基于分段线性变换的图像增强[C] // 第十四届全国图象图形学学术会议论文集，福州，2008：54-57.

[60] DAI J F, QI H Z, XIONG Y W, et al. Deformable convolutional networks[C] // 2017 IEEE International Conference on Computer Vision (ICCV). Venice, Italy. IEEE, 2017: 764-773.

[61] 李唯嘉. 面向遥感影像分类、目标识别及提取的深度学习方法研究[D]. 北京：清华大学，2019.

[62] HE K M, ZHANG X Y, REN S Q, et al. Deep residual learning for image recognition[C] // 2016 IEEE Conference on Computer Vision and Pattern Recognition (CVPR). Las Vegas, NV, USA. IEEE, 2016: 770-778.

[63] WU Z, SU L, HUANG Q M. Cascaded partial decoder for fast and accurate salient object detection[C] // 2019 IEEE/CVF Conference on Computer Vision and Pattern Recognition (CVPR). Long Beach, CA, USA. IEEE, 2019: 3902-3911.

[64] ZHANG Z, LIN Z, XU J, et al. Bilateral attention network for RGB－D salient object detection[J]. IEEE Transactions on Image Processing: a Publication of the IEEE Signal Processing Society, 2021, 30: 1949-1961.

[65] SUN Y J, WANG S, CHEN C, et al. Boundary-guided camouflaged object detection[EB/OL]. 2022: 2207.00794. http: // arxiv.org/abs/2207.00794v1.

[66] LIU G L, REDA F A, SHIH K J, et al. Image inpainting for irregular holes using partial convolutions[EB/OL]. 2018: 1804.07723. http: // arxiv.org/abs/1804.07723v2

[67] DAI H,PENG X,SHI X, et al. Reveal training performance mystery between Tensor Flow and PyTorch in the single GPU environment[J]. 中国科学:信息科学(英文版), 2022, 65(1):17.

[68] TAKAMAEDA－YAMAZAKI S, UEYOSHI K, Ando K, et al. Accelerating deep learning by binarized hardware[C] // 2017 Asia-Pacific Signal and Information Processing Association Annual Summit and Conference (APSIPA ASC). Kuala Lumpur, Malaysia. IEEE, 2017: 1045-1051.

[69] WANG Q,LI Z,ZHAO W, et al. Enhanced three-dimensional U－Net with graph-based refining for segmentation of gastrointestinal stromal tumours[J]. IET Computer Vision, 2021, 15(8).

[70] 朱威，屈景怡，吴仁彪. 结合批归一化的直通卷积神经网络图像分类算法[J]. 计算机辅助设计与图形学学报，2017，29(9)：1650-1657.

[71] HARA K, SAITO D, SHOUNO H. Analysis of function of rectified linear unit used in deep learning[C] // 2015 International Joint Conference on Neural Networks (IJCNN). Killarney, Ireland. IEEE, 2015: 1-8.

[72] 佟雨兵，张其善，祁云平. 基于PSNR与SSIM联合的图像质量评价模型[J]. 中国图象图形学报，2006，11(12)：1758-1763.

[73] 王鸣霄，范娟娟，周磊，等. 基于深度学习的排水管道缺陷自动检测与分类[J]. 给水排水，2020，56(12)：106-111.

[74] 王鸣霄，范娟娟，周磊，等. 基于深度学习的排水管道缺陷自动检测与分类[J]. 给水排水，2020，46(12):106-111.

[75] 王庆，姚俊，谭文禄，等. 基于Faster R－CNN的排水管道缺陷检测研究[J]. 软件导刊，2019，18(10)：40-44.

[76] 何嘉林. 基于随机森林与贝叶斯优化算法的排水管道缺陷检测算法研究[D]. 广州：广东工业大学，2018.

[77] WANG M Z, KUMAR S S, CHENG J C P. Automated sewer pipe defect

tracking in CCTV videos based on defect detection and metric learning[J]. Automation in Construction, 2021, 121: 103438.

[78] MYRANS J, EVERSON R, KAPELAN Z. Automated detection of faults in sewers using CCTV image sequences[J]. Automation in Construction, 2018, 95: 64-71.

[79] 覃茂欢，陈辉，何劢，等. 缺陷检测技术在污水管道运维中的选择与应用[J]. 测绘技术装备，2020，22(3)：91-94.

[80] 孙志刚，赵毅，刘传水，等. 基于深度学习的金属焊接管道内壁缺陷检测方法研究[J]. 焊管，2020，43(7)：1-7.

[81] 袁泽辉. 基于机器视觉的管道内表面缺陷检测技术[D]. 上海：华东理工大学，2020.

[82] 李平，梁丹，梁冬泰，等. 自适应图像增强的管道机器人缺陷检测方法[J]. 光电工程，2020，47(1)：70-80.

[83] PAN G, ZHENG Y X, GUO S, et al. Automatic sewer pipe defect semantic segmentation based on improved U－Net[J]. Automation in Construction, 2020, 119: 103383.

[84] CANNY J. A computational approach to edge detection[J]. IEEE Transactions on Pattern Analysis and Machine Intelligence, 1986, 8(6): 679-698.

[85] MYRANS J, KAPELAN Z, EVERSON R. Automated detection of faults in wastewater pipes from CCTV footage by using random forests[J]. Procedia Engineering, 2016, 154: 36-41.

[86] 张晶，王红鹰，蓝天. 基于 CCTV 的管道检测机器人设计[J]. 电子制作，2020(24)：6-7.

[87] 郑武超. 城市排水管道试验检测技术的应用[J]. 技术与市场，2020，27(12)：41-43.

[88] LI D S, CONG A R, GUO S. Sewer damage detection from imbalanced CCTV inspection data using deep convolutional neural networks with hierarchical classification[J]. Automation in Construction, 2019, 101: 199-208.

[89] 陈金忠，刘三江，周汉权，等. 智慧管道时代的检测数据综合应用[J]. 压力容器，2020，37(11)：70-78.

[90] 郭翔. CCTV 管道检测在扬州污水提质增效行动中的应用[J]. 中国给水排水，2020，36(20)：67-70.

[91] 曹辉，杨理践，杨文俊，等. 基于 U－Net 卷积神经网络的管道漏磁异常检测[J]. 沈阳大学学报(自然科学版)，2020，32(5)：402-409.

[92] KUMAR S S, ABRAHAM D M, JAHANSHAHI M R, et al. Automated defect classification in sewer closed circuit television inspections using deep convolutional neural networks[J]. Automation in Construction, 2018, 91: 273-283.

[93] DANG L M, HASSAN S I, IM S, et al. Utilizing text recognition for the defects

extraction in sewers CCTV inspection videos[J]. Computers in Industry, 2018, 99: 96-109.

[94] 尹震宇，樊超，赵志浩，等. 多尺度特征图分类再提取的目标检测算法[J]. 小型微型计算机系统，2021，42(3)：536-541.

[95] DAHER S, ZAYED T, ELMASRY M, et al. Determining relative weights of sewer pipelines' components and defects[J]. Journal of Pipeline Systems Engineering and Practice, 2017, 9(1): 4017026.

[96] 马鑫，梁新武，蔡纪源. 基于点线特征的快速视觉 SLAM 方法[J]. 浙江大学学报(工学版)，2021(2)：402-409.

[97] 陈雪松，陈秀芳，毕波，等. 基于改进 SURF 的图像匹配算法[J]. 计算机系统应用，2020，29(12)：222-227.

[98] 童小彬，孟婷，孙以泽，等. 基于 HOG 特征描述的轮廓匹配算法[J]. 东华大学学报(自然科学版)，2020，46(5)：787-792.

[99] HALFAWY M R, HENGMEECHAI J. Automated defect detection in sewer closed circuit television images using histograms of oriented gradients and support vector machine[J]. Automation in Construction, 2014, 38: 1-13.

[100] 谭玉玲. 基于改进 ORB 的图像匹配算法优化[J]. 电子技术，2020，49(12)：26-27.

[101] 汪永生，李岩，刘明. 一种改进 ORB 特征描述子图像匹配算法[J]. 巢湖学院学报，2020，22(6)：77-85.

[102] 谭芳，穆平安，马忠雪. 基于 YOLOv3 检测和特征点匹配的多目标跟踪算法[J]. 计量学报，2021，42(2)：157-162.

[103] 杨高坤. 单阶段法目标检测技术研究[J]. 电子世界，2021(3)：77-78.

[104] 李茂鹏. 基于改进 SSD 的目标检测算法及剪枝优化研究[D]. 南京：南京邮电大学，2020.

[105] CHEN Y T, ZHANG H P, LIU L W, et al. Research on image Inpainting algorithm of improved GAN based on two-discriminations networks[J]. Applied Intelligence, 2021, 51(6): 3460-3474.

[106] QIANG Z P, HE L B, DAI F, et al. Image inpainting based on improved deep convolutional auto-encoder network[J]. Chinese Journal of Electronics, 2020, 29(6): 1074-1084.

[107] YIN X F, CHEN Y, BOUFERGUENE A, et al. A deep learning-based framework for an automated defect detection system for sewer pipes[J]. Automation in Construction, 2020, 109: 102967.

[108] 张国胜，张帆，邹洵，等. 基于改进遗传算法的轮毂缺陷检测研究[J]. 农业装备与车辆工程，2021，59(2)：100-104.

[109] 白智慧. 基于RGBD视频图像的管道缺陷自动检测与识别研究[D]. 郑州：郑州大学，2020.

[110] GUO W, SOIBELMAN L, GARRETT J H. Automated defect detection for sewer pipeline inspection and condition assessment[J]. Automation in Construction, 2009, 18(5): 587-596.

[111] 孙亚楠. 基于图像识别的聚乙烯燃气管道缺陷检测算法研究[D]. 北京：北京交通大学，2020.

[112] 程文虎，李志洪，谢宝坤，等. 相控阵超声与射线检测对长输管道未熔合缺陷检测的案例分析[J]. 无损探伤，2020，44(2)：41-43.

[113] 王新妍. 城市排水管道缺陷检测方法及发展现状探析[J]. 铁道建筑技术，2020(2)：50-53.

[114] 吕兵，刘玉贤，叶绍泽，等. 基于卷积神经网的CCTV视频中排水管道缺陷的智能检测[J]. 测绘通报，2019(11)：103-108.

[115] 陈克凡. 基于视觉的地下管道缺陷检测方法研究[D]. 哈尔滨：哈尔滨工业大学，2019.

[116] 方砚琳. Web 3.0时代建设中国特色智慧城市新思路[J]. 中国管理信息化，2020，23(15)：211-213.

[117] 胡国林，仇勇懿. 智能城市地下管线综合管理方案：美国811模式的借鉴和创新[J]. 建设科技，2014(24)：84-87.

[118] 朱幸福，高将，程鹏. 城市地下排水管道缺陷检测与修复[J]. 江苏建筑职业技术学院学报，2017，17(1)：64-66.

[119] 汤一平，鲁少辉，吴挺，等. 基于主动式全景视觉的管道形貌缺陷检测系统[J]. 红外与激光工程，2016，45(11)：1117005.

[120] 周方舟. 长输管道腐蚀缺陷检测技术与应用[J]. 油气田地面工程，2016，35(3)：72-74.

[121] KAZHDAN M, BOLITHO M, HOPPE H. Poisson surface reconstruction[C]// Proceedings of the fourth Eurographics symposium on Geometry processing. 2006, 7.